景观CAD施工图系列丛书

住宅区景观

住宅区景观CAD资料集
花园 / 小区 / 公寓

主 编：樊思亮 孔 强 卢 良

中国林业出版社

China Forestry Publishing House

图书在版编目（ＣＩＰ）数据

城市景观 / 樊思亮, 孔强, 卢良主编. —— 北京 :中国林业出版社, 2015.5
（景观CAD施工图系列）

ISBN 978-7-5038-7944-9

Ⅰ. ①城… Ⅱ. ①樊… ②孔… ③卢… Ⅲ. ①城市景观—景观设计—计算机辅助设计—AutoCAD软件 Ⅳ. ①TU-856

中国版本图书馆CIP数据核字(2015)第069513号

本书编委会
主　　编：樊思亮　孔　强　卢　良
副主编：尹丽娟　刘　冰　郭　超　杨仁钰
参与编写人员：
陈　婧　张文媛　陆　露　何海珍　刘　婕　夏　雪　王　娟　黄　丽　程艳平　高丽媚
汪三红　肖　聪　张雨来　陈书争　韩培培　付珊珊　高囡囡　杨微微　姚栋良　张　雷
傅春元　邹艳明　武　斌　陈　阳　张晓萌　魏明悦　佟　月　金　金　李琳琳　高寒丽
赵乃萍　裴明明　李　跃　金　楠　邵东梅　李　倩　左文超　李凤英　姜　凡　郝春辉
宋光耀　于晓娜　许长友　王　然　王竞超　吉广健　马宝东　于志刚　刘　敏　杨学然

中国林业出版社·建筑与家居出版分社
责任编辑：王　远　李　顺
出版咨询：（010）83143569　原文件下载链接：http://pan.baidu.com/s/1geF6zqr 密码：vsfi 住宅区景观

出　版：中国林业出版社（100009 北京西城区德内大街刘海胡同7号）
网　站：http://lycb.forestry.gov.cn/
印　刷：北京卡乐富印刷有限公司
发　行：中国林业出版社
电　话：（010）83143500
版　次：2016年7月第1版
印　次：2016年7月第1次
开　本：889mm×1194mm 1／8
印　张：29.5
字　数：200千字
定　价：128 .00元

前　言

自前几年组织相关单位编写CAD图集（内容涵盖建筑、规划、景观、室内等内容）以来，现CAD系列图书在市场也形成一定规模，从读者对整个系列图集反映来看，值得整个编写团队欣慰。

本系列丛书的出版初衷，是致力于服务广大设计同行。作为设计者，没有好的参考资料，仅以自身所学，很难快速有效提高。从这方面看，CAD系列的出版，正好能解决设计同行没有参考材料，没有工具书的困惑。

本套四册书从广场景观、住宅区景观、别墅建筑、教育建筑这几个现阶段受大家关注的专题入手，每分册收录项目案例近100项，基本能满足相关设计人员所需要材料的要求。

就整套图集的全面性和权威性而言，我们联合了近20所建筑计院所编写这套图集，严格按照建筑及施工设计标准制定规范，让设计师在设计和制作施工图时有据可依，有章可循，并且能依此类推，应用至其他施工图中。

另外，我们对这套书作了严格的版权保护，光盘进行了严格的加密，这也是对作品提供者的保护和认同，我们更希望读者们有版权保护的意识，为我国的版权事业贡献力量。

如一位策划编辑所言，最终检验我们付出劳动的验金石——市场，才会给我们最终的答案。但我们仍然信心百倍。

施工图是建筑设计中既基础而又非常重要的一部分，无论对于刚入行的制图员，还是设计大师，都是必不可少的一门技能。但这绝非一朝一夕能练就，就像一句古语："千里之行，始于足下"，希望广大的设计者能从这里得到些东西，抑或发现些东西，我们更希望大家提出意见，甚或是批评，指导我们做得更好！

编著者
2016年3月

目 录
Contents

目 录
Contents

目 录
Contents

目 录
Contents

花园 / 小区 / 公寓

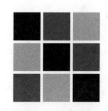

>安徽高档居住小区园林景观水景设计施工图

设 计 说 明

地形地貌：平地　　　　　　　　　　设计风格：现代风格
档次定位：高档居住区　　　　　　　图纸张数：21张
绿地类型：居住区集中公园

内 容 简 介

本套图纸包括：水系定位图、水系驳岸索引图、小区入口门房水景墙详图、西入口水景结构详图、水系廊架结构详图、水系吐水景墙结构详图、10 11十六号建筑前水景、11,12号建筑前小水景、假山瀑布、南入口水景、三层跌落水景结构详图、小区入口门房水景墙详图、西入口水景、水系廊架详图、水系吐水景墙详图、20,21,22十六号建筑前水景、23,24建筑前小水景、假山瀑布详图、水景二详图、叠层水景详图等

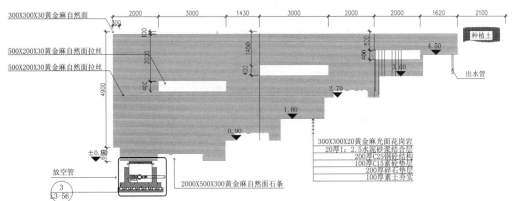

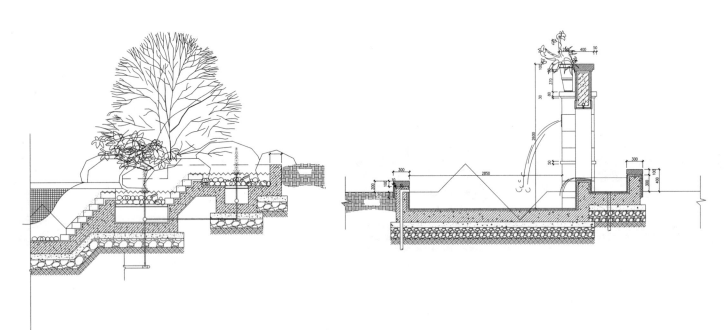

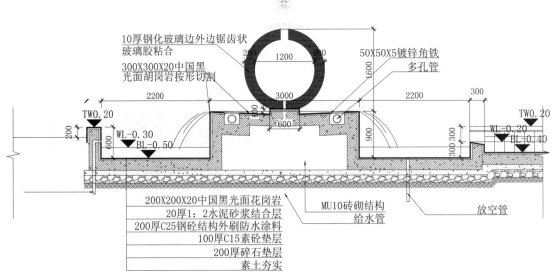

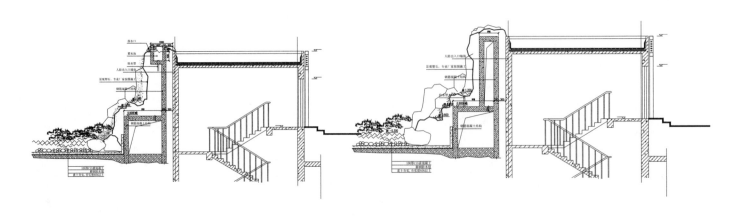

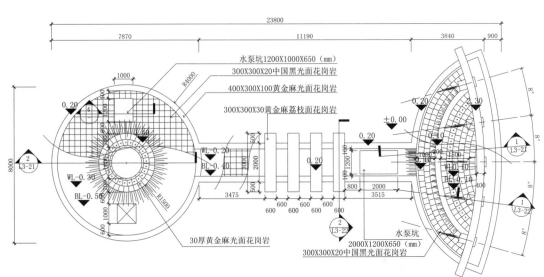

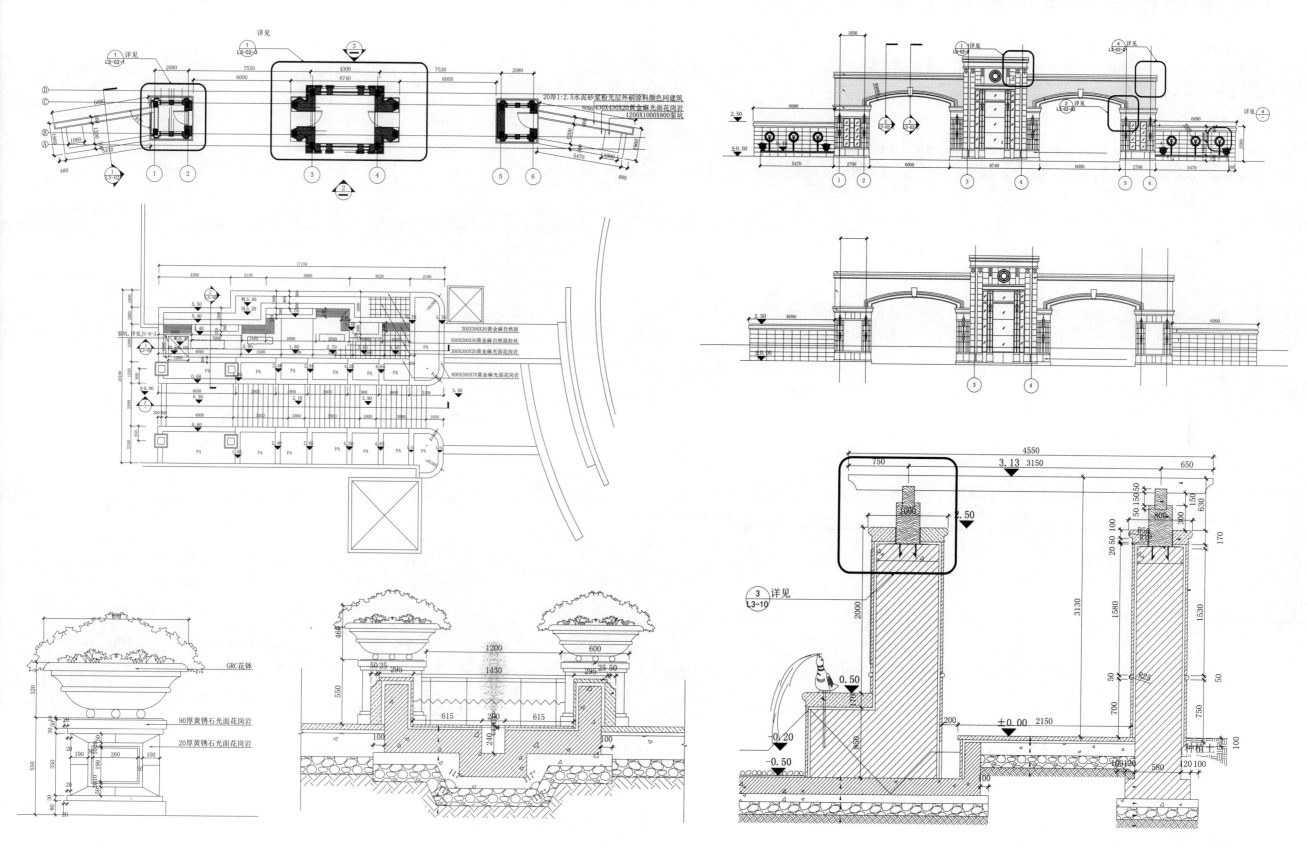

> 安徽居住区景观工程施工图

设计说明

地形地貌：平地
档次定位：普通住宅
绿地类型：居住区集中公园

设计风格：现代风格
图纸张数：47张

内容简介

本套图纸包括：图纸目录、设计说明、工作范围图、总平面索引图、分区定位平面图、水系定位平面图、消防环路定位图、分区材料平面图、分区高程平面图、分区索引平面图。图框、景观给排水总平面、水施设计说明、景观给水排水平面图、中心水系排水平面图、南入口特色水景详图、南入口给水景墙详图、镜面水景详图、图纸目录、设计说明、工作范围图、总平面索引图、分区定位平面图、水系定位平面图、消防环路定位图、分区材料平面图、分区高程平面图、分区索引平面图、特色水景施工详图、六角亭详图、廊架详图、观水平台施工大样等

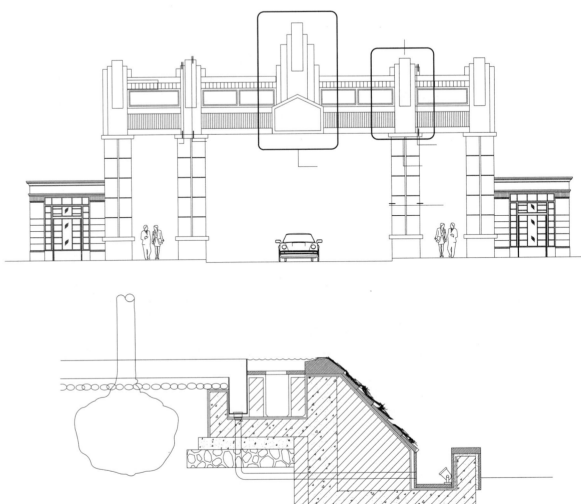

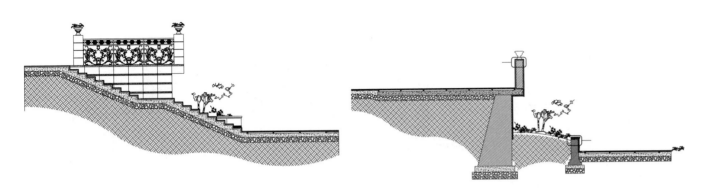

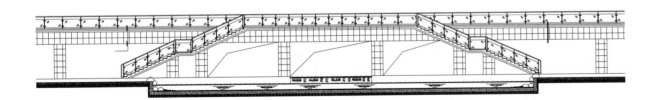

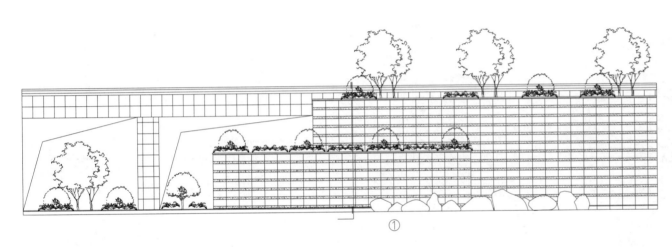

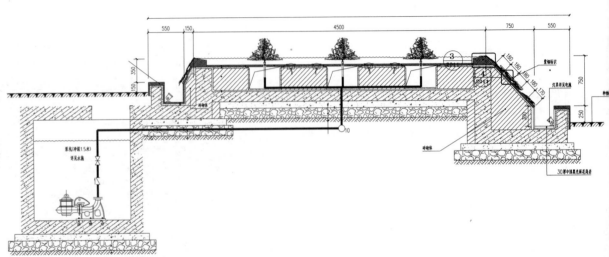

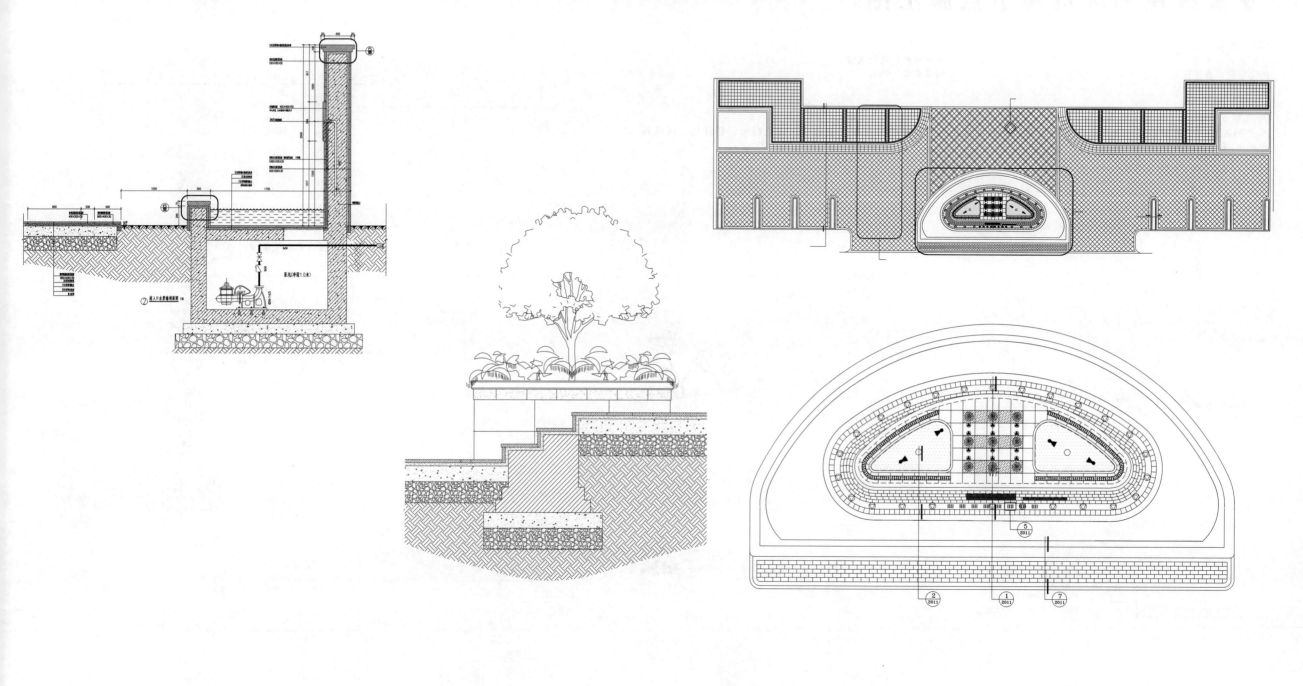

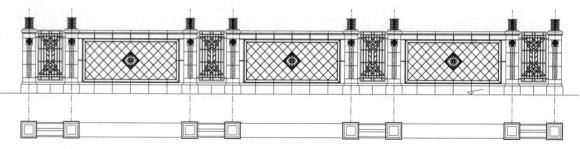

>安徽居住小区景观节点施工图

设计说明

地形地貌：平地
档次定位：普通住宅
绿地类型：居住小区

设计风格：现代风格
图纸张数：76张

内容简介

本套图纸包括：休闲广场，拱桥，洗翠谷，眺望平台，幼儿园入口铺装，石雕，组合亭，特色脚架，篮球场，网球场，花坛，风车，停车位.

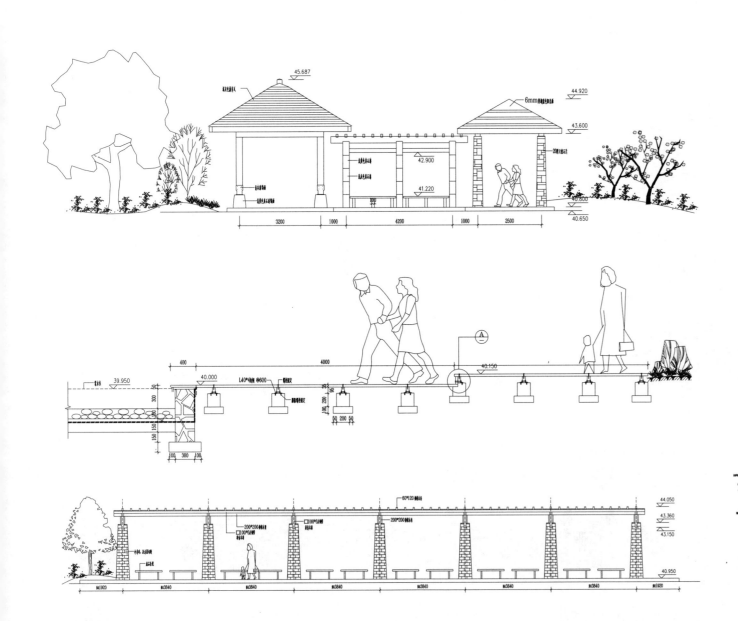

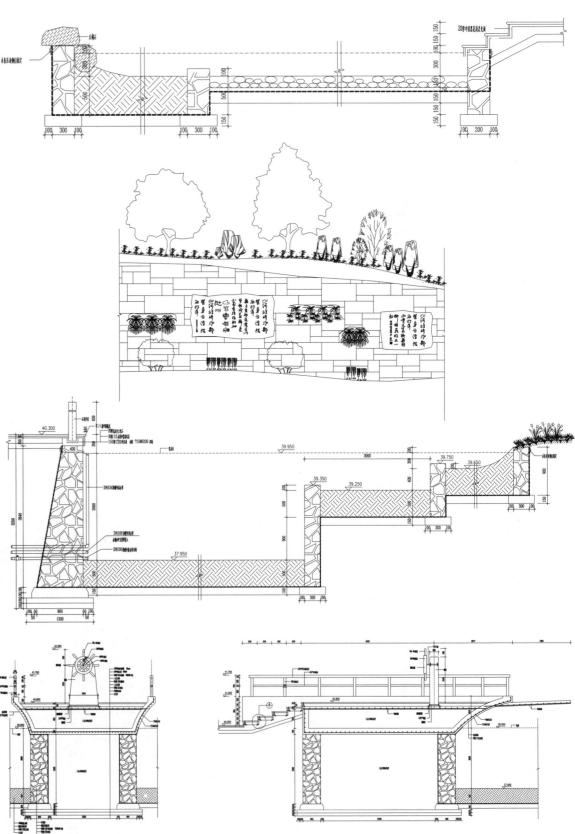

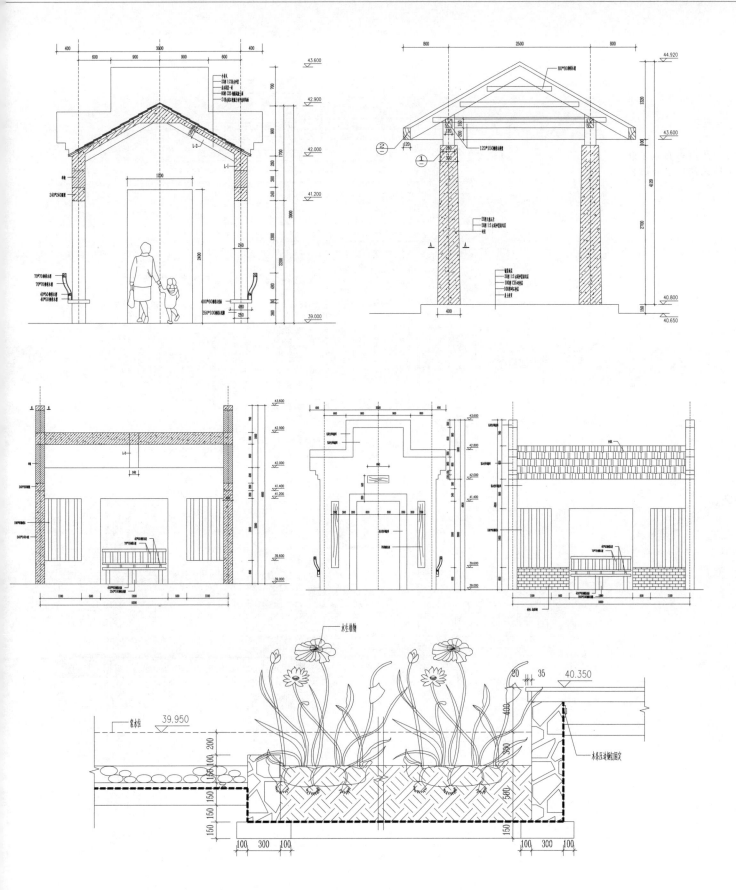

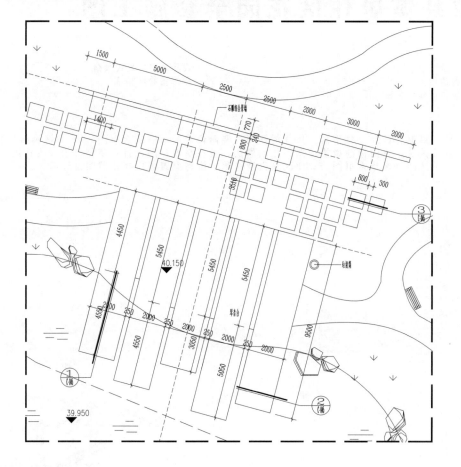

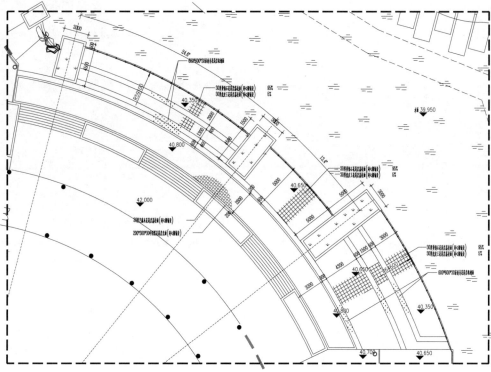

> 安徽县城居住区花园全套施工图

设计说明

地形地貌：平地

档次定位：普通住宅

绿地类型：居住区集中公园

设计风格：现代风格

图纸张数：27张

内容简介

本套图纸包括：封面、目录、总平面、尺寸放样图、竖向设计图，铺装索引图、ABCD区铺装设计图 ；花岗岩及小青砖铺装做法、台阶做法、休闲树池做法详图、花坛做法、景观亭设计图、景观亭细部大样设计图、挡土墙做法、景观廊做法详图、假山做法图；绿化索引图ABCDE区绿化设计图、植物配置表；亮化照明设计等

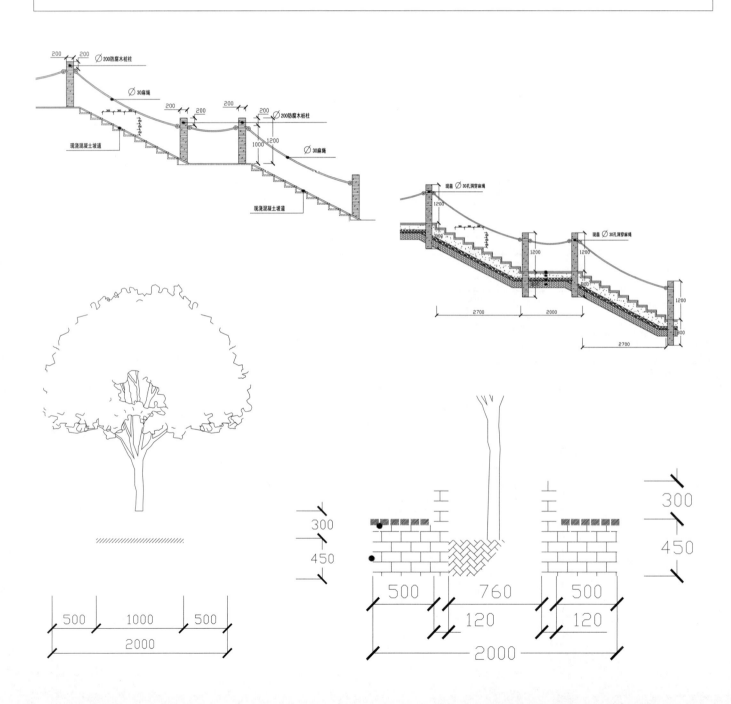

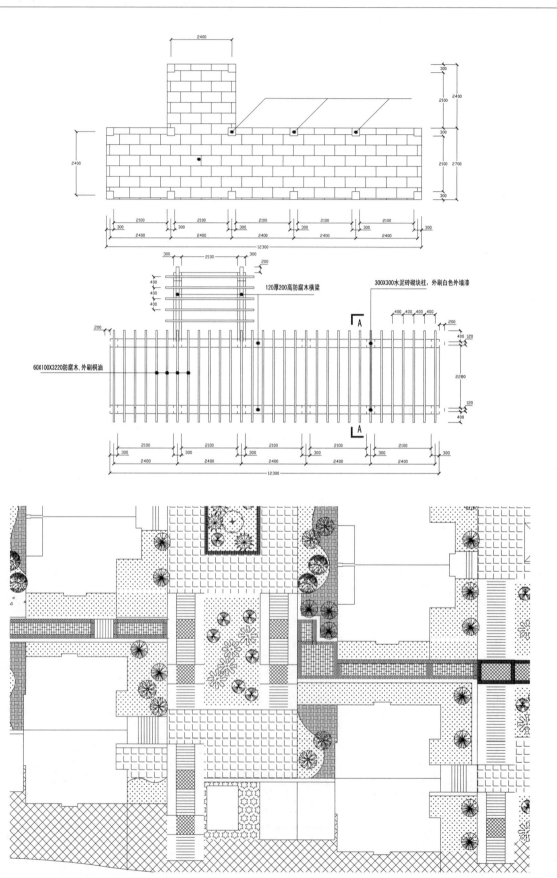

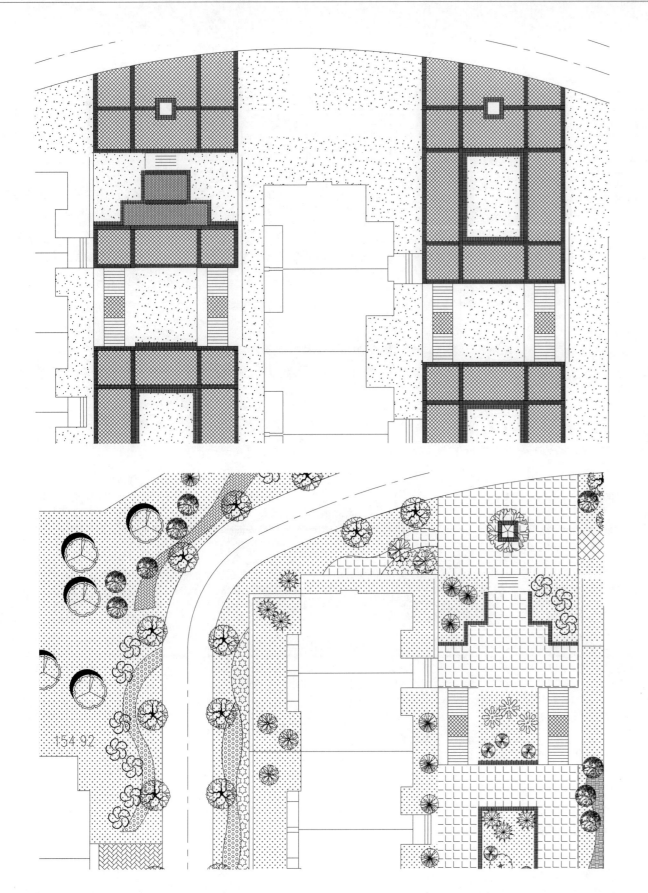

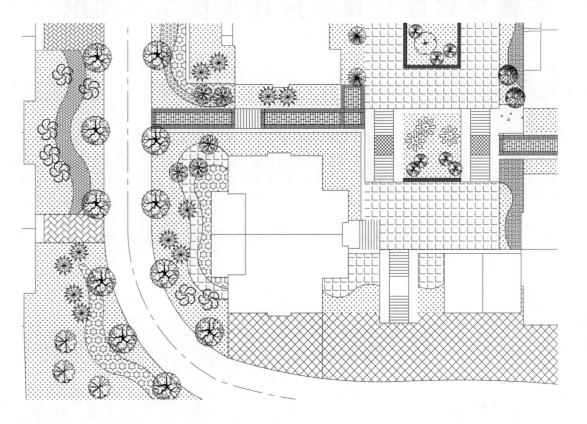

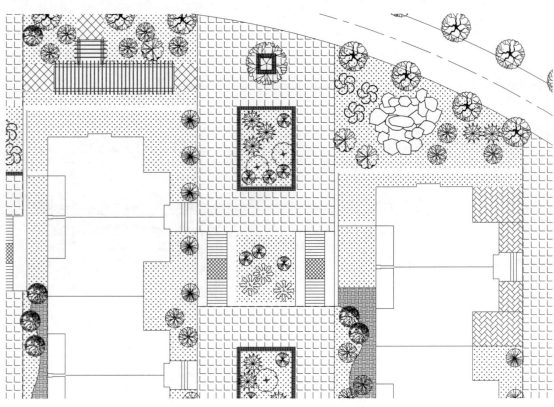

>安徽现代欧式风格居住小区施工图纸

设计说明

地形地貌：平地
档次定位：高档居住区
绿地类型：居住区集中公园

设计风格：欧陆风格
图纸张数：112张

内容简介

本套图纸包括：目录、设计说明、总平及竖向设计图、总平面点定位图、总平面尺寸定位图、总平面铺装设计图、总平面索引图、水系定位图、水系驳岸索引图、材料表、西入口放大平面图、宅间放大平面图（一到十三）、小区入口门房水景墙详图、西入口水景、圆亭详图、方亭详图水系廊架详图、小广场详图、西入口车库廊架详图、水系吐水水景墙详图十六号建筑前水景、十号建筑前水景、小木桥详图、车库人行入口详图、通风井详图、北入口车库廊详图、景观廊架详图、儿童乐园详图等。

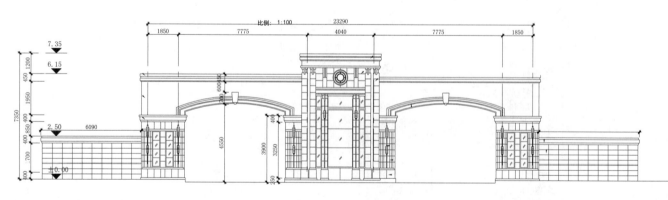

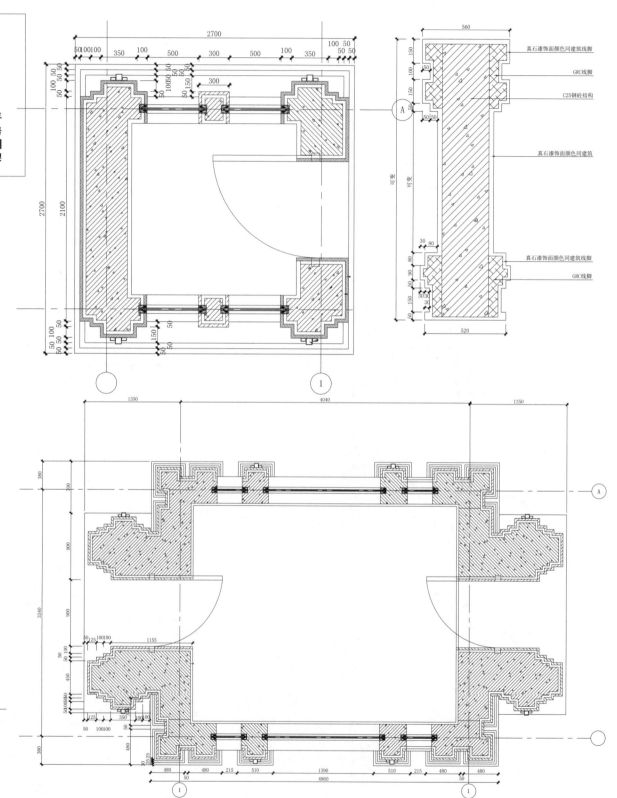

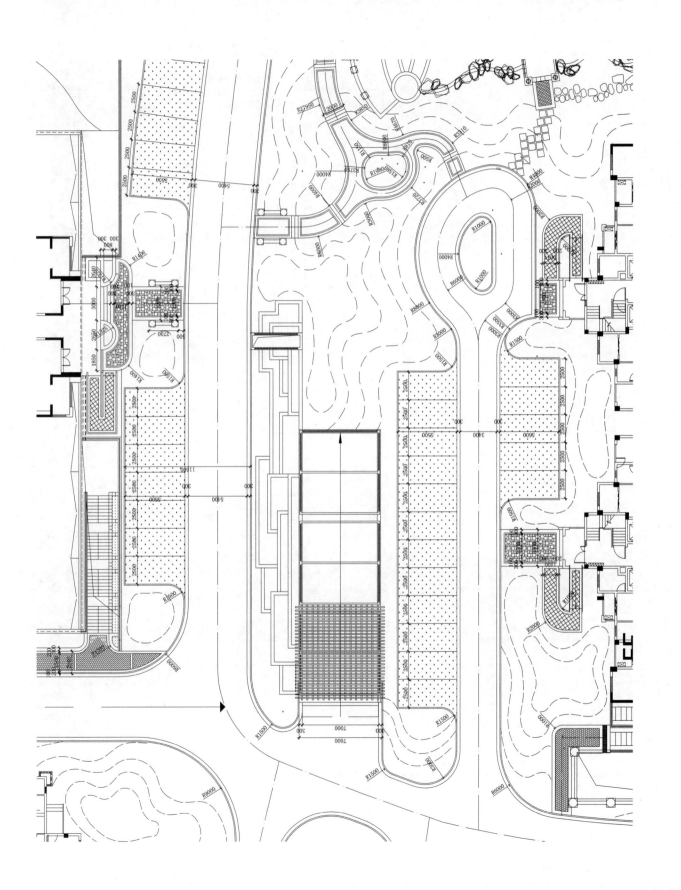

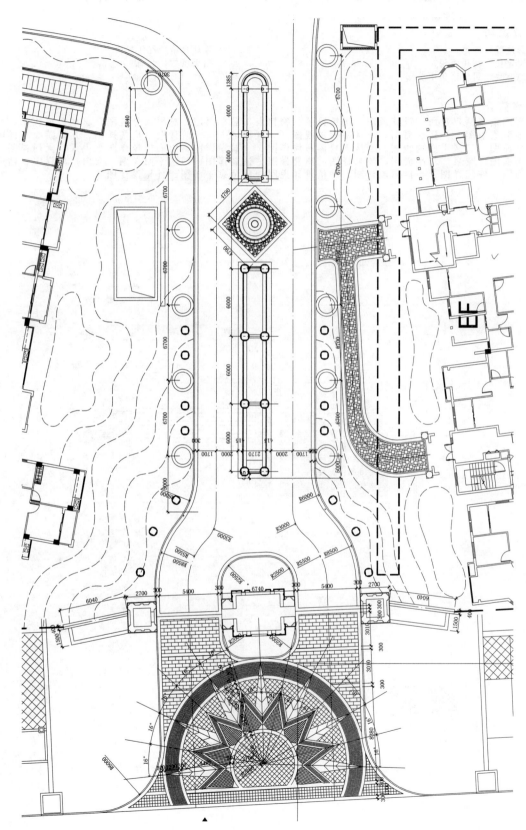

>北京高级住宅区景观工程园建施工图

设 计 说 明

地形地貌：平地   设计风格：现代风格

档次定位：商住两用   图纸张数：65张

绿地类型：居住区集中公园

内容简介

本套图纸包括：封面、设计说明、图纸目录、物料表、总平面图、总平面分区图、总平面放线图、总平面竖向图、总平面铺装索引图、一区平面图、一区平面放线图、一区住宅入口台阶详图、广场详图、儿童游戏场详图、叶形亭详图、二区平面图、二区平面放线图、二区入口瀑布墙详图、水景湖详图、中心广场详图、主入口大门详图、门房局部详图、三区平面图、喷泉广场平面图、喷泉详图、座凳详图、铺装详图、四区平面详图、太阳广场详图、挡土墙详图、残疾人坡道详图、庭院详图、小区围墙详图、种植设计说明、种植总平面图、种植设计图等.

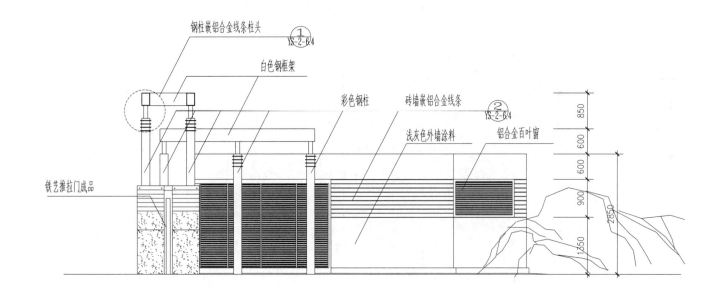

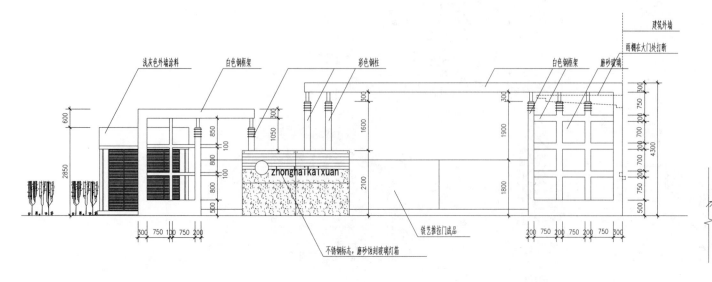

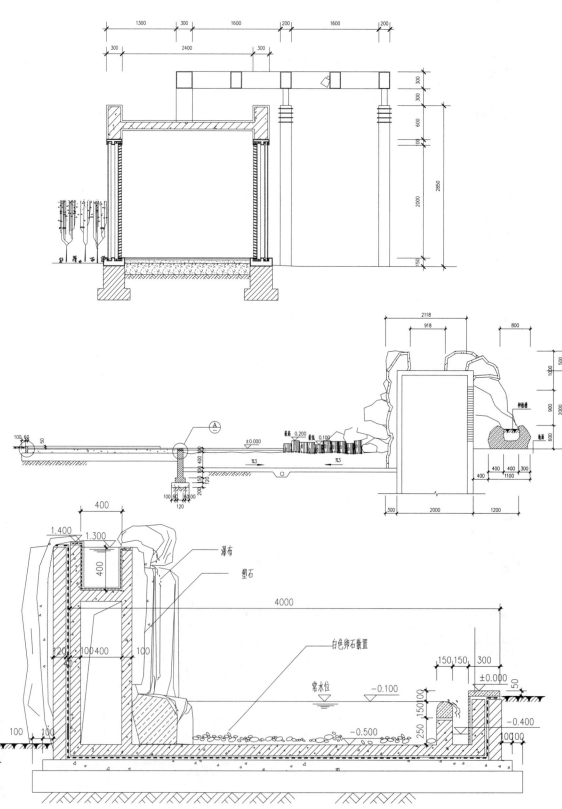

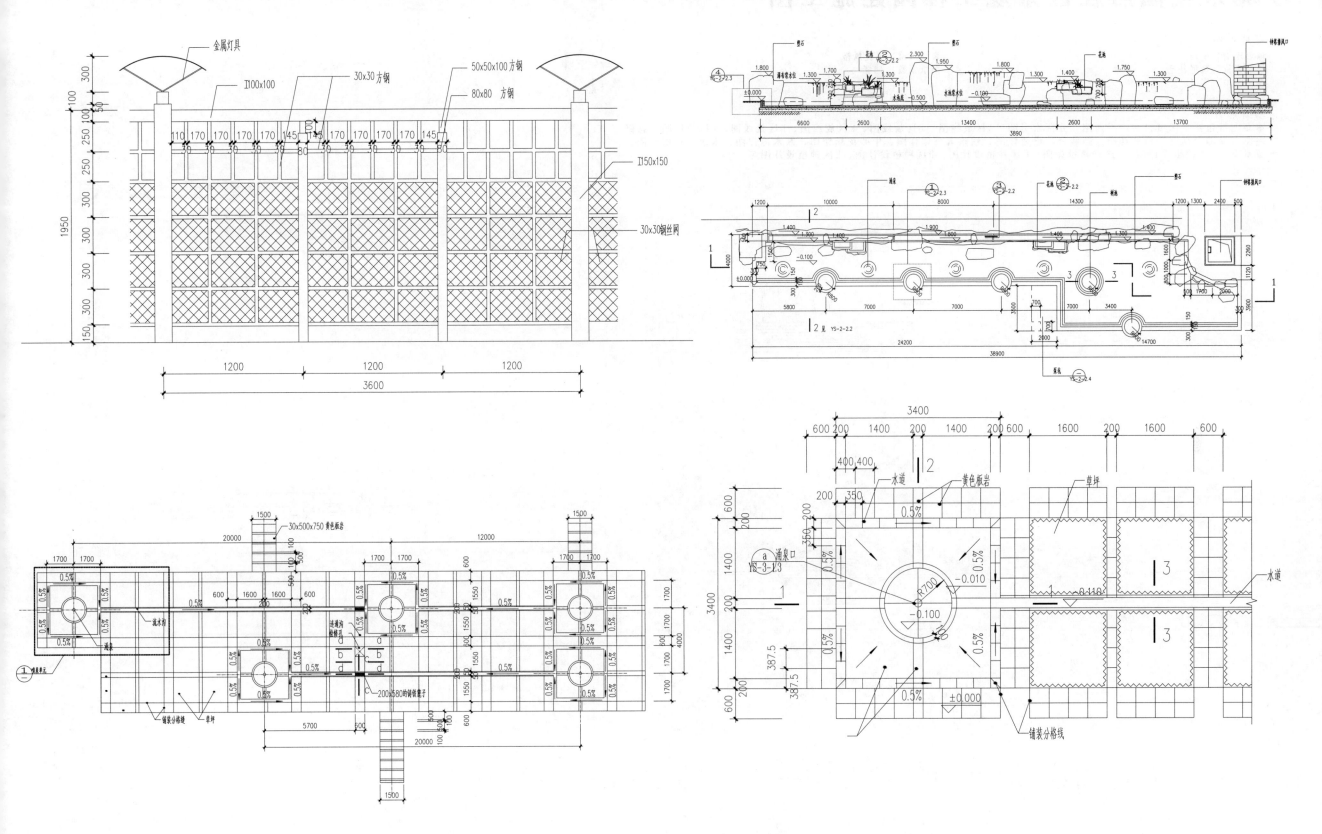

> 北京花园居住区景观工程园建施工图

设计说明

地形地貌：平地	设计风格：现代风格
档次定位：普通住宅	图纸张数：34张
绿地类型：宅旁	

内容简介

本套图纸包括：图纸目录、平面图、分区索引图、A区放线图、B区放线图、C区放线图、D区放线图、E区放线图、总竖向图、局部剖面图、铺装详图、挡墙台阶道牙详图、残疾人坡道详图、中心花坛详图、跌水池详图、水池及柱饰详图、苗木表、A区种植设计图、B区种植设计图、C区种植设计图、D区种植设计图、E区种植设计图等.

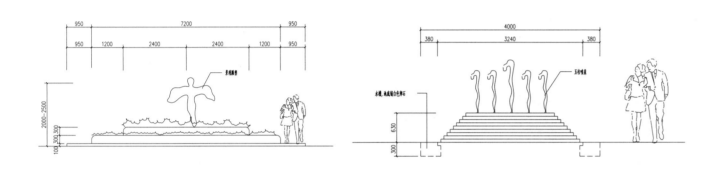

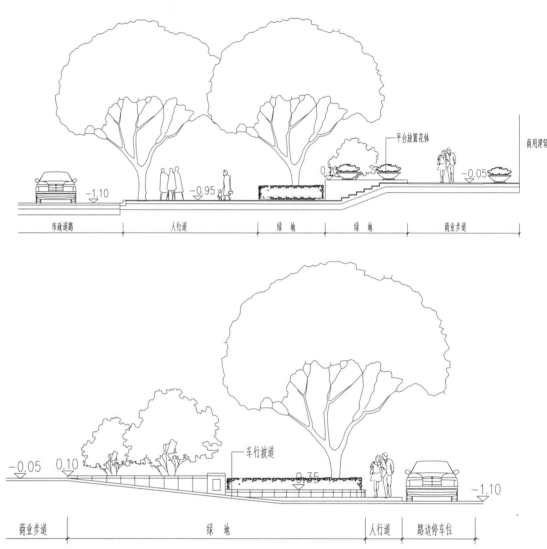

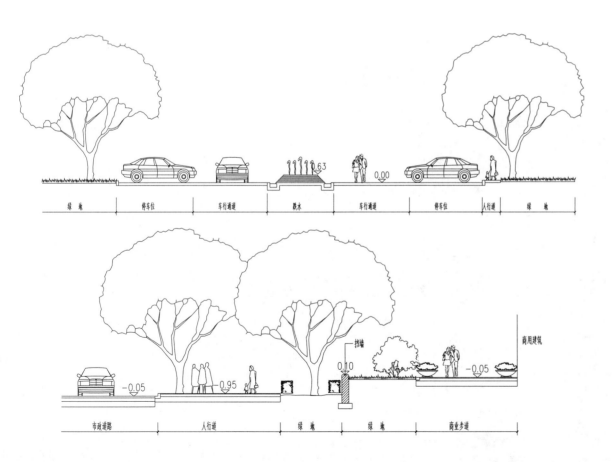

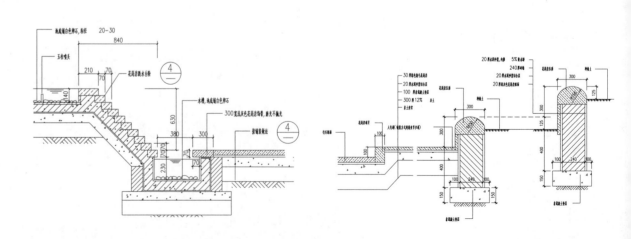

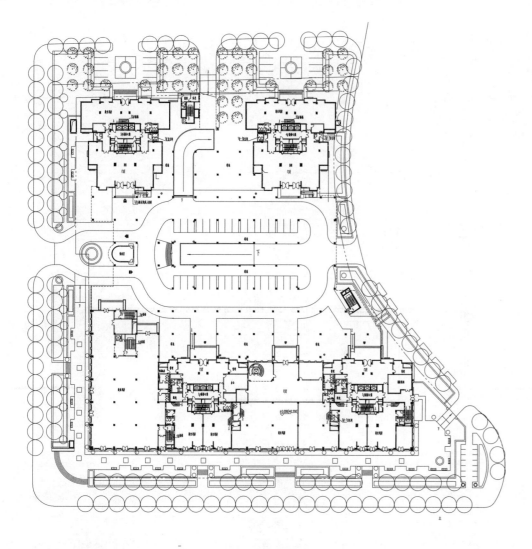

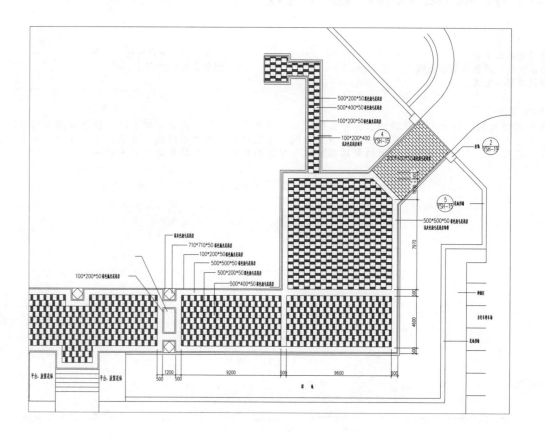

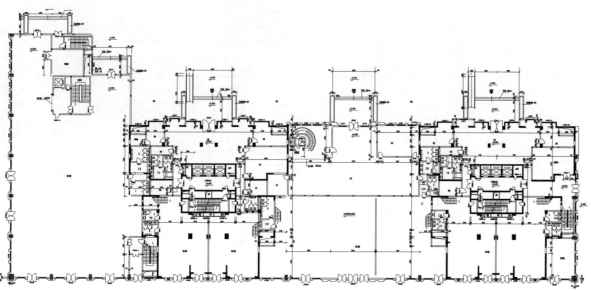

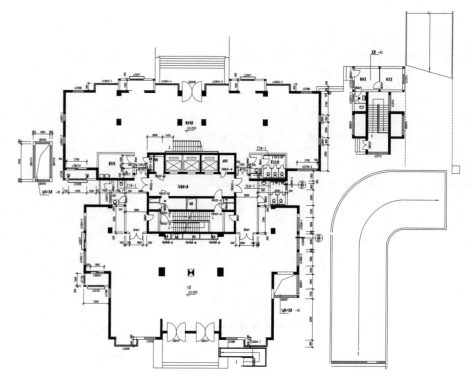

>北京景观设计施工图

设计说明

地形地貌：平地　　　　　　　　　　设计风格：现代风格
档次定位：居住区集中公园　　　　　图纸张数：29张
绿地类型：宅旁

内容简介

本套图纸包括：目录、设计说明、总平面图、总平面索引图、总平面乔木种植图、总平面灌木种植图、苗木图、灯位布置图、总平放线图；详图包括：木花架做法详图、景墙详图、铺装基础做法详图、铺装详图、木亭子施工详图、水池座凳石凳详图、典型剖面图；以及两外两部分，一个是物料表，一个是小品灯具示意图

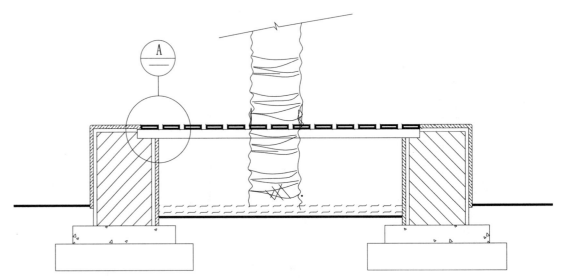

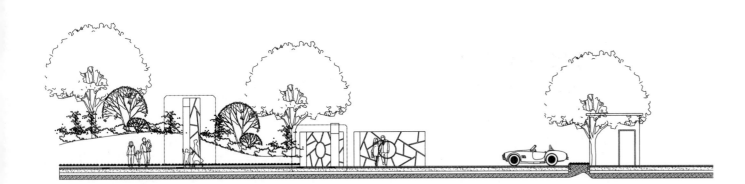

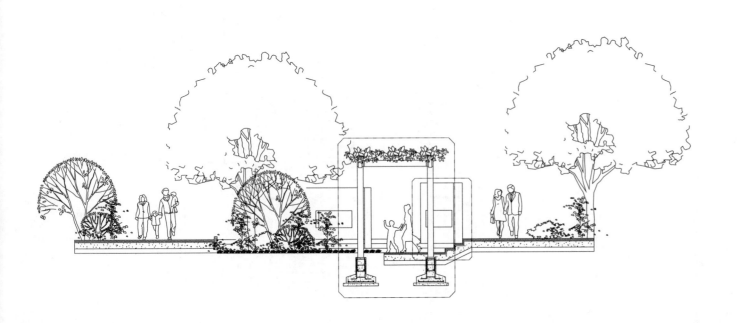

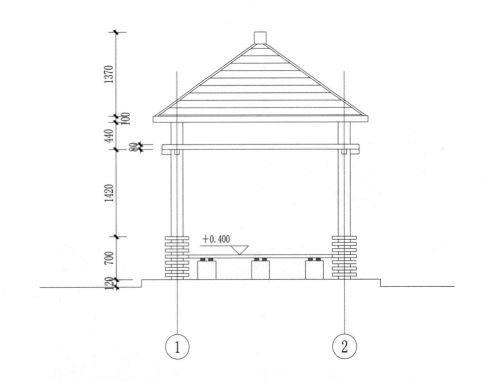

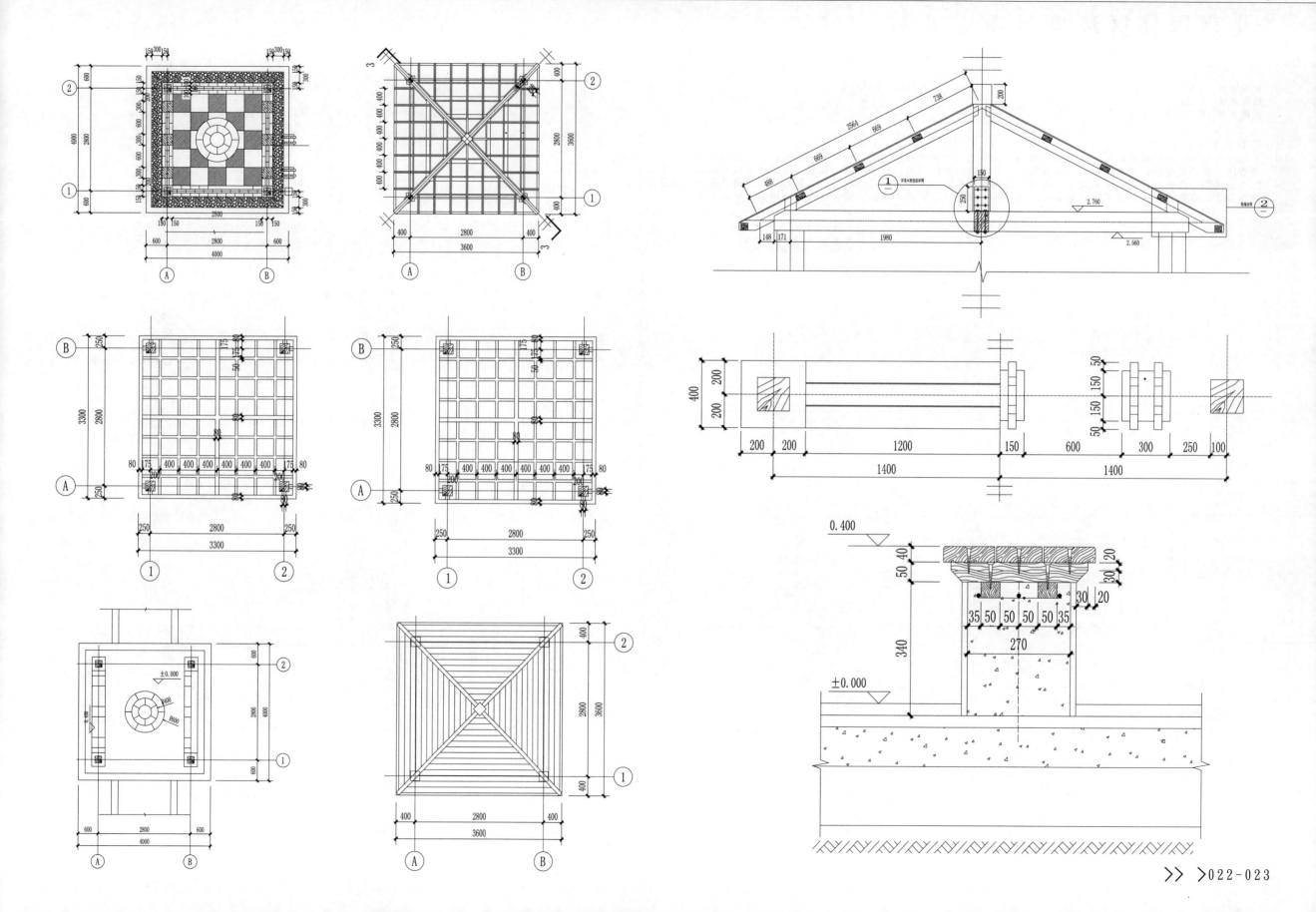

〉北京居住区环境景观施工图

设计说明

地形地貌：平地	设计风格：现代风格
档次定位：普通住宅	图纸张数：38张
绿地类型：居住区集中公园	

内容简介

本套图纸包括：图纸目录、说明、索引、竖向、铺装索引、总平面放线图、入口区平面及详图、入口标示图、水道详图、中心区、中心区放线、花架、景石步道详图、壁泉水池、树阵广场、儿童乐园、铺装、围墙、总图设施布置、物料表、配电系统图、照明平面图、水泵动力平面图、结构设计说明、结构图、灯具选型、木化石选型、物料图样、设施选样、景石步道、水渠、会所入口广场、中心区、入口区、绿化给水管线平面图、雨水管线平面图、植物最终总图。

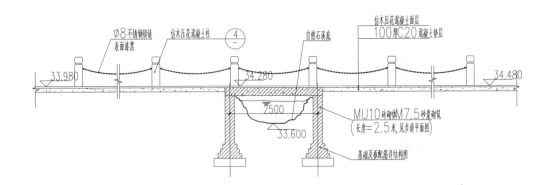

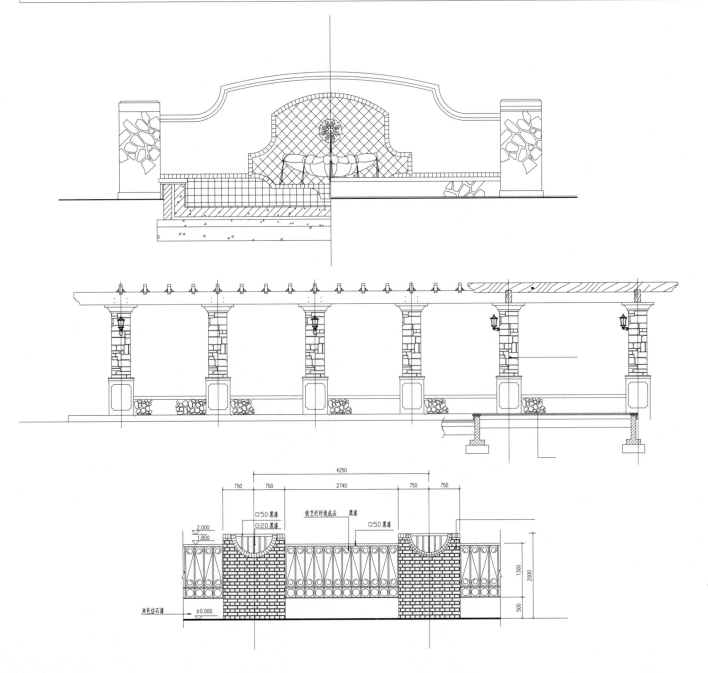

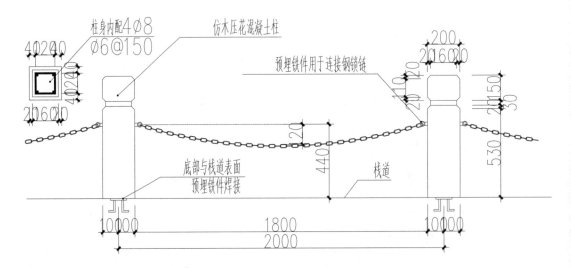

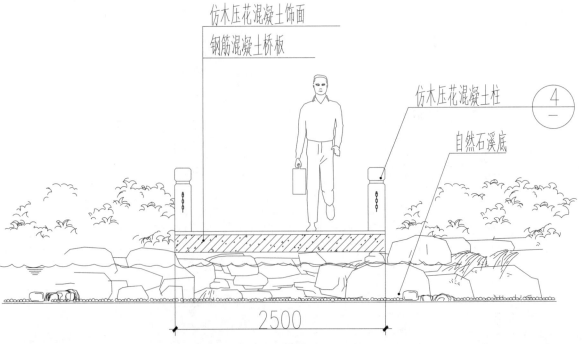

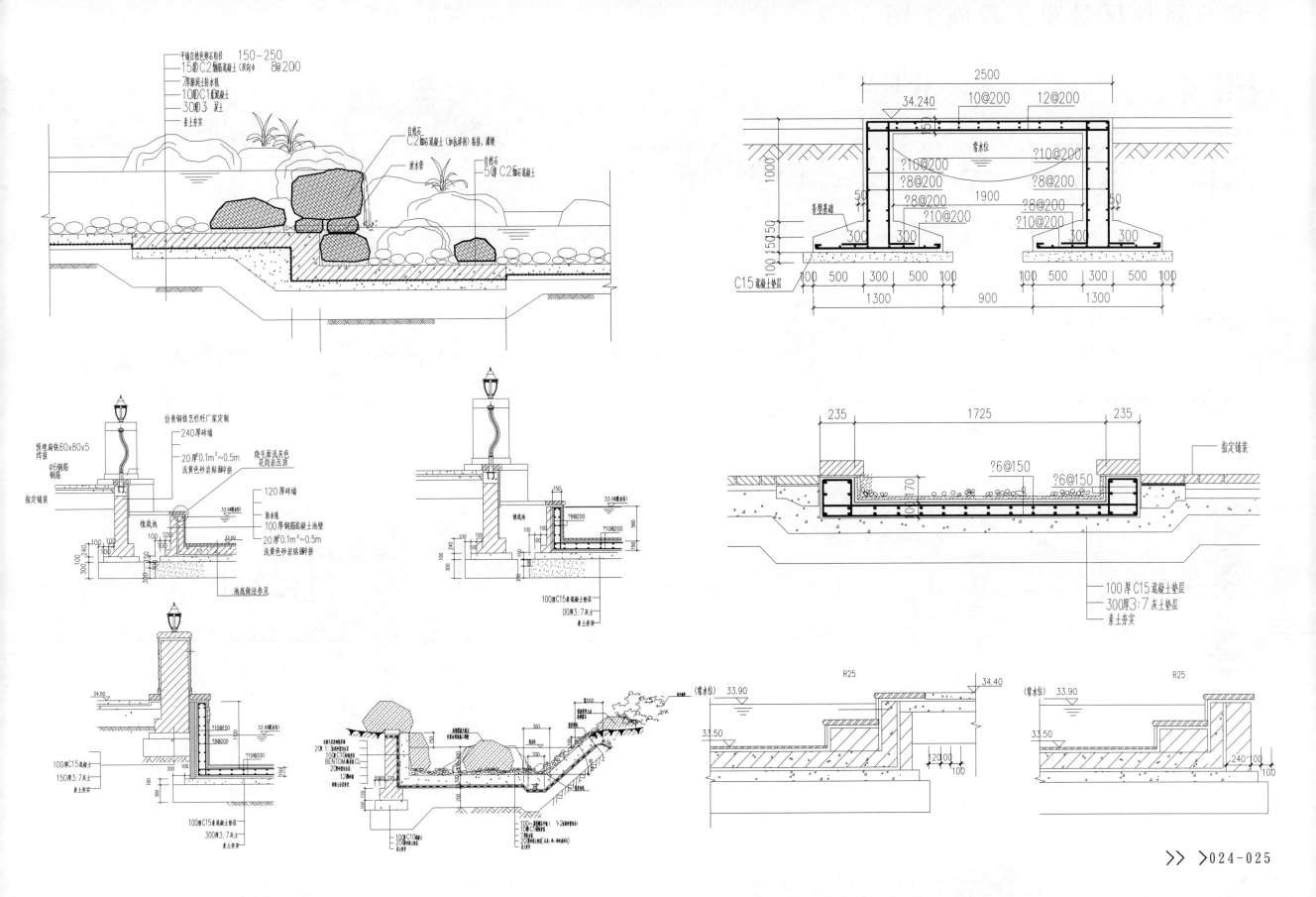

>北京居住区景观工程施工图

设计说明

地形地貌：平地
档次定位：普通住宅
绿地类型：居住区集中公园

设计风格：现代风格
图纸张数：65张

内容简介

本套图纸包括：设计说明、配电系统图、全段小品配置图1223、照明平面图1224、照明平面图、广告灯箱配电平面图、回迁段铺地图1223、屋顶花园5、6乔木种植图、屋顶花园5、6灌木种植图、图纸目录2、图纸目录、改-圆形广场平面图、乔木种植平面--中央山体、屋顶花园3、4种植图、圆形广场放线平面、苗木表、设计说明、总竖向平面图、灌木、地被种植平面--中央山体、改-总平面、中央山体39.00平面、总平面及索引图等

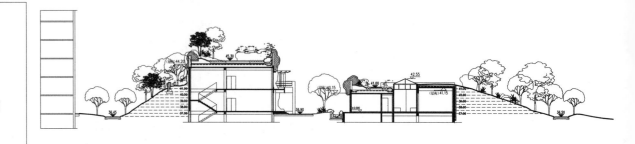

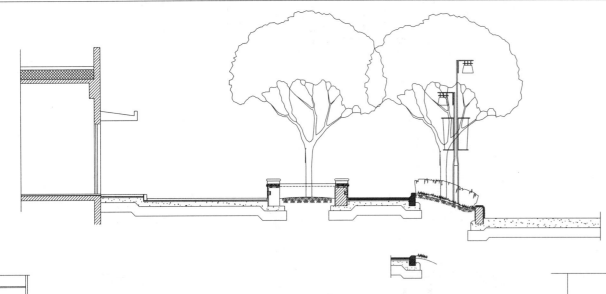

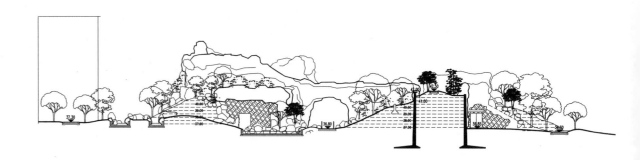

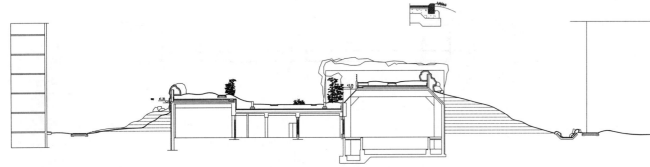

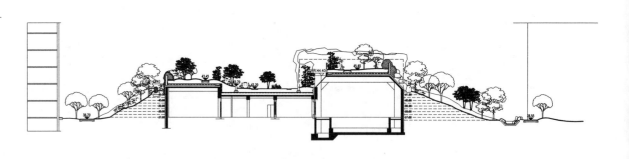

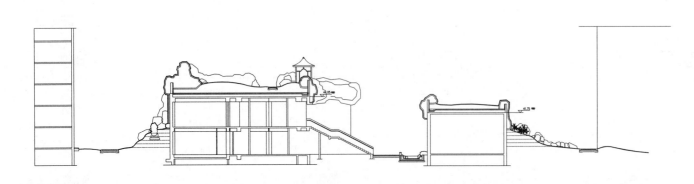

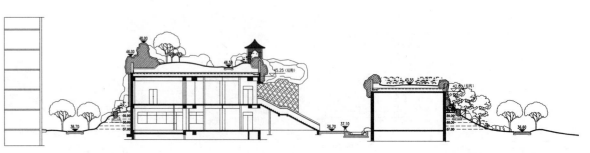

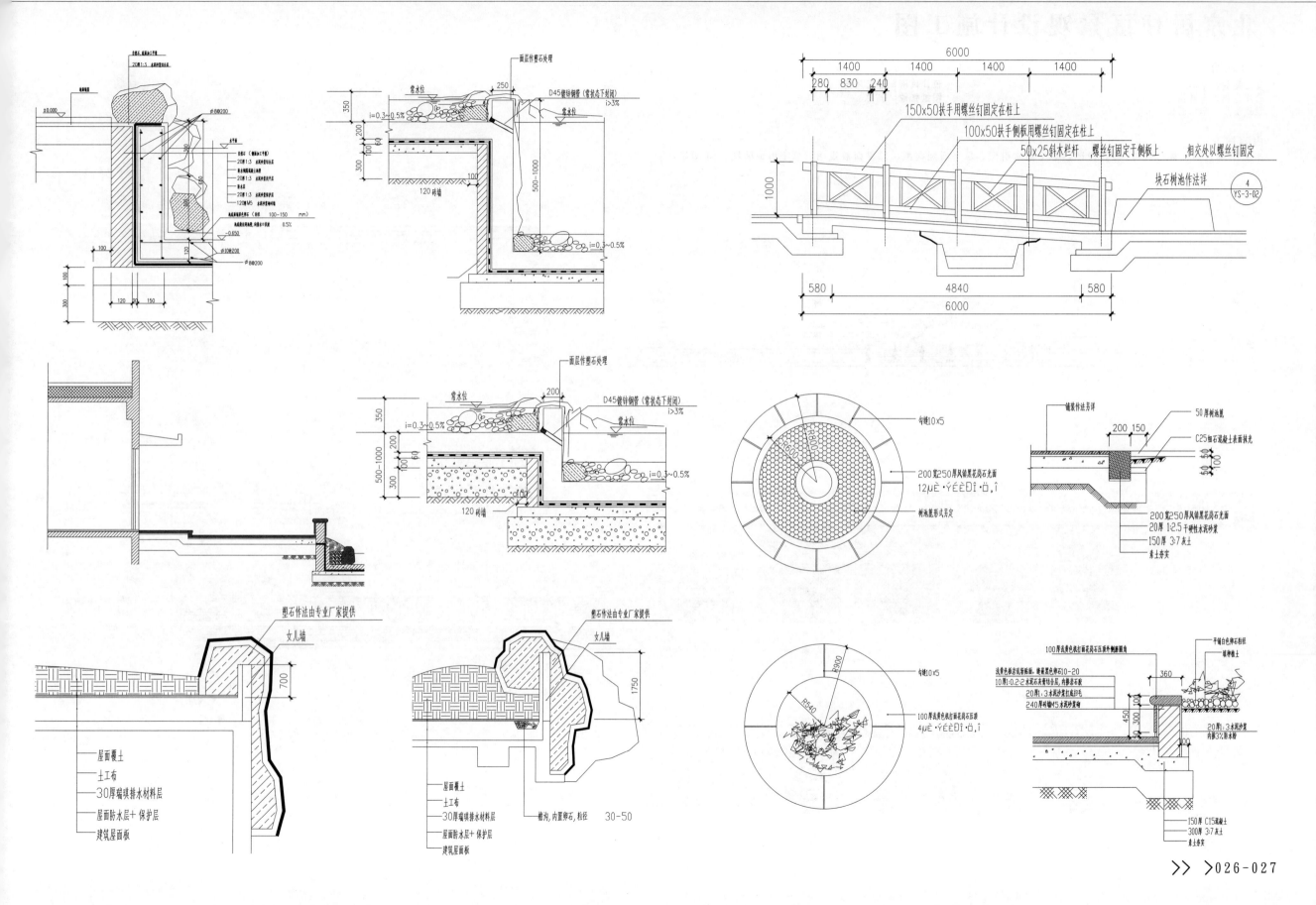

>北京居住区景观设计施工图

设计说明

地形地貌：平地　　　　　　　　　　设计风格：现代风格
档次定位：普通住宅　　　　　　　　图纸张数：57张
绿地类型：小区游园

内容简介

本套图纸包括：概括资料（设计说明、总平面索引图、总平面竖向图、总平面放线图、总平面铺装图）详图等。

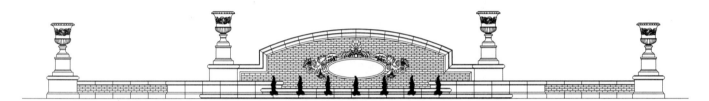

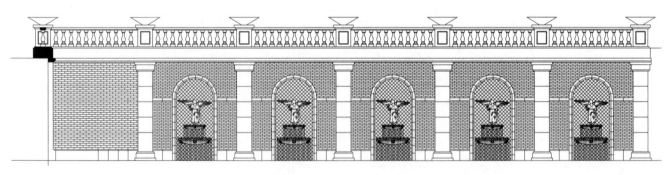

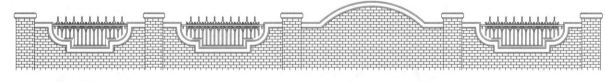

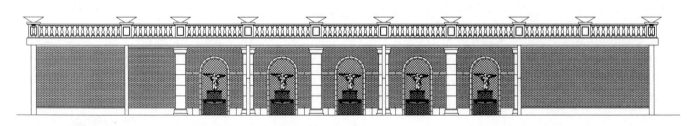

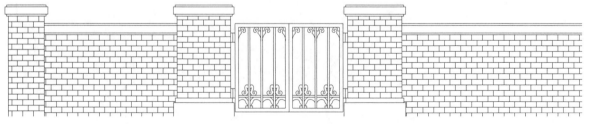

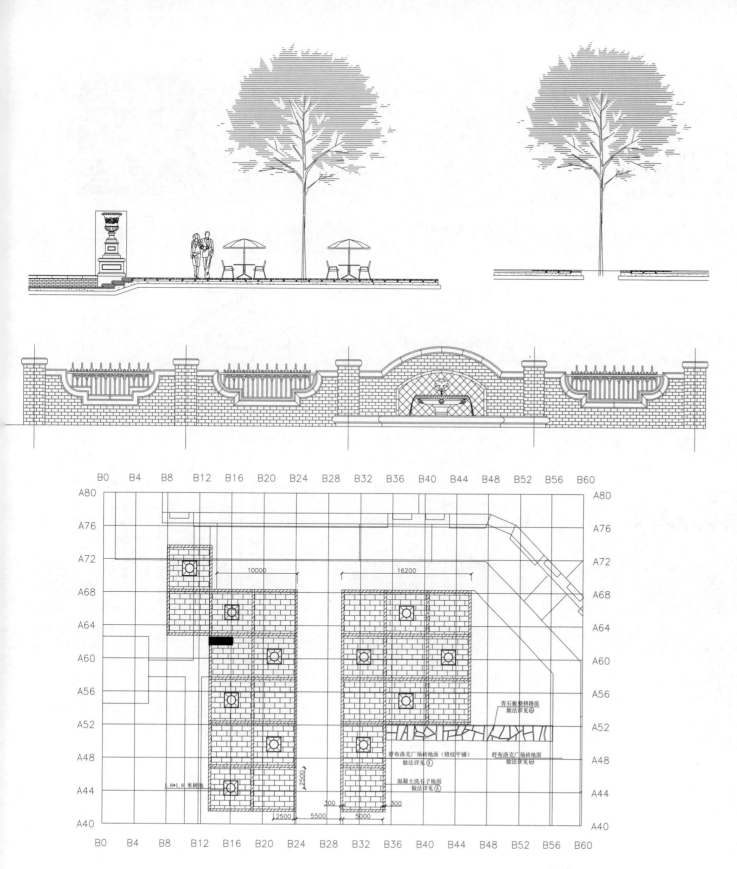

>北京居住区园林景观工程全套施工图

设计说明

地形地貌：平地　　　　　　　　　设计风格：现代风格
档次定位：普通住宅　　　　　　　图纸张数：51张
绿地类型：居住区集中公园

内容简介

本套图纸包括：目录、设计说明、总平面图、总平面索引图、总平面放线定位图、总平面竖向定位图、总平面乔木种植图、灌木种植图、苗木表、总平面灯具布置图、铺装详图、木亭子施工、典型剖面图、绿化平面图、绿化给水说明、电气平面图、电气配电系统图、电气照明说明、水电图、物料表、小品灯具选样图、铺装基础做法详图、石凳详图、入口景墙详图、广场景墙详图、特色儿童活动区景墙详图、框景墙详图、木花架做法详图、广场种植池详图、木质坐凳树池详图等。

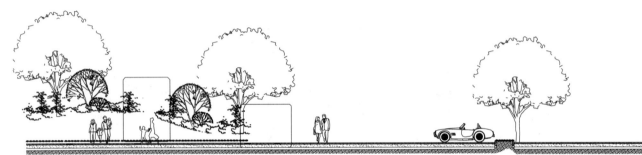

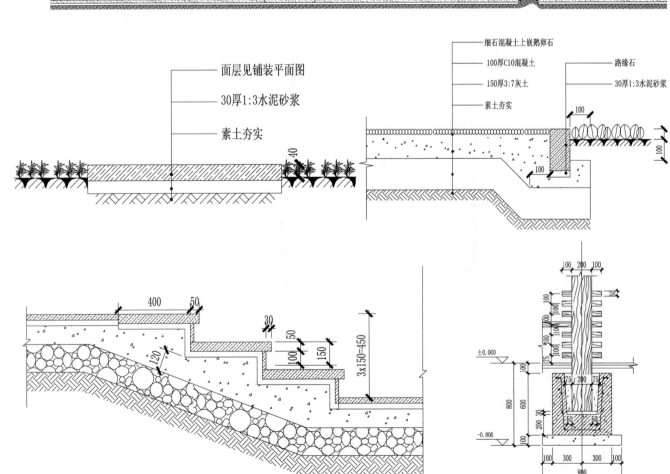

面层见铺装平面图
30厚1:3水泥砂浆
素土夯实

细石混凝土上嵌鹅卵石
100厚C10混凝土
150厚3:7灰土
素土夯实

路缘石
30厚1:3水泥砂浆

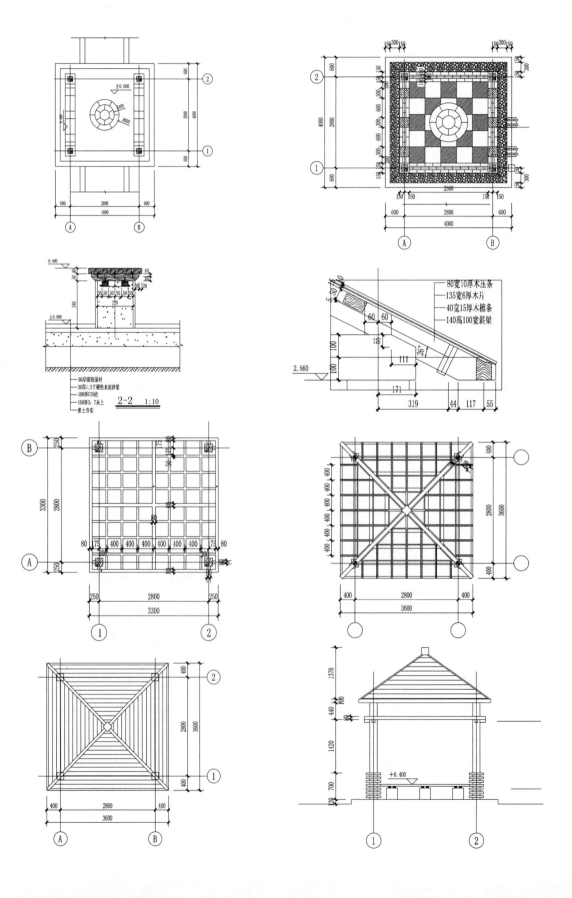

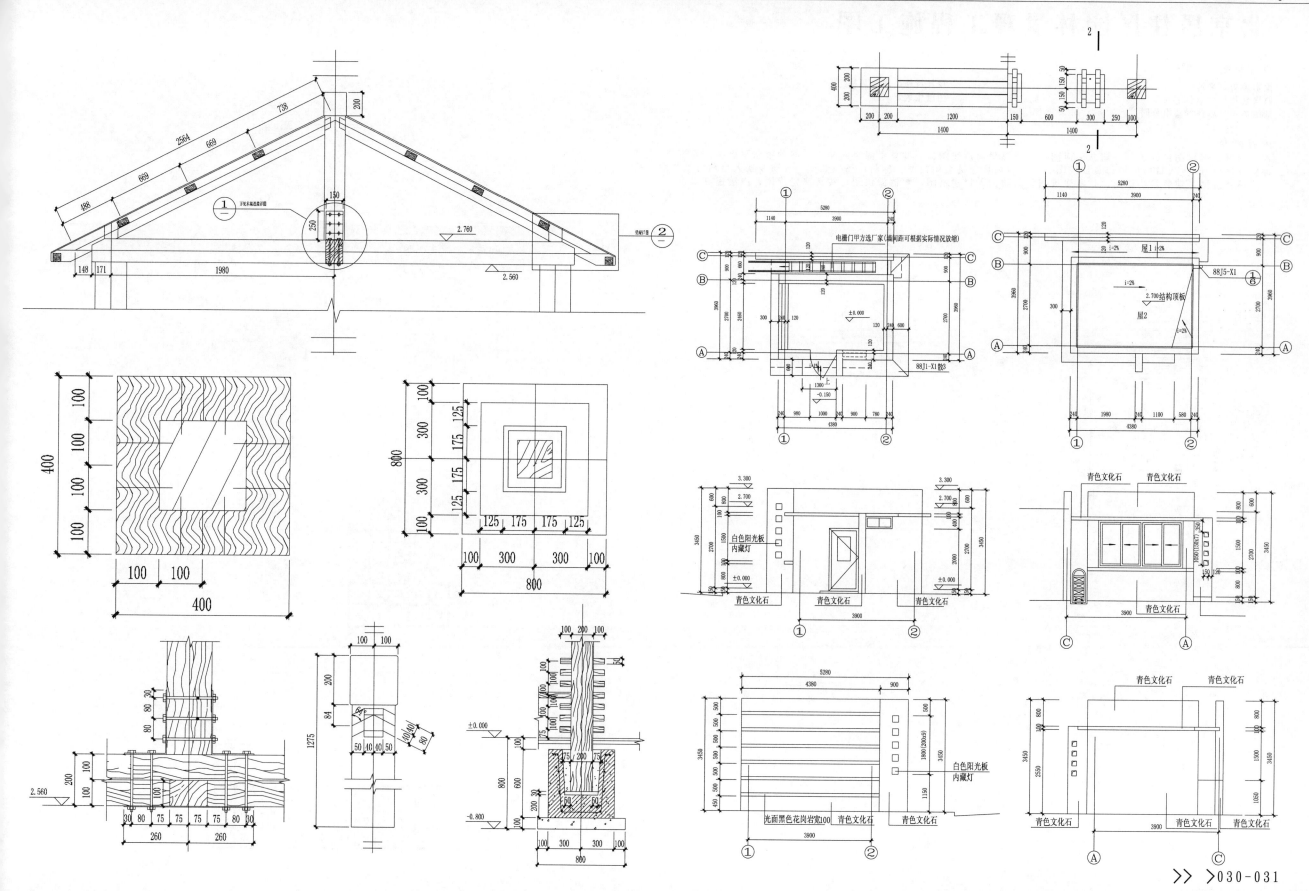

>北京居住区园林景观工程施工图

设计说明

地形地貌：平地
档次定位：普通住宅
绿地类型：居住区集中公园

设计风格：现代风格
图纸张数：35张

内容简介

本套图纸包括：图纸目录、一期总平面图、一期总平面放线图、一期总平面竖向图、一期种植总平面图、种植分区图1、种植分区图2、主入口内广场铺装放线图、主入口内广场铺装做法图、林荫广场铺装图、人防及次入口地面铺装图、景亭广场铺装图、铺装做法详图、景亭建筑图、人防出入口建筑图、水池做法图、传达室建筑图、围墙建筑图等。

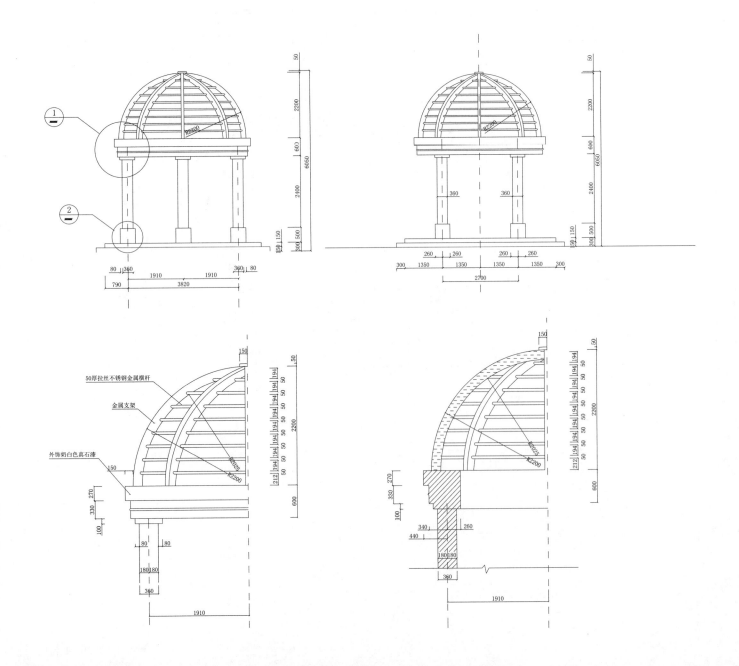

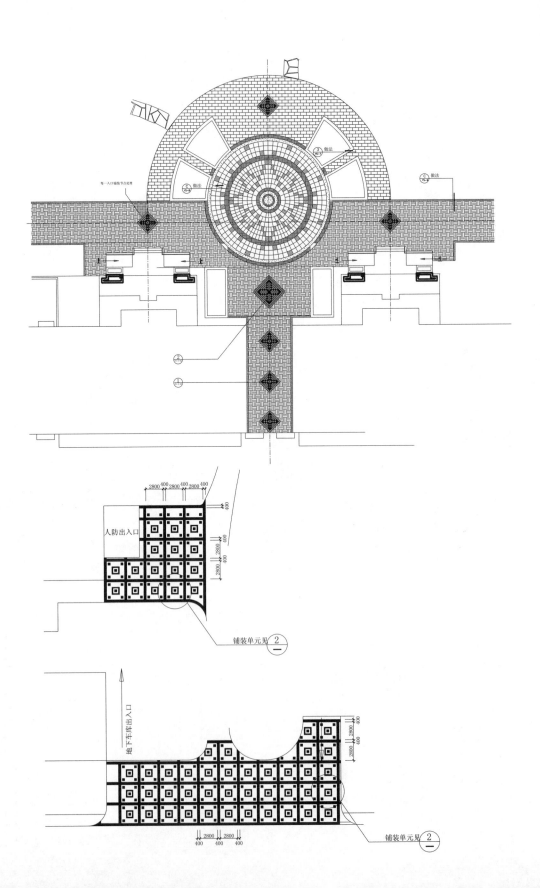

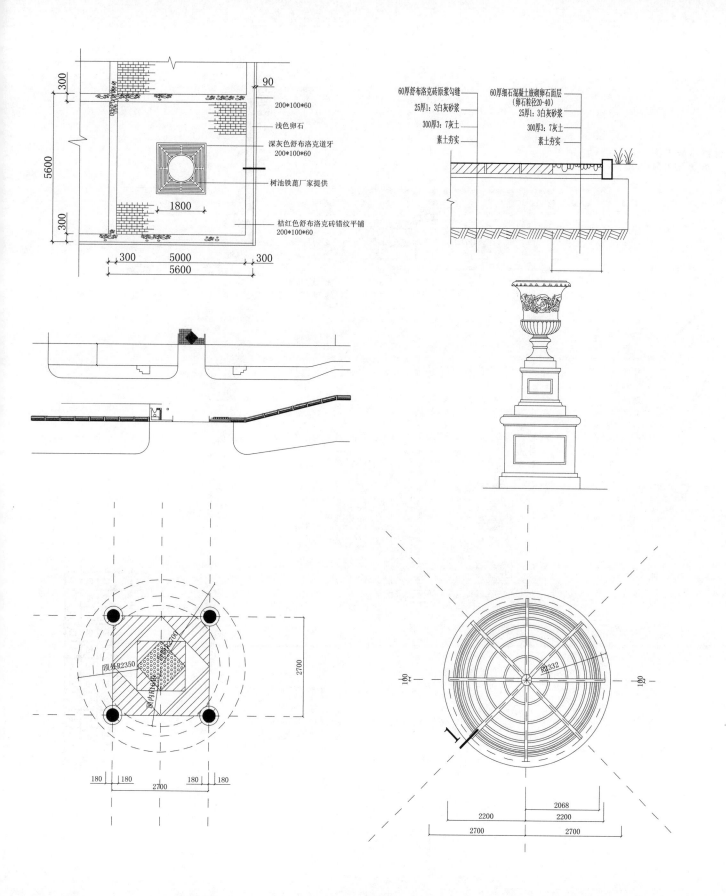

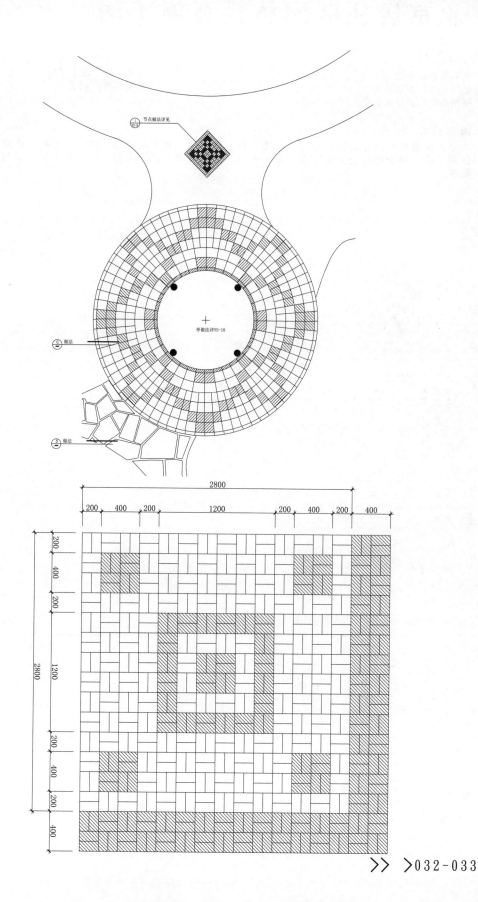

>北京居住区园林景观施工图

设计说明

地形地貌：平地
档次定位：普通住宅
绿地类型：居住区集中公园

设计风格：现代风格
图纸张数：48张

内容简介

本套图纸包括：园路及停车场施工作法、花坛施工图、私家花园施工图、不同类型道路施工做法、花池挡墙施工图、花钵施工图、圆形树池施工图、木座凳施工图、分区景观工程施工图、座凳施工图、竖向设计图、小区广场景观工程施工图等。

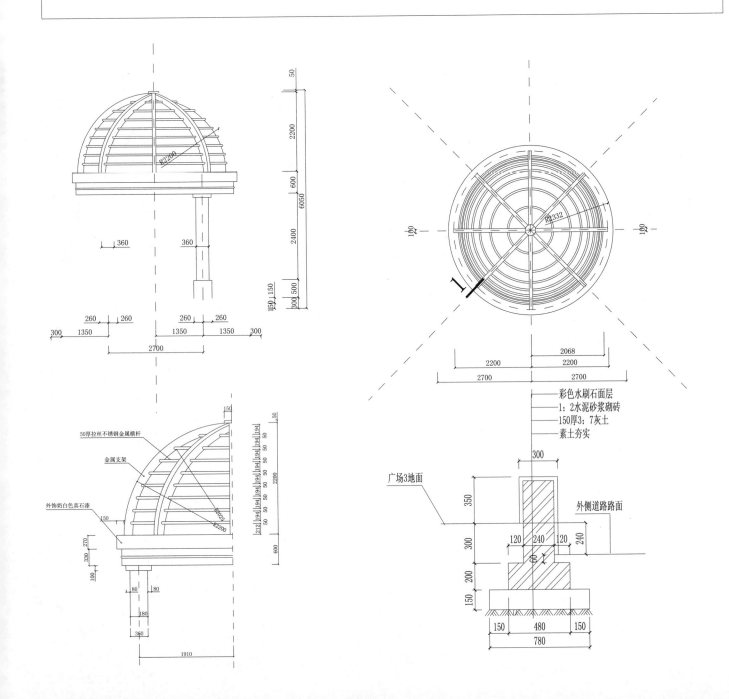

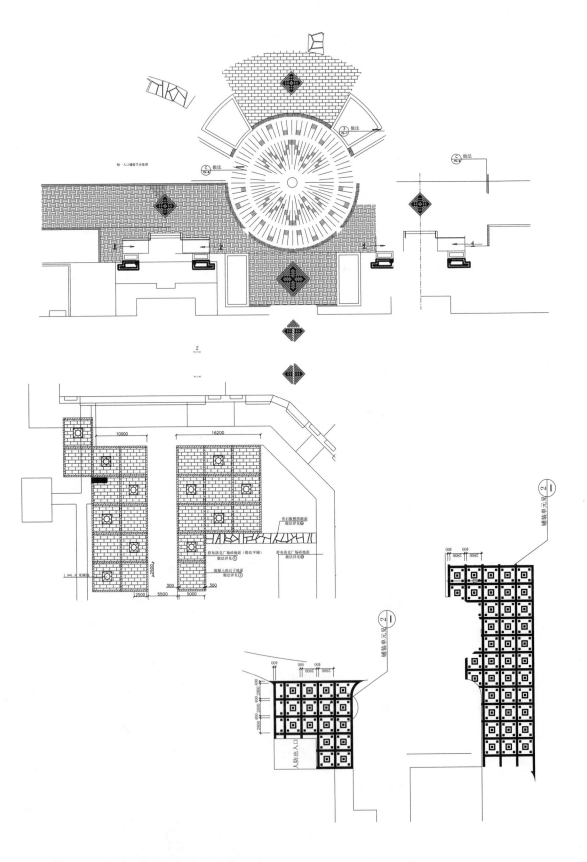

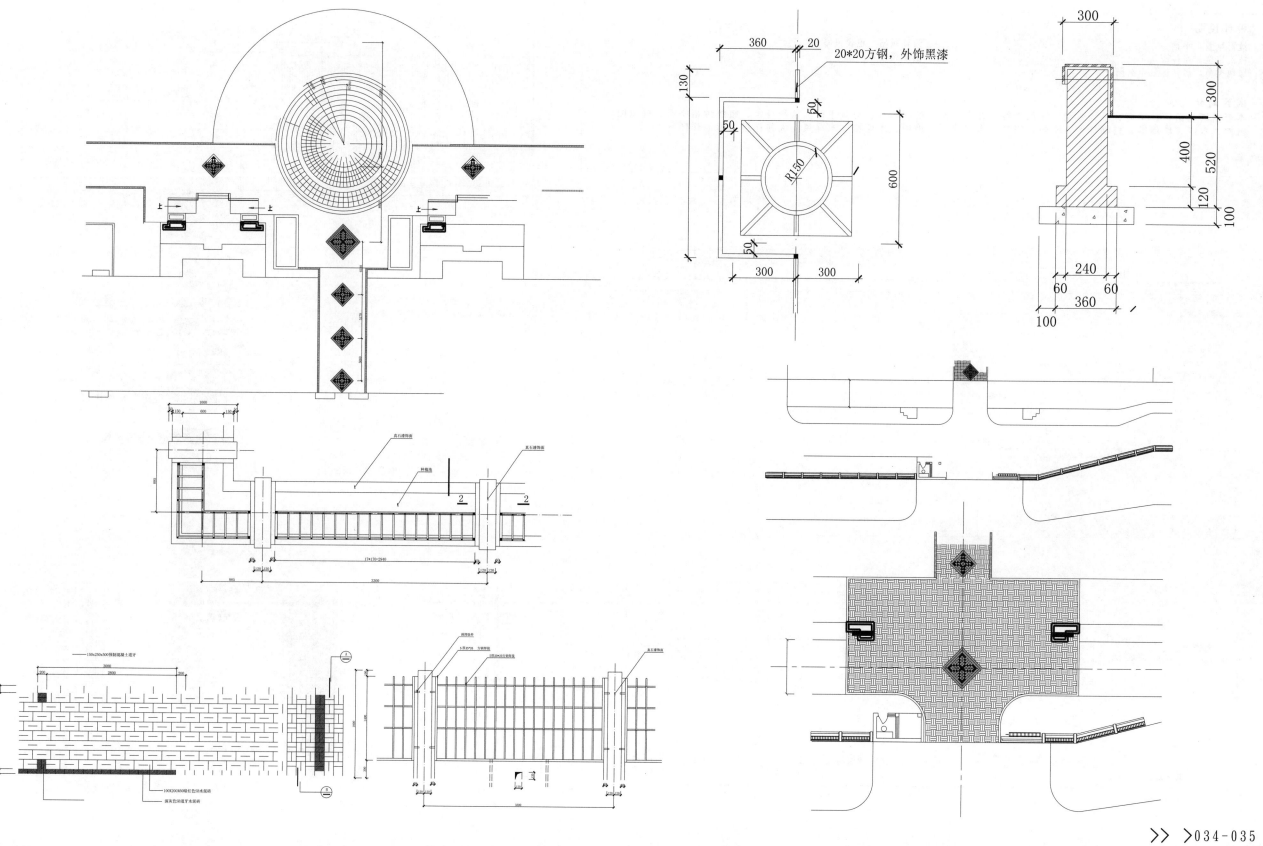

20*20方钢，外饰黑漆

>北京商住社区园林景观工程施工图

设计说明

地形地貌：平地　　　　　　　　　　设计风格：现代风格

档次定位：商住两用　　　　　　　　图纸张数：31张

绿地类型：居住区集中公园

内容简介

本套图纸包括：总平面、平面索引、平面放线、标高平面、灯具示意、灯具平面、植物目录、植物种植平面、铺装图、树池、水体、玻璃墙、挡墙详图、车道、围墙、木架廊、木地板、木座椅、木屏风、天井详图、泳池详图等。

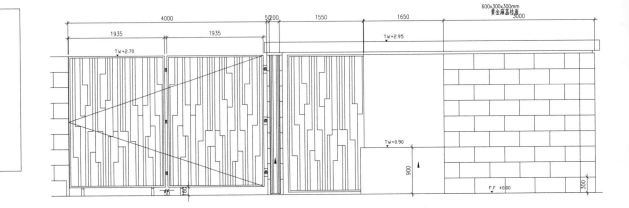

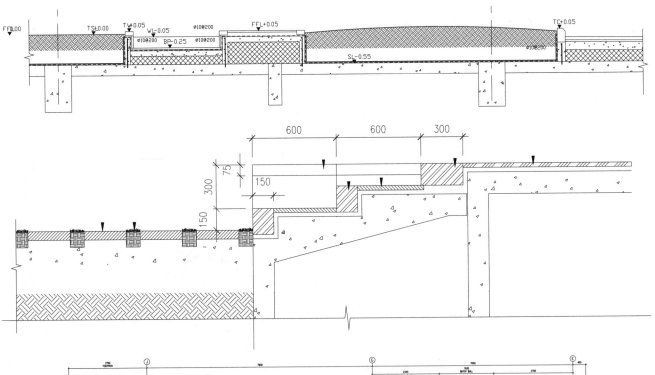

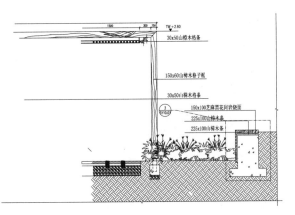

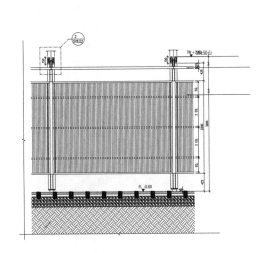

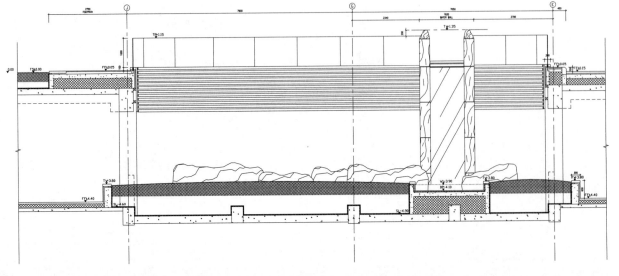

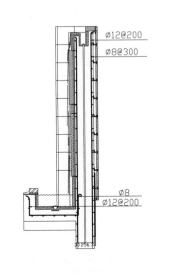

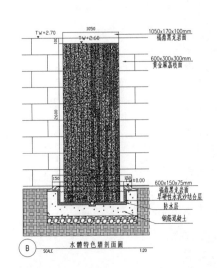

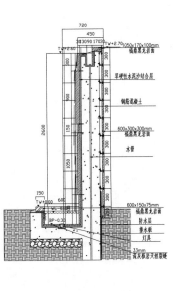

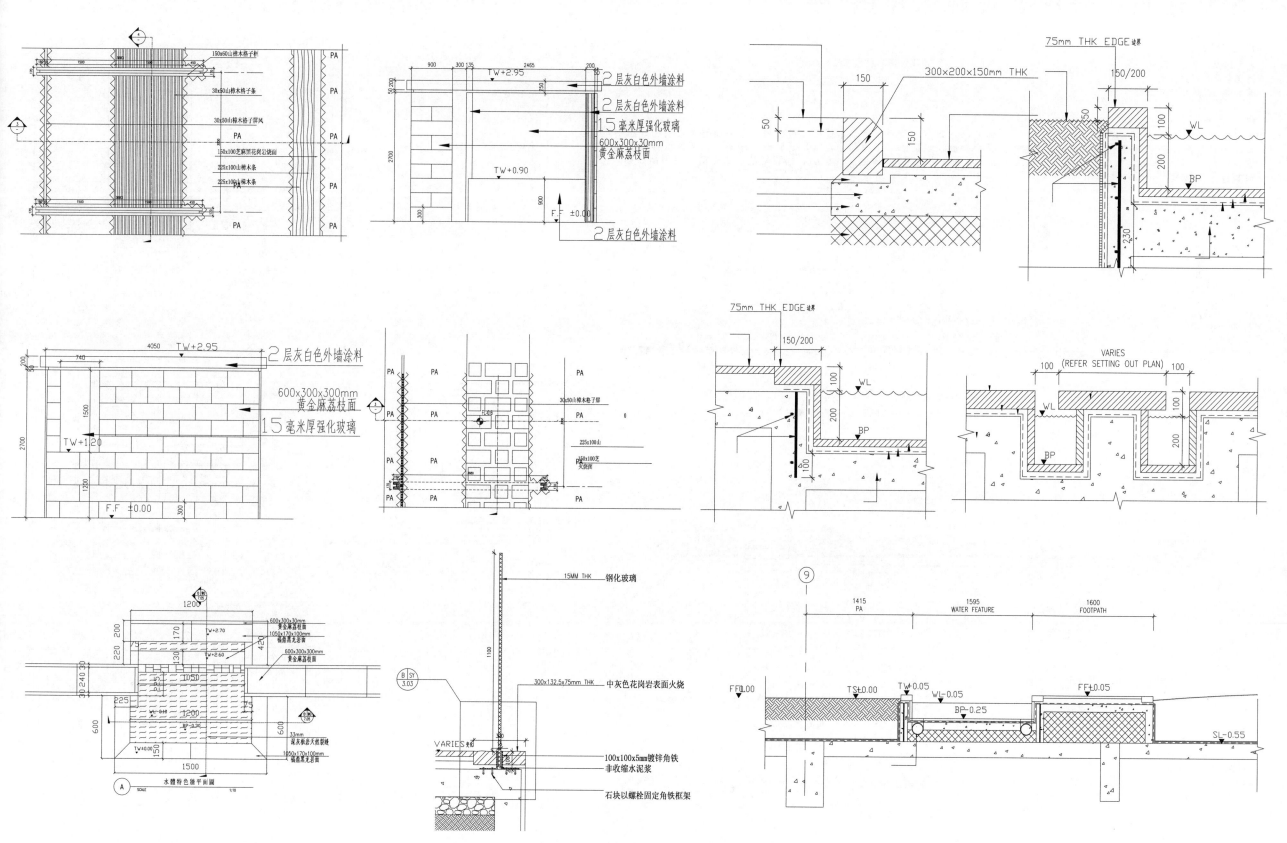

>北京通州居民区景观施工详图

设计说明

地形地貌：平地　　　　　　　　　　　设计风格：现代风格

档次定位：普通住宅

绿地类型：居住区集中公园

内容简介

本套图纸包括：目录设计说明、总平面图、总平面竖向布置图、总平面灯位布置图、苗木表、总平面铺装索引图、总平面乔木种植图、总平面灌木种植图、景观总图、总平面放线定位图；详图部分包括：石凳做法详图、花架做法详图、围墙做法图、残疾人坡道做法、小品景墙做法详图、木亭做法详图、树池座椅详图、铺装基础做法详图、典型剖面图、铺装详图、物料表、灯具选样图。

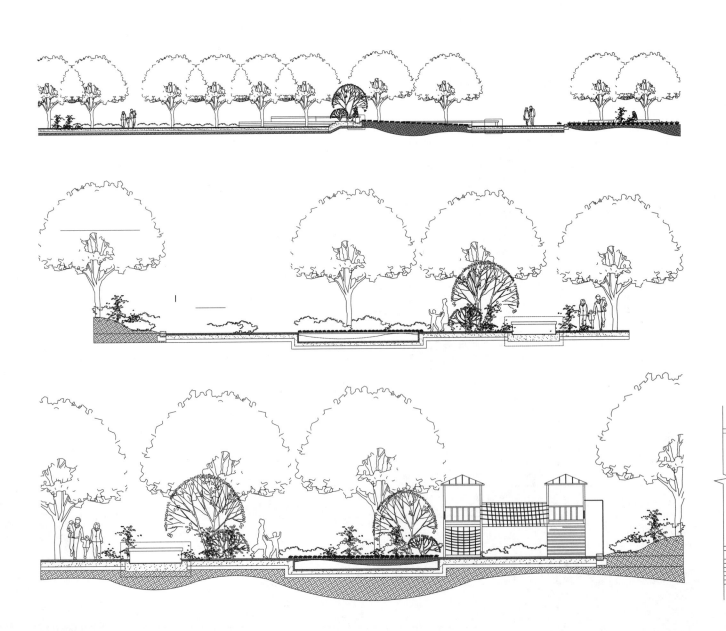

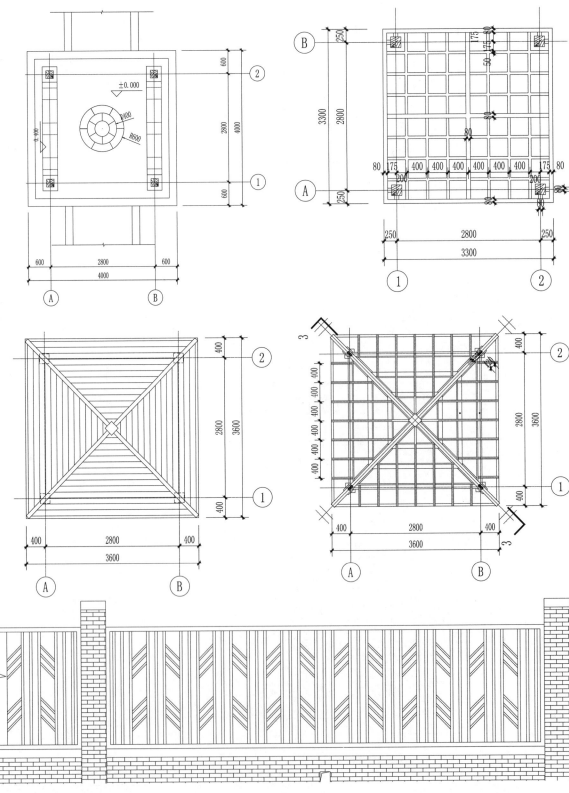

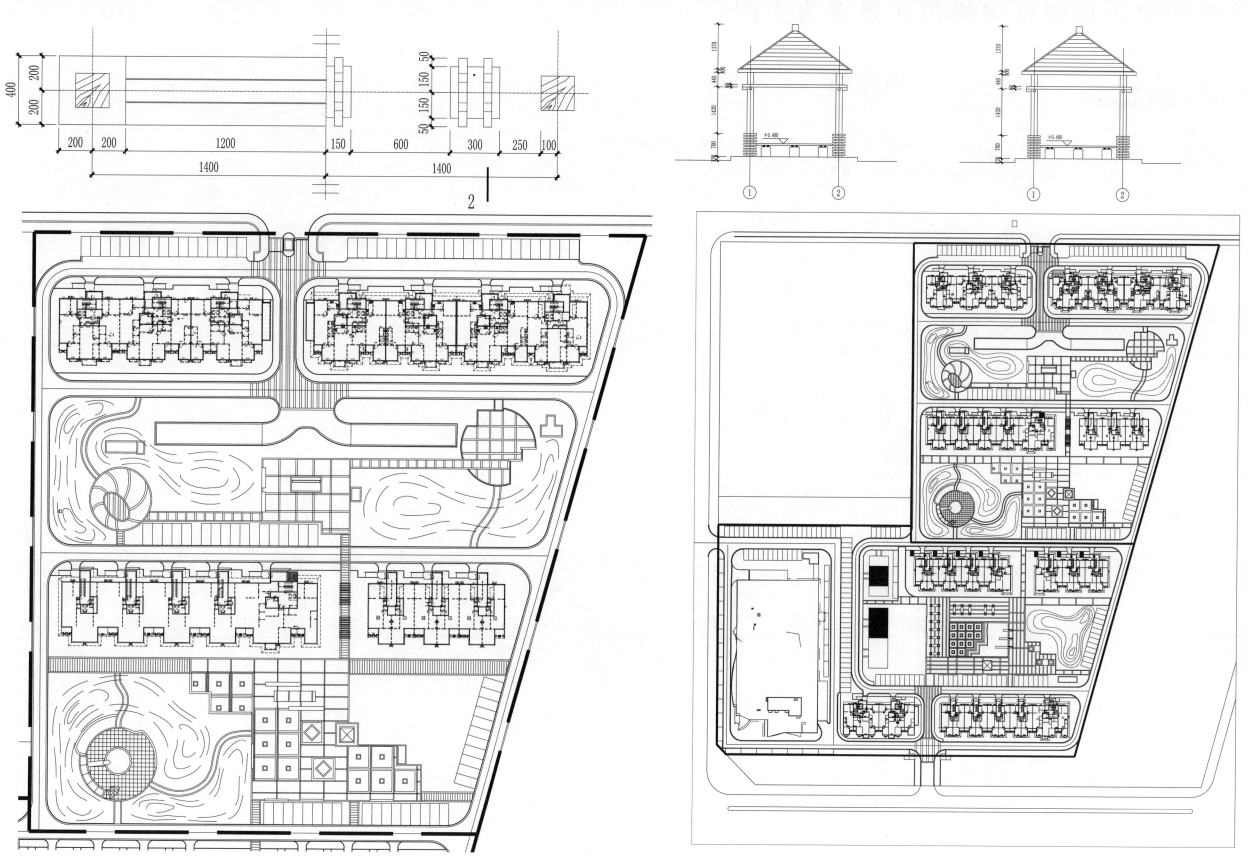

>北京现代花园住宅样板区景观施工图

设计说明

地形地貌：平地　　　　　　　　　设计风格：现代风格
档次定位：普通住宅　　　　　　　图纸张数：56张
绿地类型：居住区集中公园

内容简介

本套图纸包括：样板区总平面图 样板区图纸分幅示意图 放线图 样板区分区放线图 竖向图 样板区分区竖向图 索引图 样板区分区索引图 花钵索引、放线图 样板区花钵索引、放线图 铺砖 铺砖详图 详图 入口水景详图 条形水景详图 中心水景详图 景观亭详图 廊架详图 围墙节点详图 花钵详图 通用详图 电气设计 样板区电气设计图

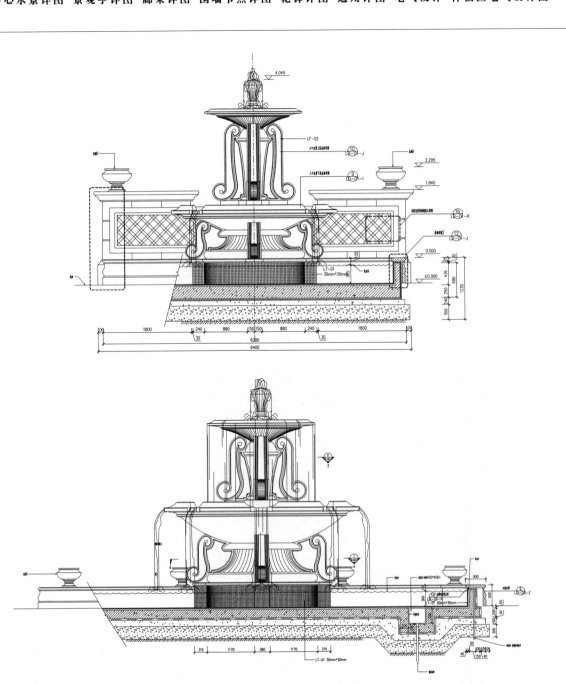

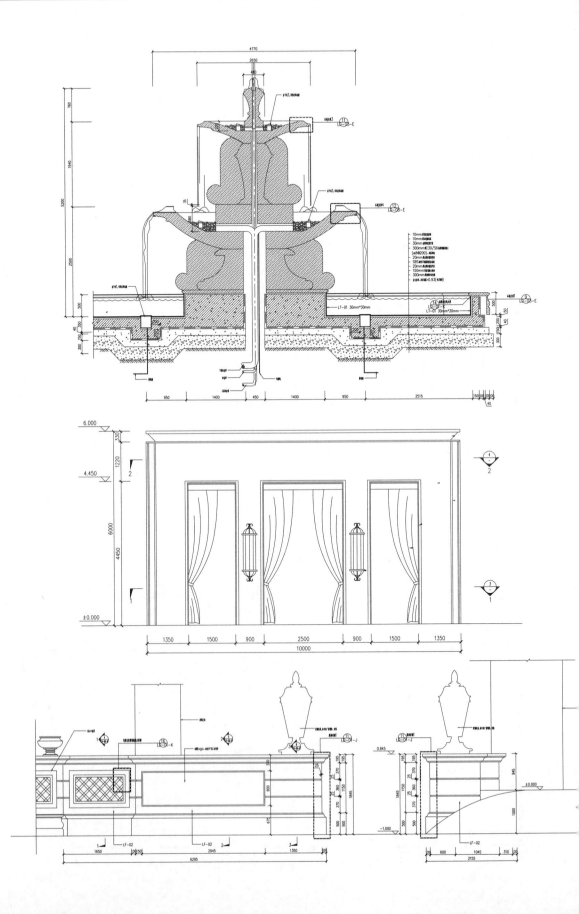

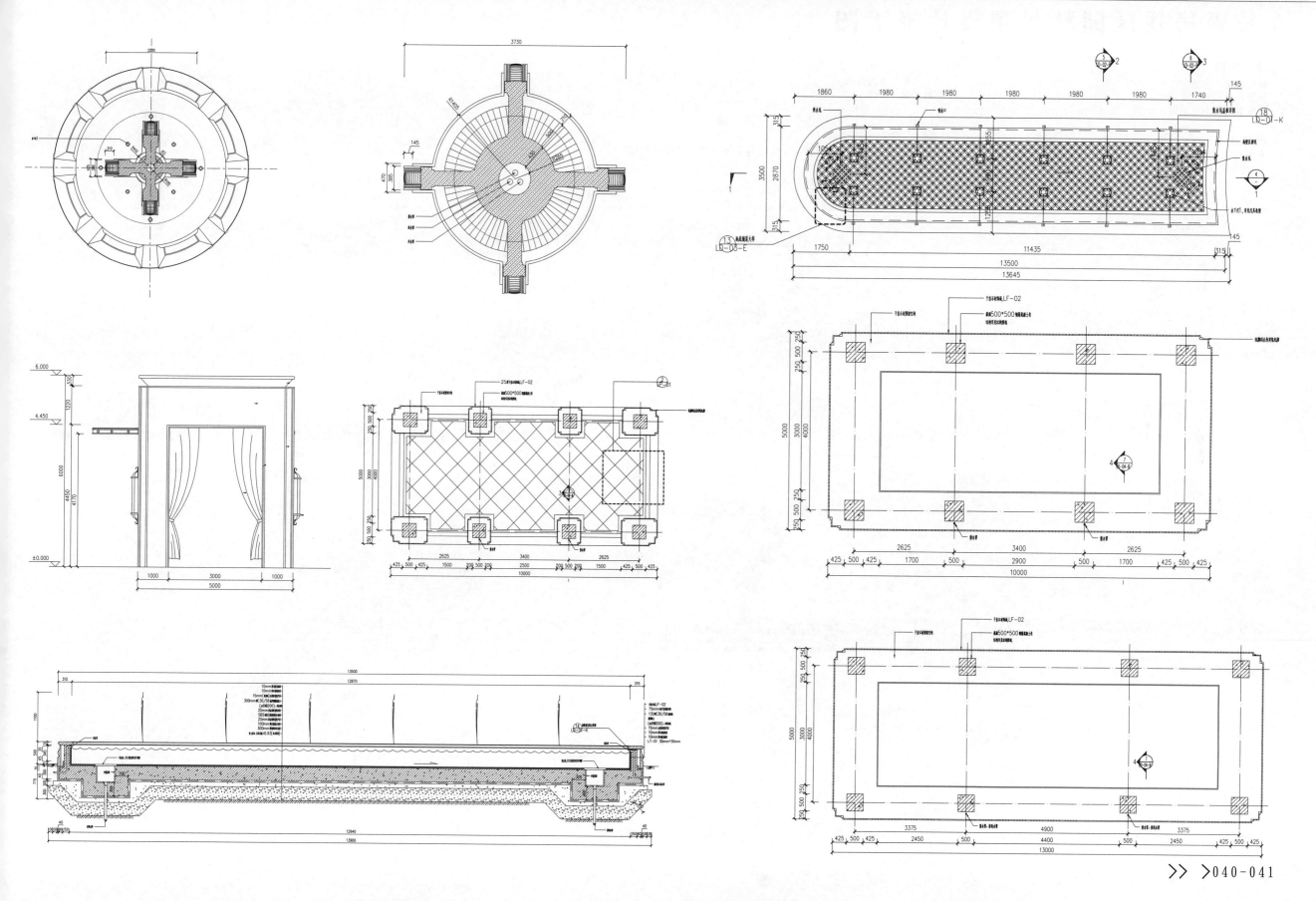

>长春居住区园林景观设计施工图

设计说明

地形地貌：平地   设计风格：现代风格

档次定位：普通住宅   图纸张数：45张

绿地类型：小区游园

内容简介

本套图纸包括：六大块内容。分别为，图纸说明、总图、1组团局部平面图、1组团详图、2组团局部平面图、2组团详图

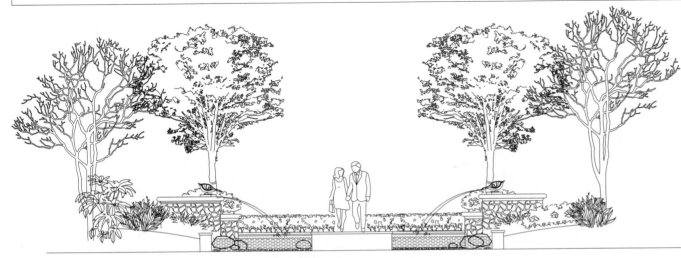

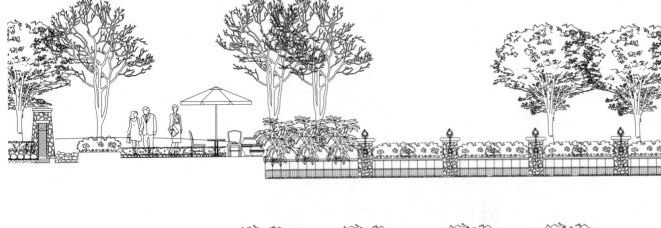

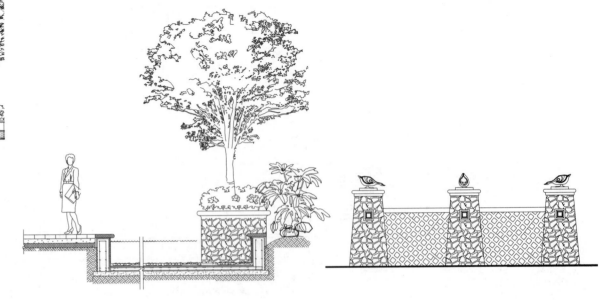

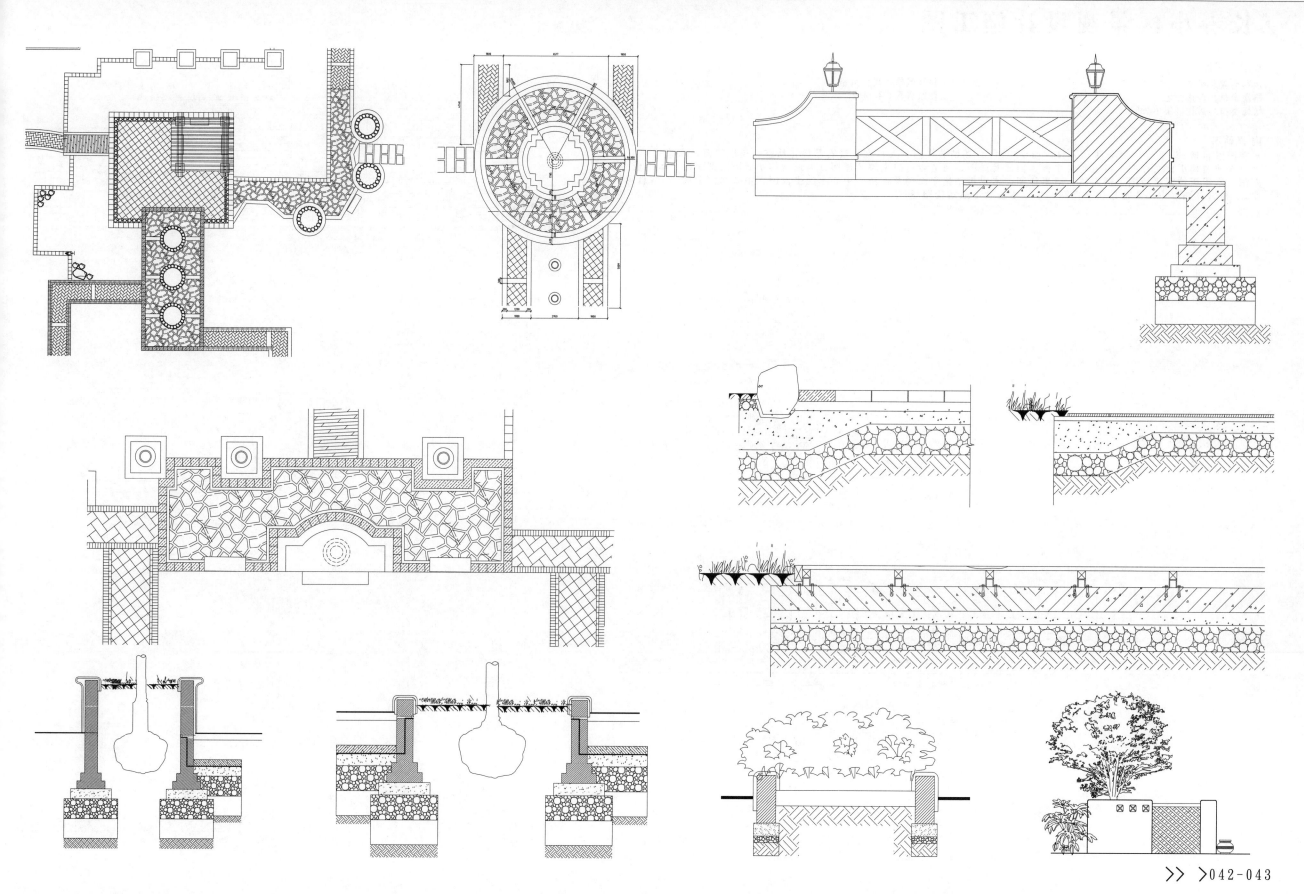

>长春小区景观设计施工图

设计说明

地形地貌：平地

档次定位：普通住宅

绿地类型：居住区集中公园

设计风格：现代风格

图纸张数：113张

内容简介

本套图纸包括：总平面. 竖向图、入口广场平面图.广场铺装详图、入口水池景石基座建结施，花坛剖面，水幕墙详图、入口水池结构平面及详图、河道建筑平面，剖面及详图、河道步道挡土墙等详图、河道结构平面图及剖面图、木甲板平面图、木甲板柱网平面图，剖面图、喷泉详图、木甲板结构平面图及详图、中心水池平面图、中心水池景墙、休息圆盘，树穴详图、中心水池结构平面图、中心水池及小品结构图等。

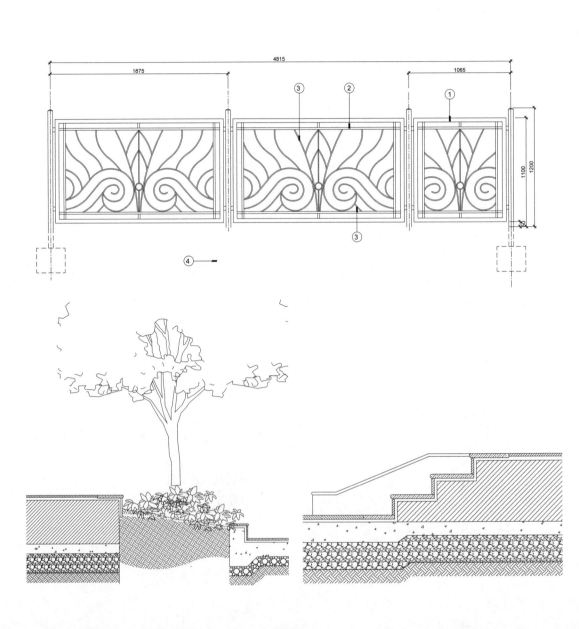

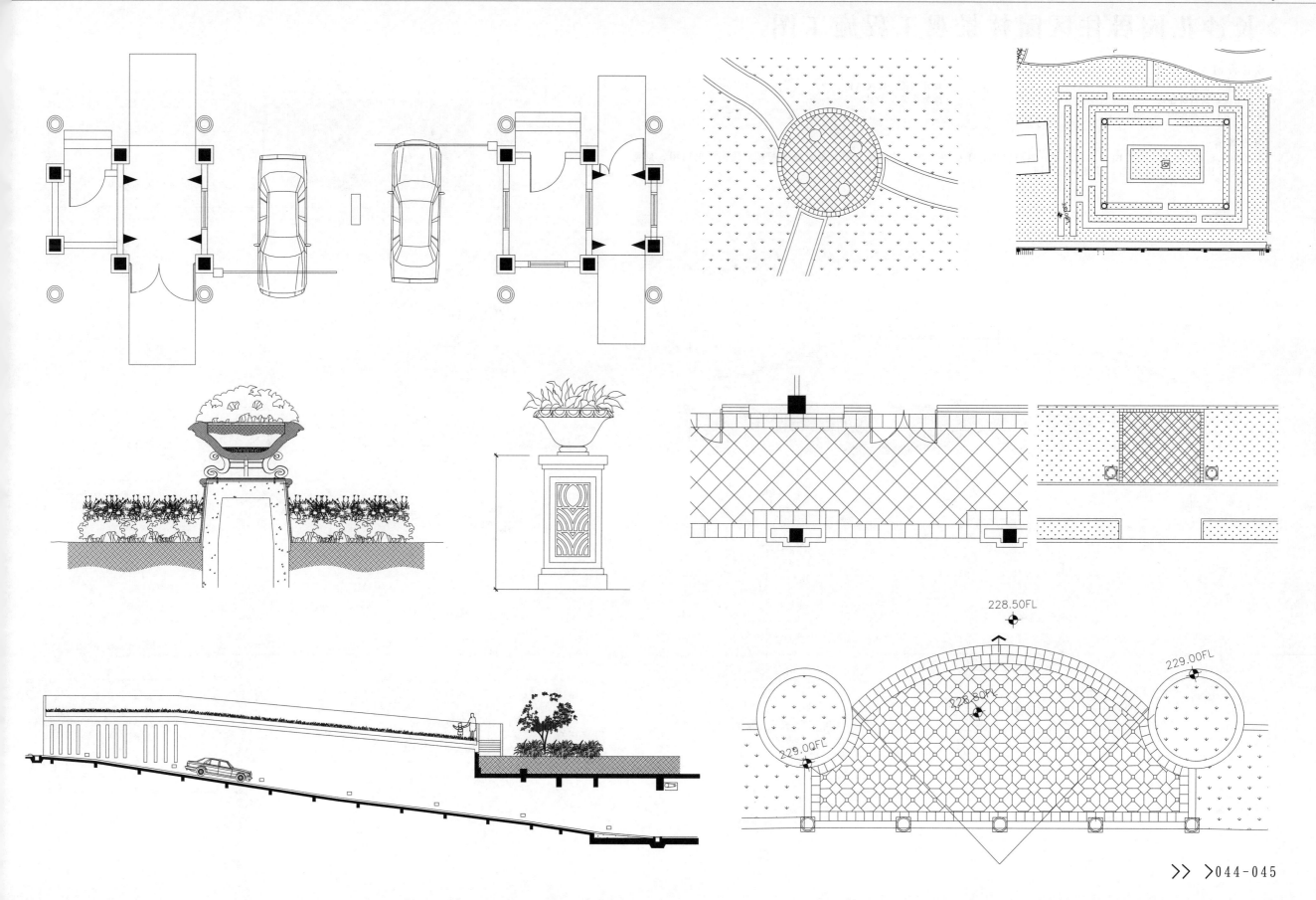

> 长沙花园居住区园林景观工程施工图

设计说明

地形地貌：滨水	设计风格：现代风格
档次定位：高档居住区	图纸张数：32张
绿地类型：公建花园	

内容简介

本套图纸包括：目录、施工图设计总说明、材料清单、平面索引图、放线索引图、硬质铺装图、放线图、竖向图、景观家具及灯具布置图、植栽图、景观节点详图。

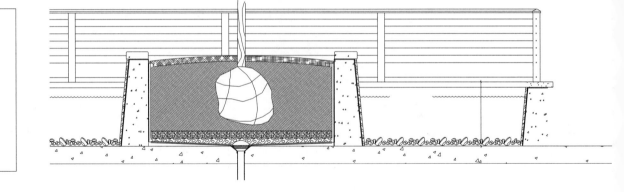

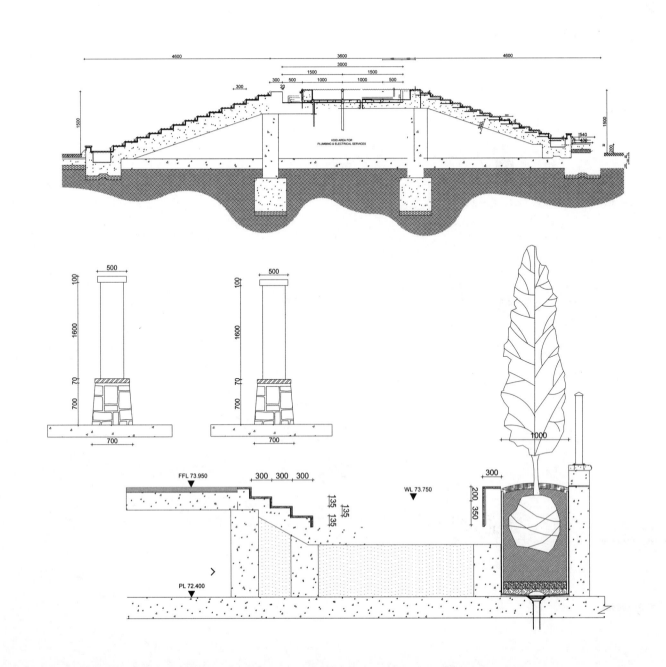

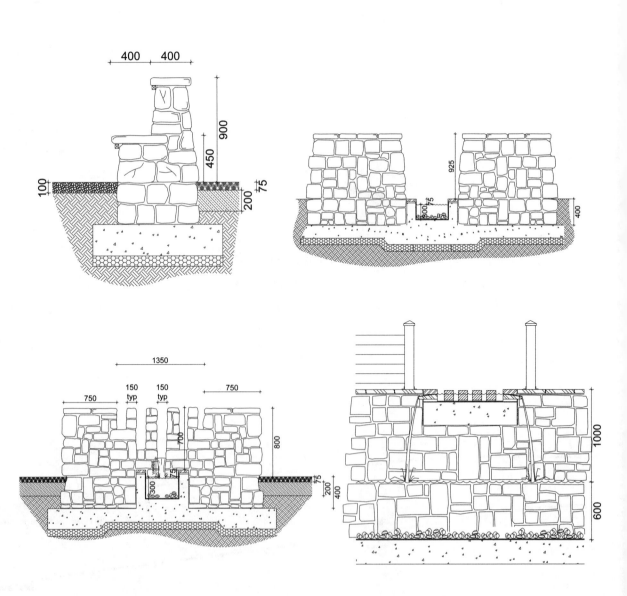

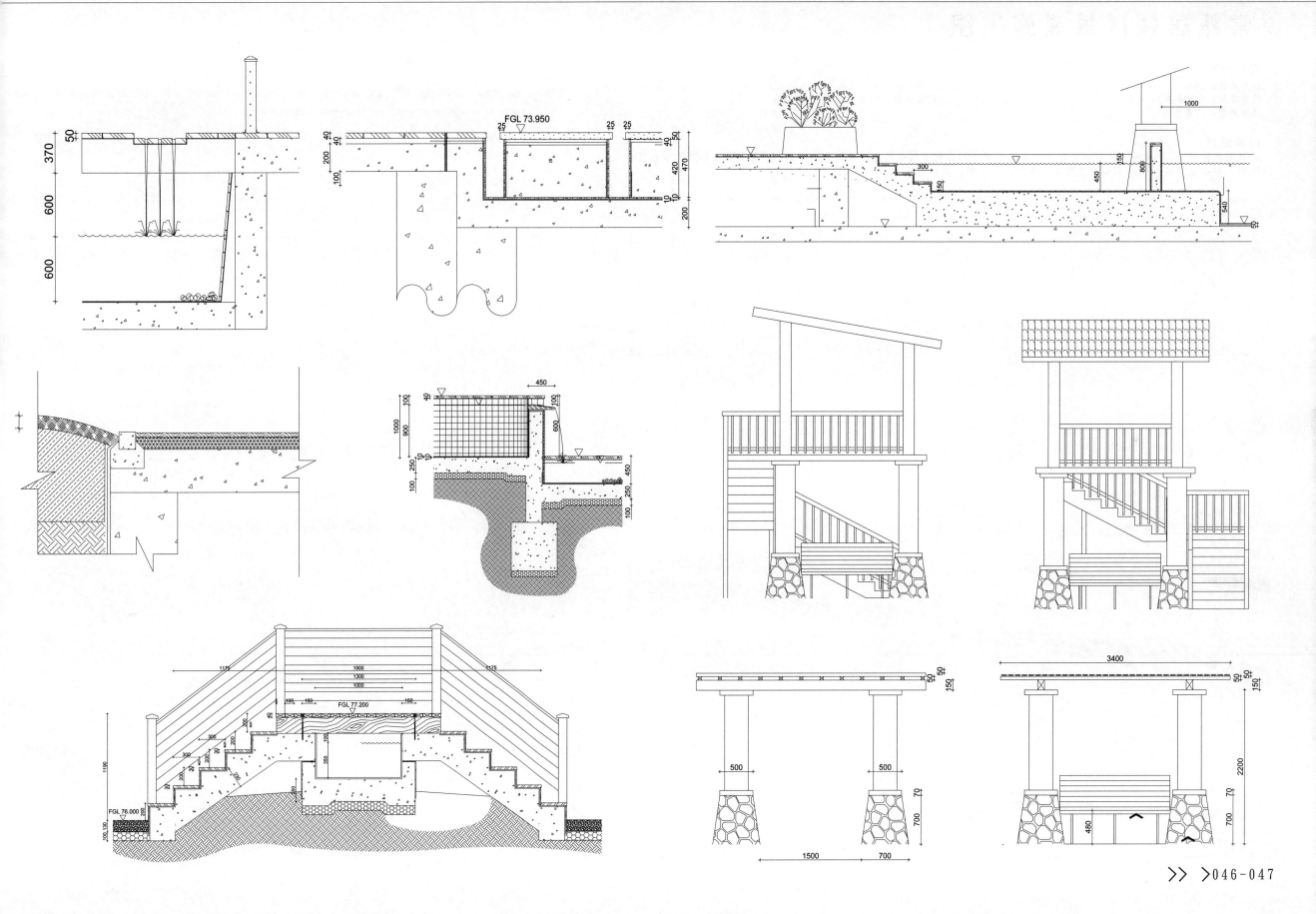

># 常熟居住区景观施工图

设计说明

地形地貌：滨水

档次定位：高档居住区

绿地类型：公建花园

设计风格：现代风格

图纸张数：39张

内容简介

本套图纸包括：种植设计图、树池大样图、休闲广场详图、儿童活动场所、弧形花架详图、驳岸和跌水剖面、亲水景亭详图、中心景观施工图、中式铁艺构架、人行入口详图、入口铺装、地下车库入口等。

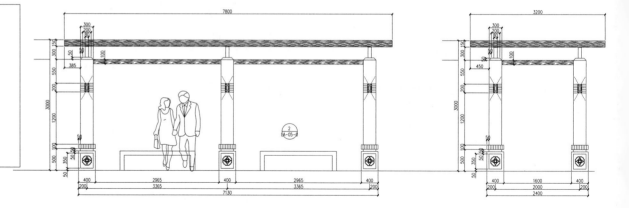

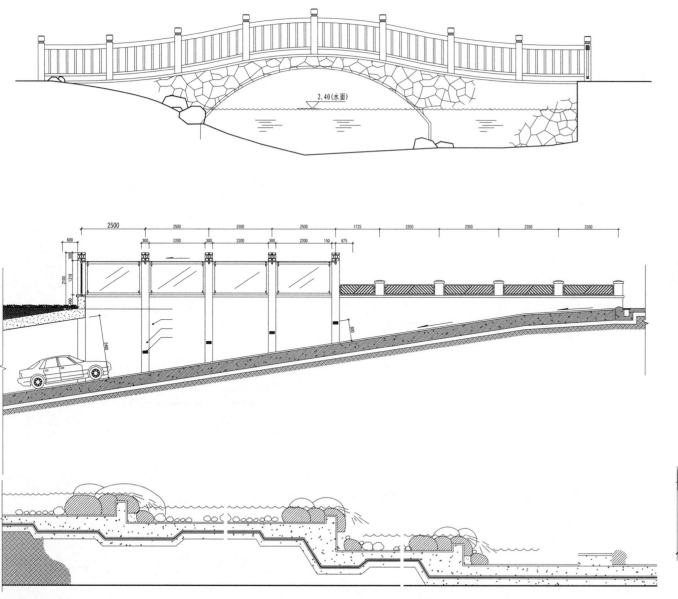

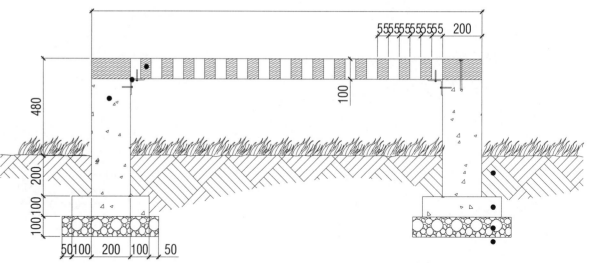

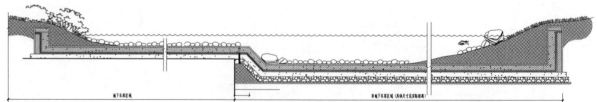

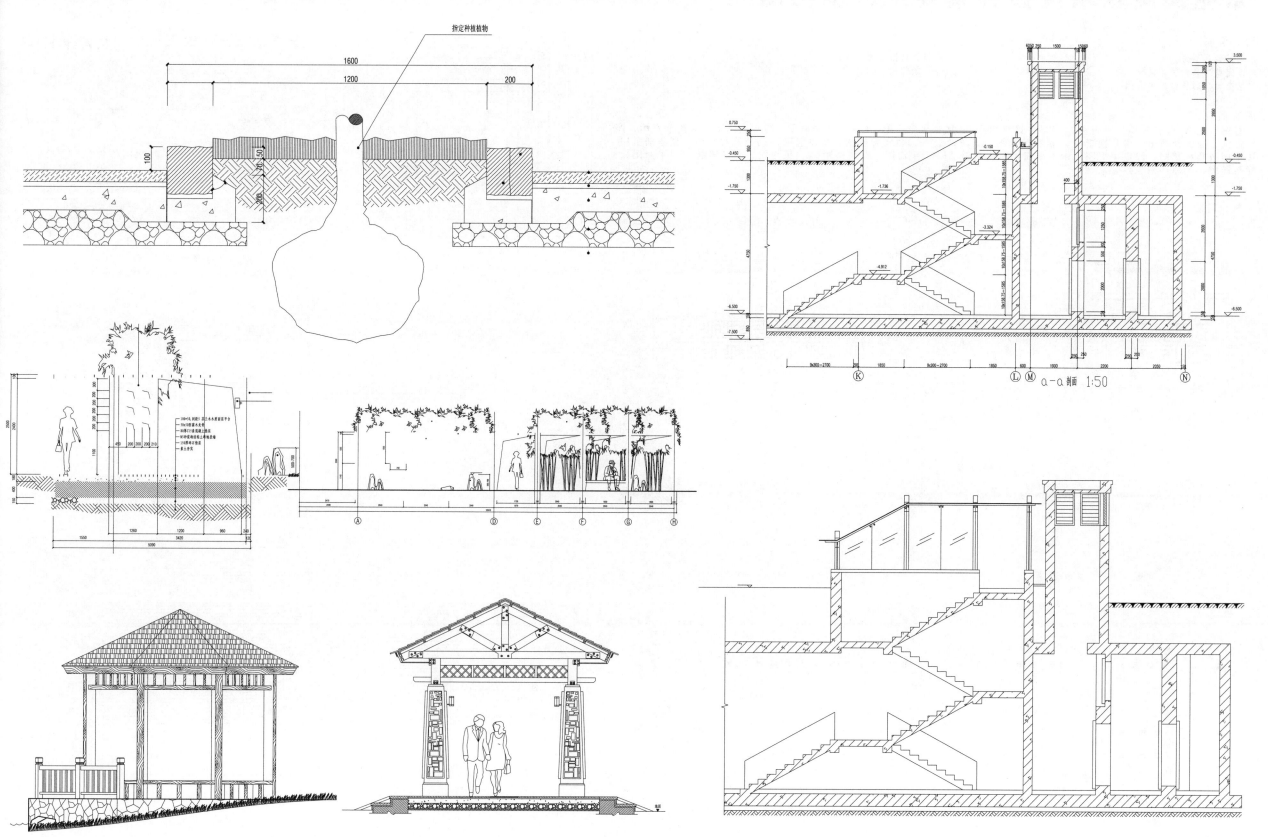

指定种植植物

a-a 剖面 1:50

> 东莞高级住宅区园林景观工程施工图

设计说明

地形地貌：平地
档次定位：高档居住区
绿地类型：居住区集中公园

设计风格：现代风格
图纸张数：21张

内容简介

本套图纸包括：设计说明，平面图、 A区分区平面图、B区分区平面图、C区分区平面图、喷水池详图、木椅节点图、座椅详图、植物种植图、豪华别墅（一）植物种植图、豪华别墅（二）植物种植图、豪华别墅（三）植物种植图、豪华别墅屋顶花园植物种植图、配电平面图、给水平面图、豪华别墅（一）平面图、豪华别墅（二）平面图、豪华别墅（三）平面图、廊架详图、车库详图等。

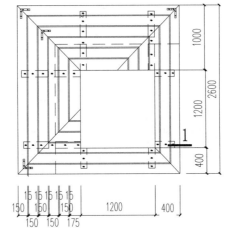

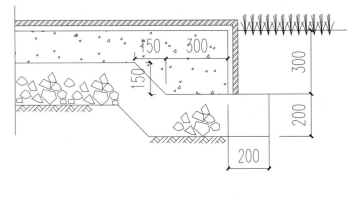

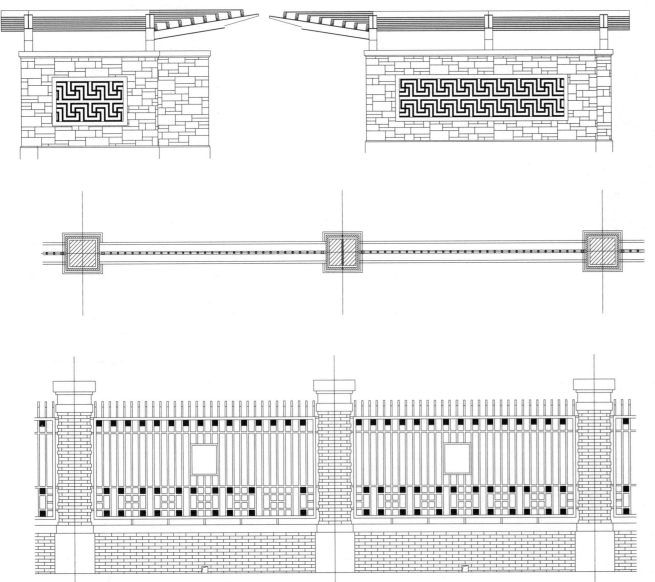

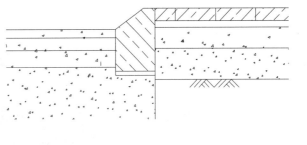

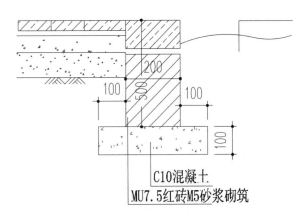

C10混凝土
MU7.5红砖M5砂浆砌筑

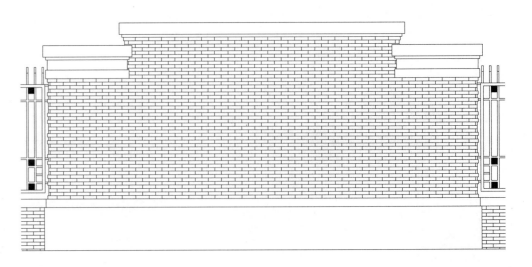

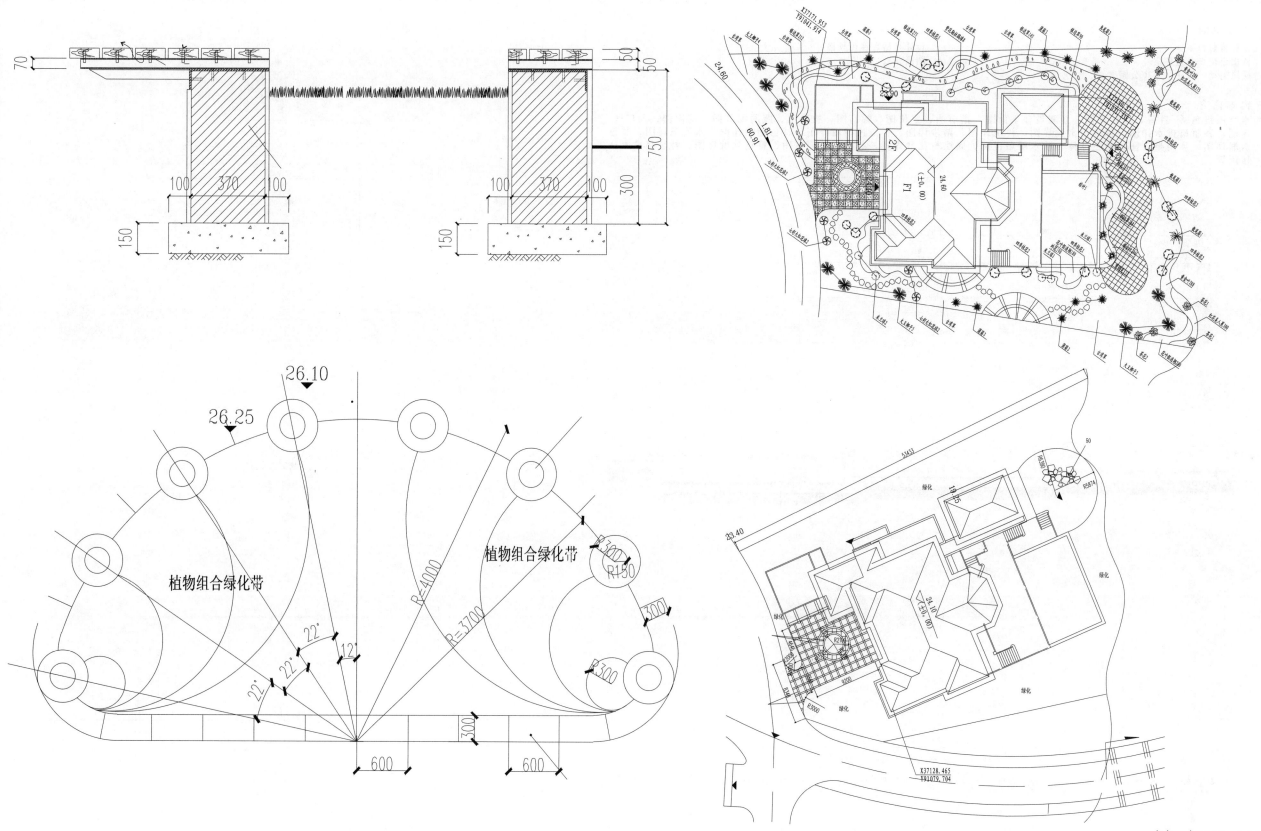

植物组合绿化带

植物组合绿化带

> 东莞花园小区景观设计施工图

设计说明

地形地貌：平地 　　　　　　　设计风格：现代风格
档次定位：普通住宅　　　　　　图纸张数：77张
绿地类型：居住区集中公园

内容简介

本套图纸包括：目录、设计说明、景观设计平面图、指引图、定位图、标高图、物料图、照明配置图、剖面图、入口区详图、种植槽排水详图、标准出水位详图、树坑详图、踏步详图、标准座椅墙详图、特色铺地详图、木栈道详图、特色水墙详图、休闲亭详图、特色球体与喷水雕塑详图、底座与花盆详图、特色水花园详图、特色急流详图、特色喷泉水柱详图等。

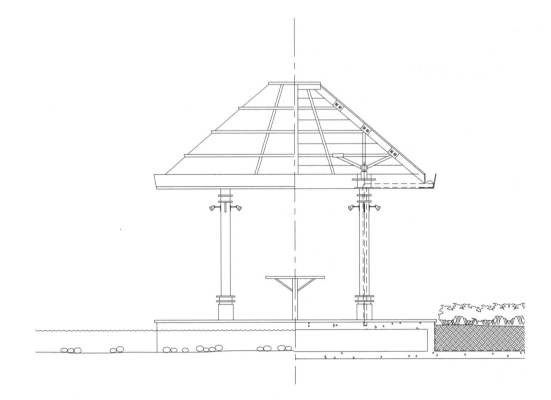

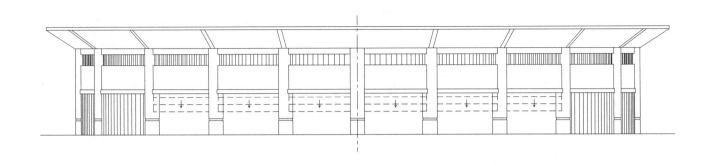

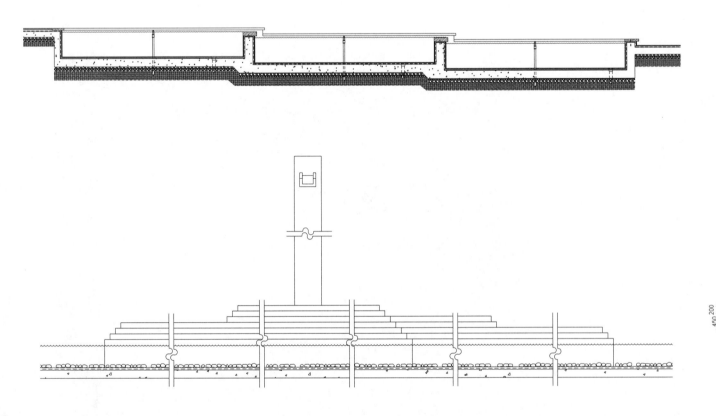

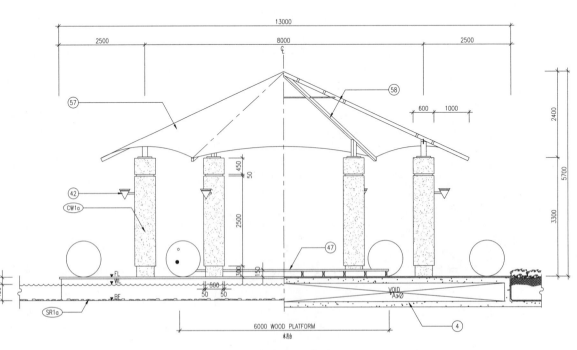

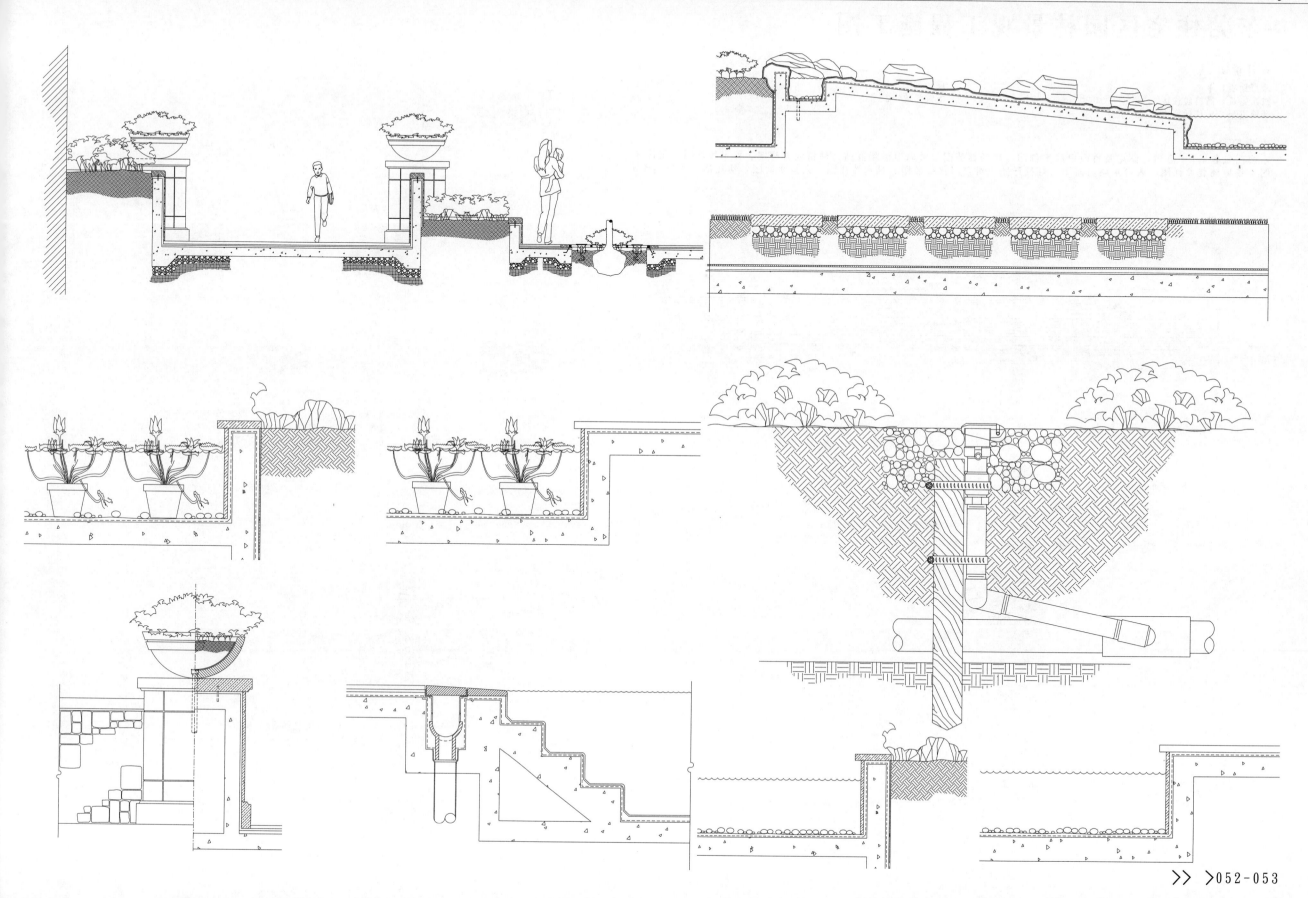

> 东莞住宅区园林景观工程施工图

设计说明

地形地貌：平地　　　　　　　　　　设计风格：现代风格
档次定位：高档居住区　　　　　　　图纸张数：22张
绿地类型：居住区集中公园

内容简介

本套图纸包括：平面图、湖岸及自由曲线定位图、广场铺装图、沿湖堤岸断面图、种植池大样图、停车场详图、花钵详图、场地铺装大样图、入口水墙剖面图、灯柱详图、组合绿化带详图、风水球详图、入口平面图、幼儿活动场地平面图等。

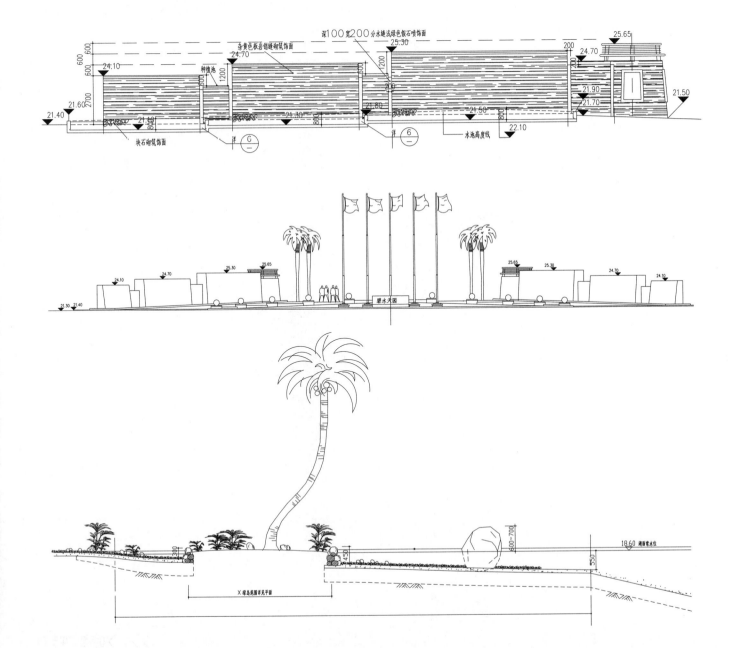

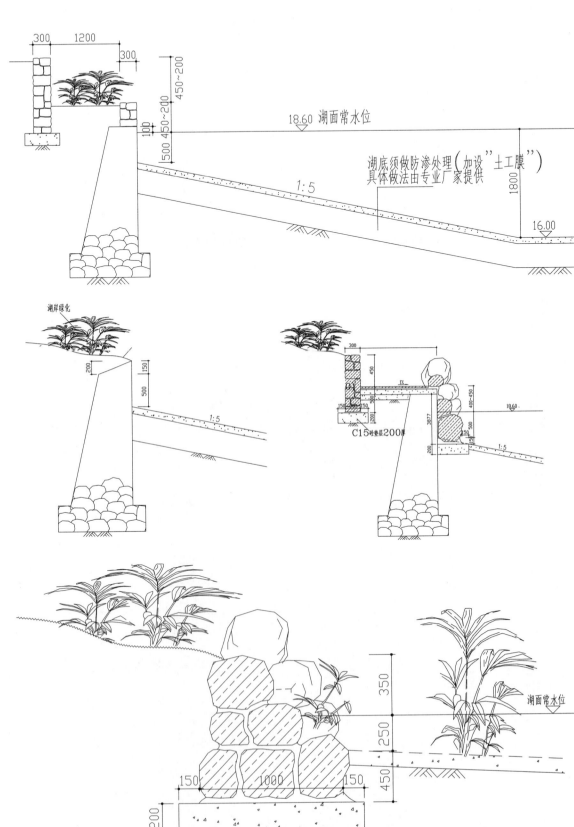

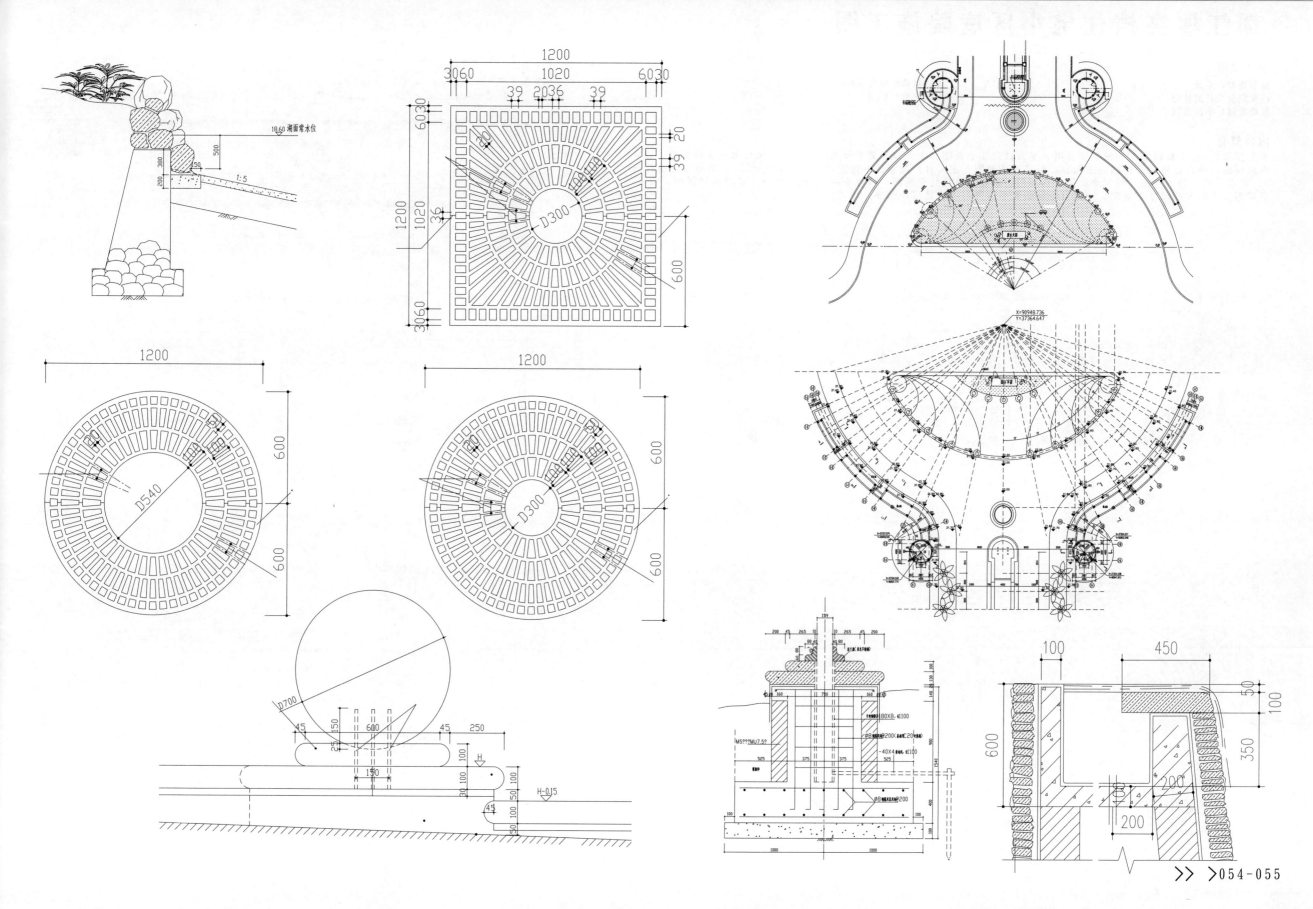

> 都江堰高档住宅小区庭院施工图

设计说明

地形地貌：平地
档次定位：普通住宅
绿地类型：小区游园

设计风格：现代风格
图纸张数：24张

内容简介
本套图纸包括：中庭圆形广场铺装平面图、主入口尺寸平面图、主入口铺装平面图、主入口树池及市政征地详图、铺装市政树池、沥青道路做法详图、主入口广场尺寸平面图、主入口广场铺装平面图、背景墙花池详图A、背景墙花池详图B、木质拱桥树池大样图、景观水池尺寸平面图、景观水池铺装平面图、喷水小品-树池大样图、景观构架详图、景观亭详图、中庭方亭尺寸平面图、中庭方亭场铺装平面图、中式景墙详图等。

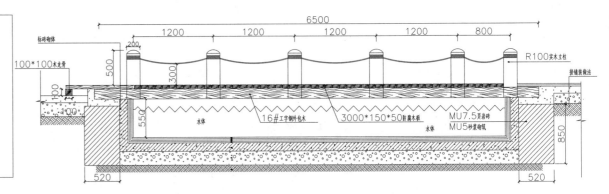

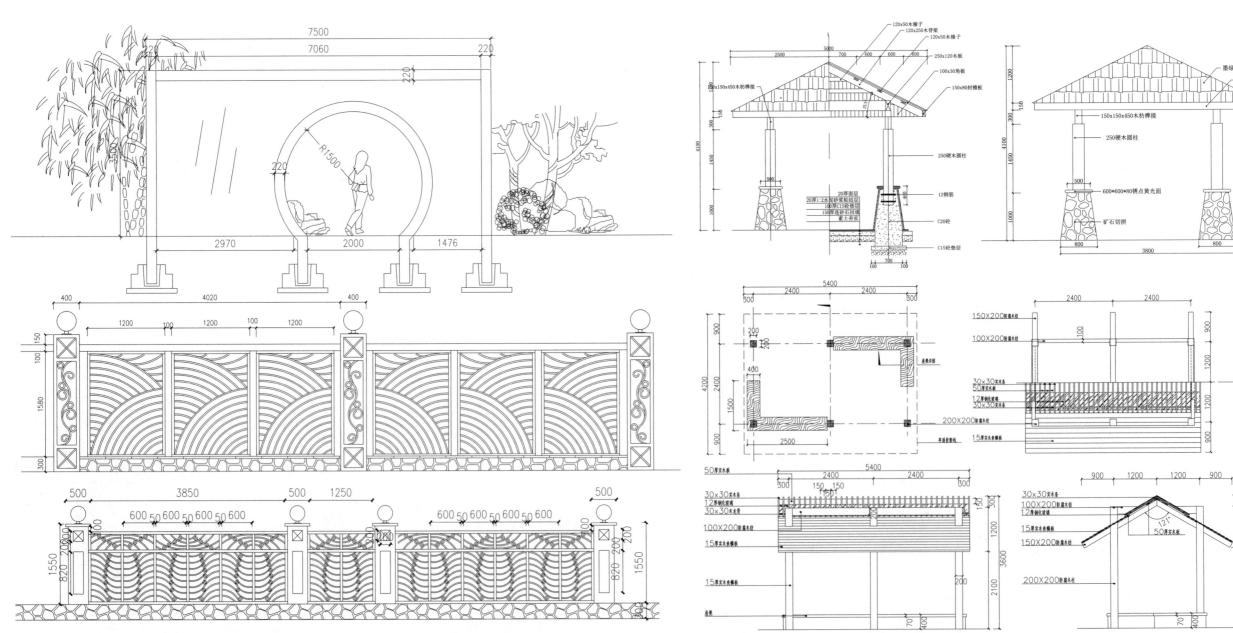

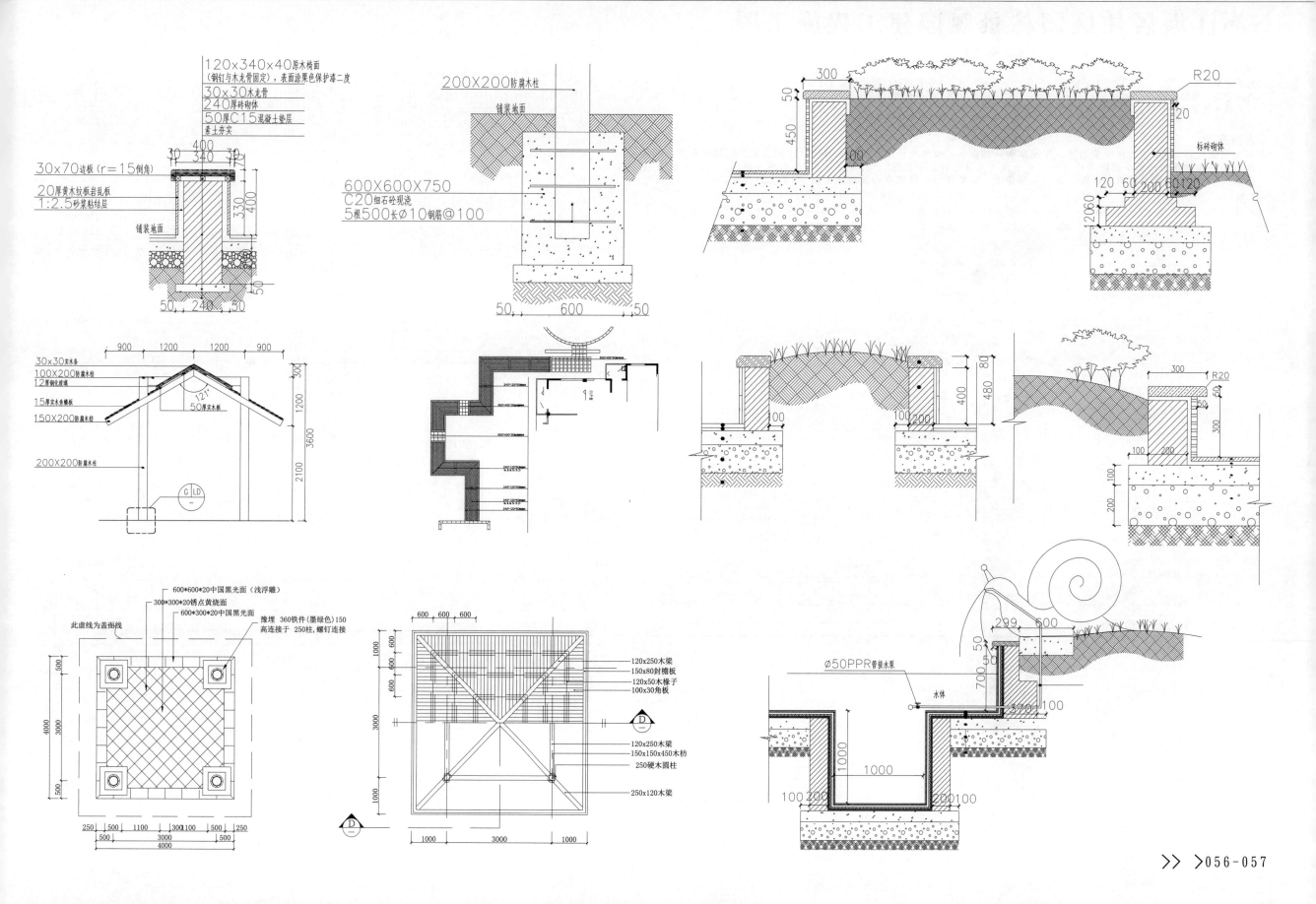

120x340x40原木椅面
（钢钉与木龙骨固定），表面涂栗色保护漆二度
30x30木龙骨
240厚砌体
50厚C15混凝土垫层
素土夯实

30x70边板(r=15倒角)
20厚黄木纹板岩乱板
1:2.5砂浆粘结层
铺装地面

200X200防腐木柱
铺装地面

600X600X750
C20细石砼现浇
5根500长∅10钢筋@100

R20
标砖砌体

30x30实木条
100x200防腐木枋
12厚钢化玻璃
15厚实木鱼鳞板
150x200防腐木枋
200X200防腐木柱

600*600*20中国黑光面（浅浮雕)
300*300*20锈点黄烧面
600*300*20中国黑光面
此虚线为盖面线
豫埋 360铁件(墨绿色)150
高连接于 250柱，螺钉连接

120x250木梁
150x80封檐板
120x50木椽子
100x30角板
120x250木梁
150x150x450木枋
250硬木圆柱
250x120木梁

∅50PPR管接水泵
水体

> 都江堰居住区园林景观园建工程施工图

设计说明

地形地貌：平地
档次定位：普通住宅
绿地类型：居住区集中公园,小区游园,宅旁绿地

设计风格：现代风格
图纸张数：26张

内容简介

本套图纸包括：停车场、外部参照图、压模路面基础做法、拼图大样图、园路大样图、（双花架）区域平面图、花架基础布置平面、花架底层平面图大样详图、木平台（龙骨布置）平面图 、汀步平面图 、树池平面图、树池平面图 树池立面图 大样图、圆形树池平面图、自行车棚详图、围墙详图、景观水沟区域剖面图 剖面大样图等。

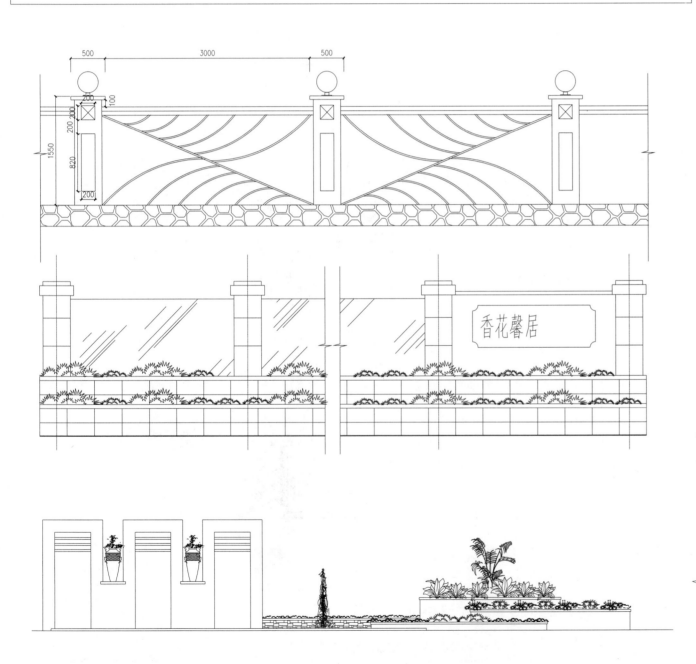

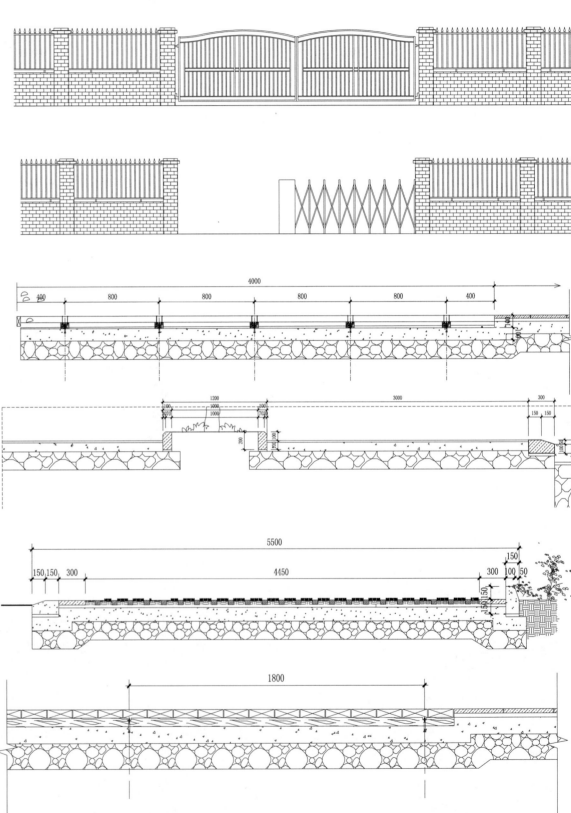

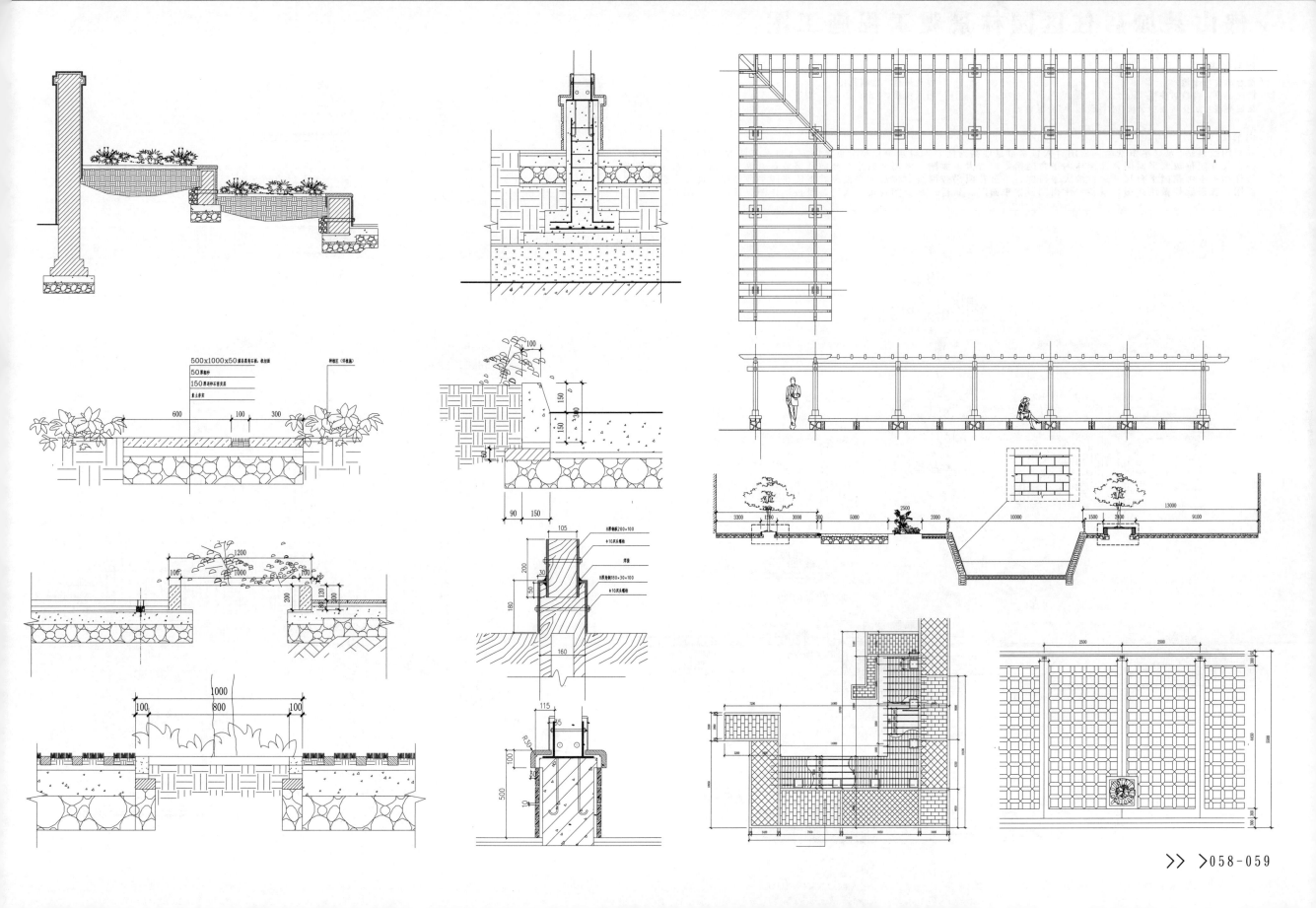

〉佛山县城居住区园林景观工程施工图

设计说明

地形地貌：平地
档次定位：高档居住区
绿地类型：居住区集中公园，小区游园，宅旁绿地

设计风格：欧陆风格
图纸张数：28张

内容简介

本套图纸包括：入口水帘景墙立面图、入口水帘景墙剖面图、入口水帘景墙节点详图、入口标志墙做法详图、溪流休闲平台尺寸定位放大平面图、溪流休闲平台网格定位放大平面图、溪流休闲平台竖向及铺装索引放大平面图、滨水廊架做法详图、下沉花园平台尺寸定位放大平面图、下沉花园平台网格定位放大平面图、下沉花园平台竖向及铺装索引放大平面图、弧形廊架做法详图、景桥一平面图及梁平面图、景桥二平面图及梁平面图、景桥一详图、景桥二详图等。

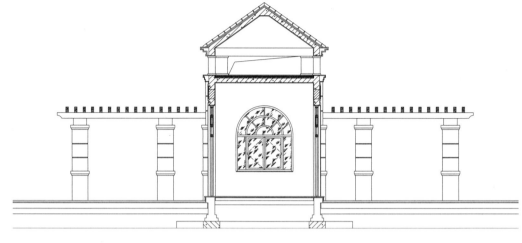

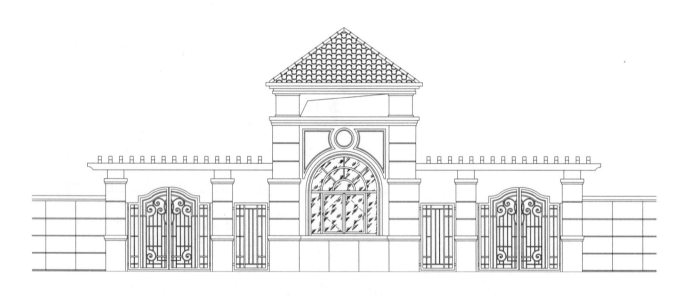

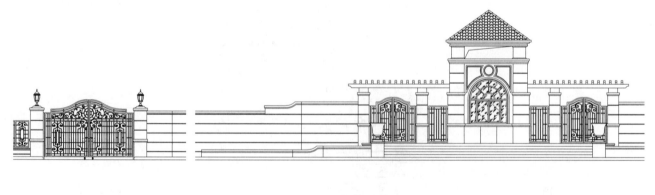

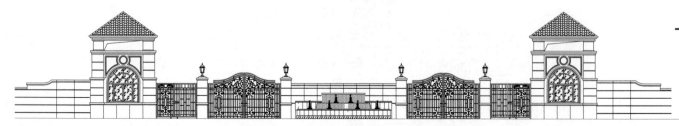

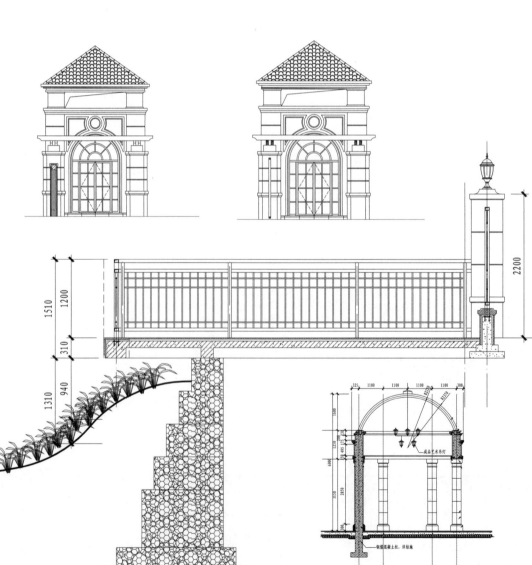

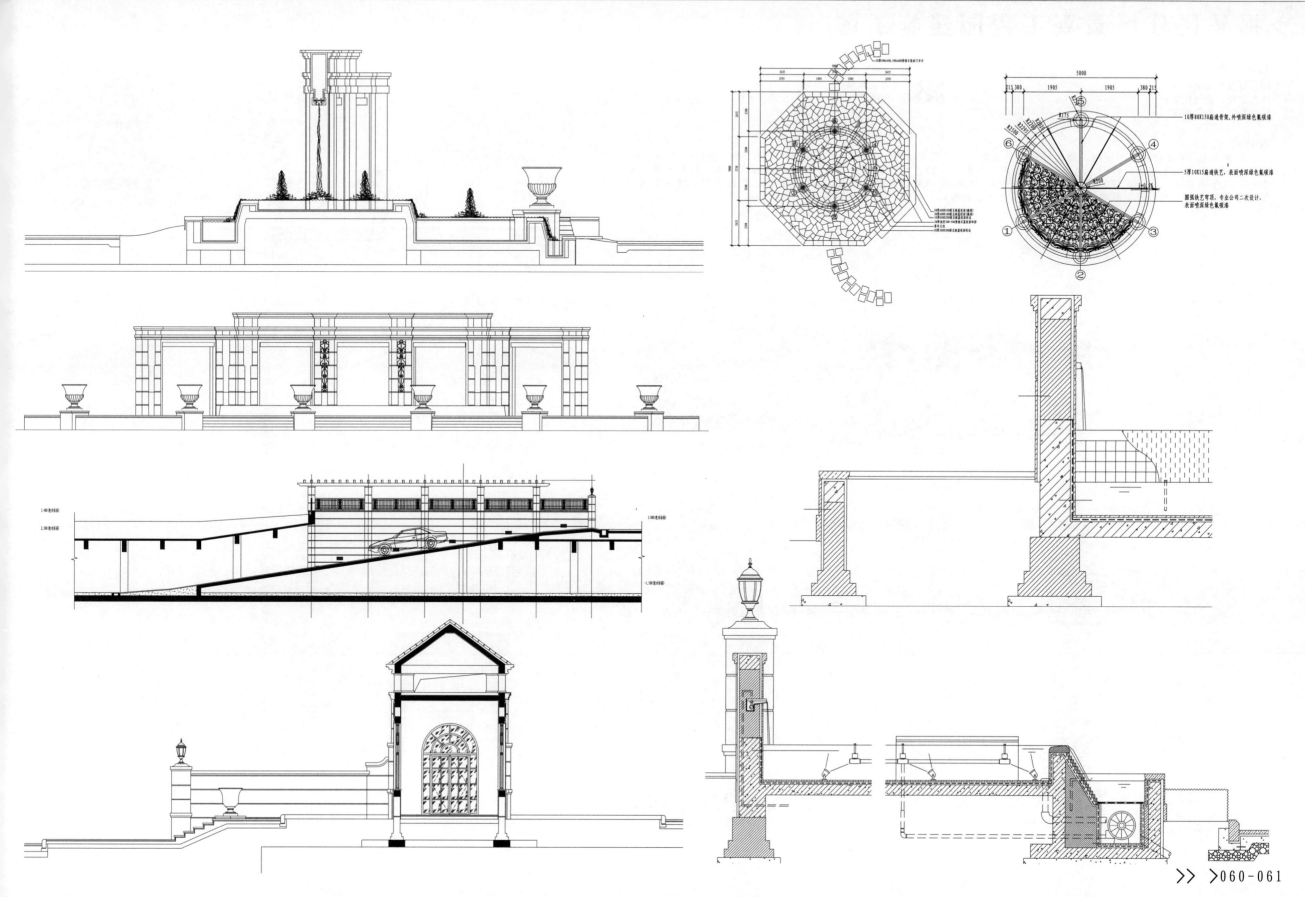

>福建居住区景观工程园建施工图

设计说明

地形地貌：平地

档次定位：普通住宅

绿地类型：小区游园

设计风格：现代风格

图纸张数：50张

内容简介

本套图纸包括：铺装物料总平面图、竖向设计总平面图、尺寸总平面图、木平台施工图、屏风施工图、特色廊架施工图、主水景施工图、溪流水景大样图、自然溪流平面图、平桥施工图、水景景墙施工图、车库坡道廊架详图、特色景观亭施工图、次要水景施工图、人防出入口详图、景墙廊架详图、无障碍通道详图、人防场地平面图、特色雕塑景墙施工图、组合空间景墙施工图、镂空景墙施工图、木平台龙骨布置等。

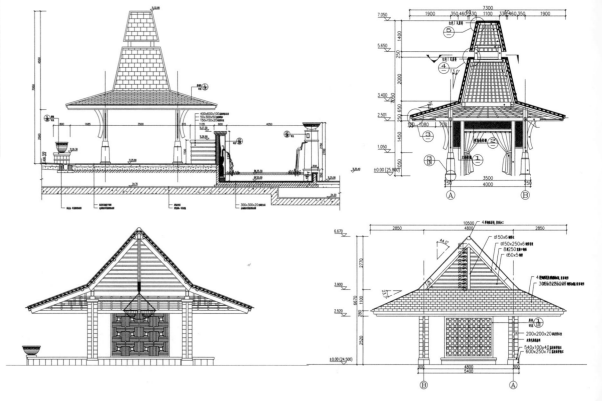

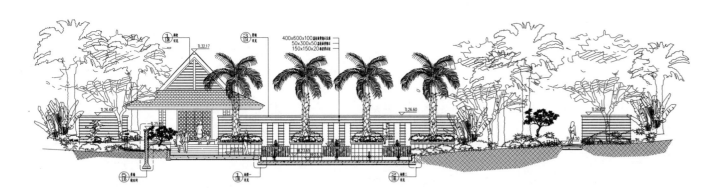

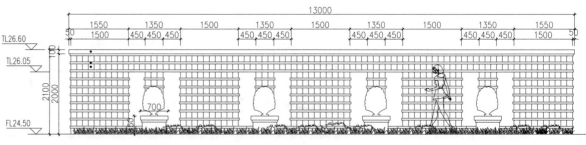

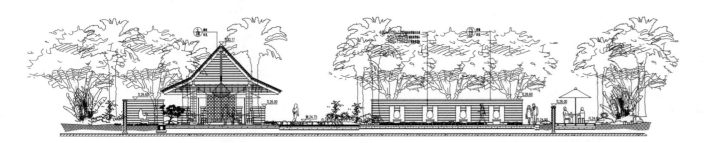

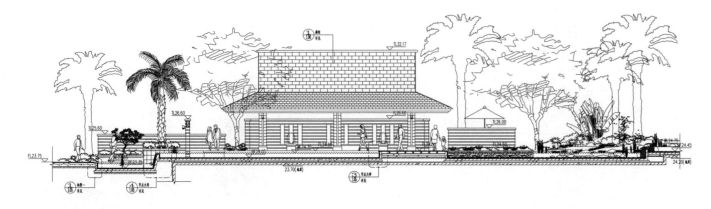

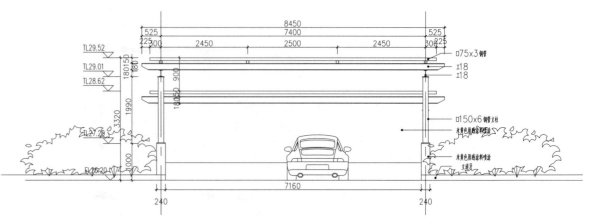

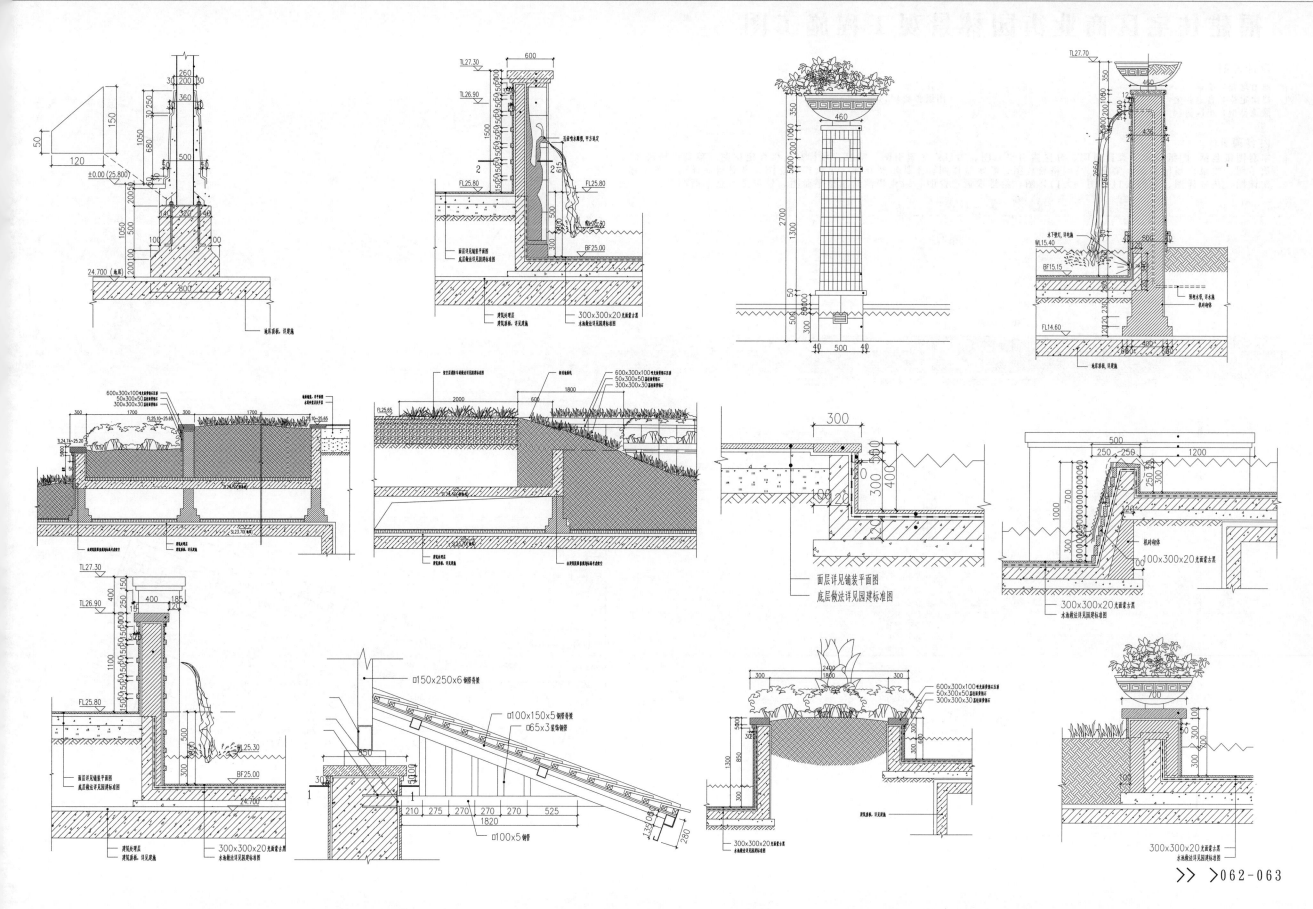

>福建住宅区商业街园林景观工程施工图

设计说明

地形地貌：平地　　　　　　　　设计风格：现代风格
档次定位：普通住宅　　　　　　图纸张数：54张
绿地类型：小区游园

内容简介

本套图纸包括：图纸目录、设计说明、分区索引平面图、喷泉广场索引图、喷泉广场标高及坐标定位图、喷泉广场尺寸放羊图、喷泉广场铺装图、喷泉广场网格放样图、跌水景详图、水钵雕塑详图、旱喷广场详图、坐凳树池详图、车库廊架详图、花架详图、东侧入口详图、大门详图、给排水设计说明、绿化浇灌给水总平面图、景观排水总平面图等。

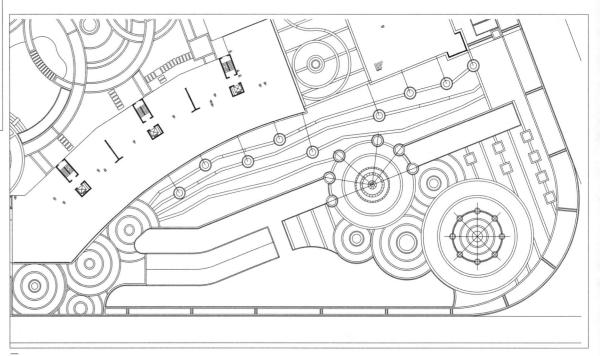

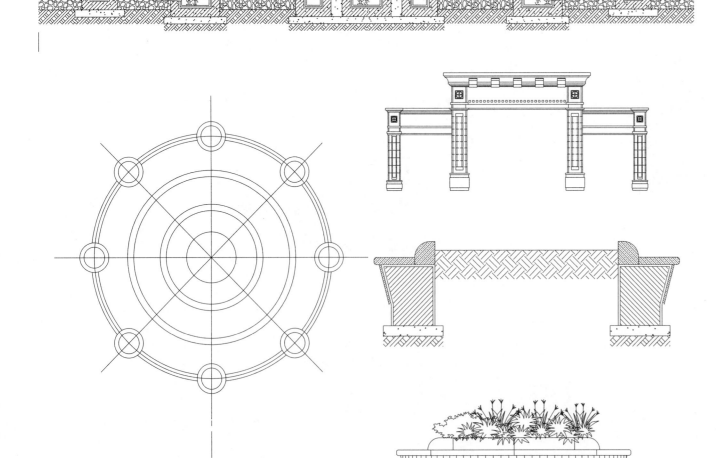

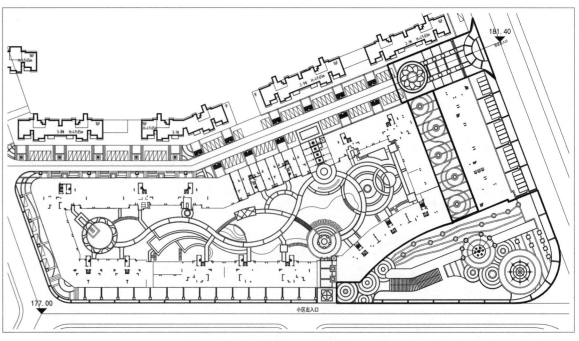

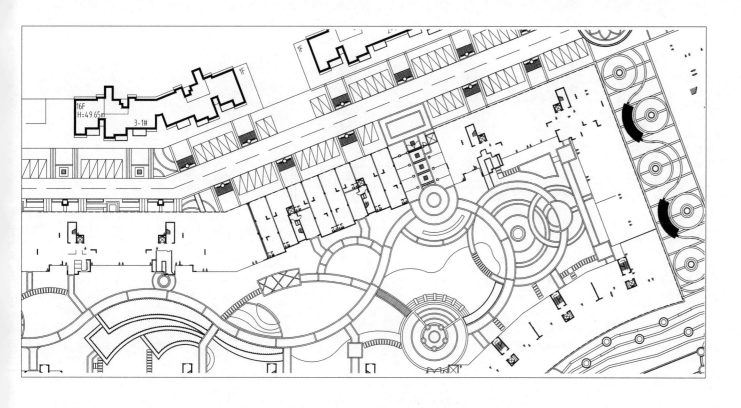

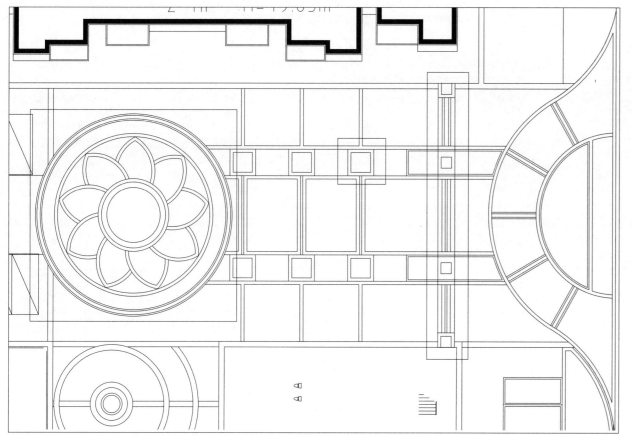

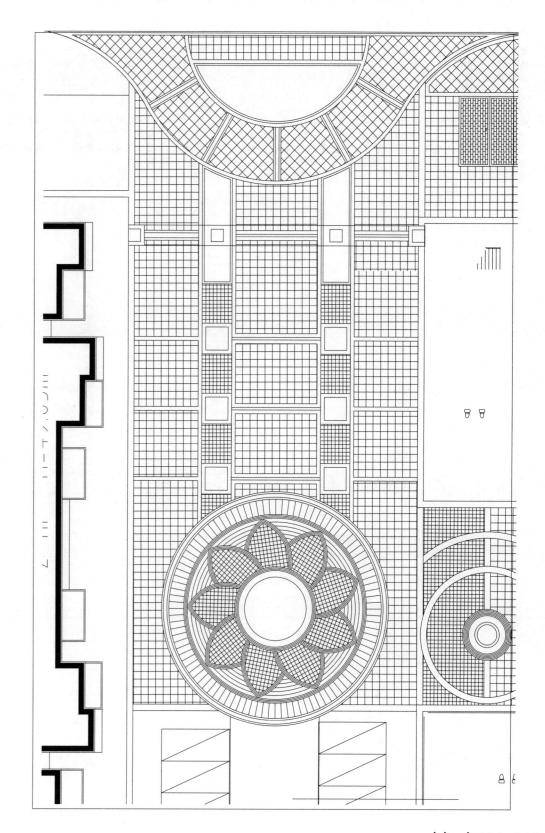

>福州高级住宅区景观规划施工图

设计说明

地形地貌：平地
档次定位：高档居住区
绿地类型：居住区集中公园,小区游园,宅旁绿地

设计风格：欧陆风格
图纸张数：15张

内容简介

本套图纸包括：平面索引图、一区平面图、二区平面图、三区平面图、一区竖向平面图、一区坐标尺寸定位图、二区坐标尺寸定位图、三区坐标尺寸定位图、一区铺装平面图、二区铺装平面图、三区铺装平面图、一区灯光背景音乐布置图、二区灯光背景音乐布置图、三区灯光背景音乐布置图、广场尺寸定位图、广场铺装图、广场剖面图、广场定位、广场索引图、广场局部详图、广场剖面图、踏步剖面图、溪流剖面图、木桥等。

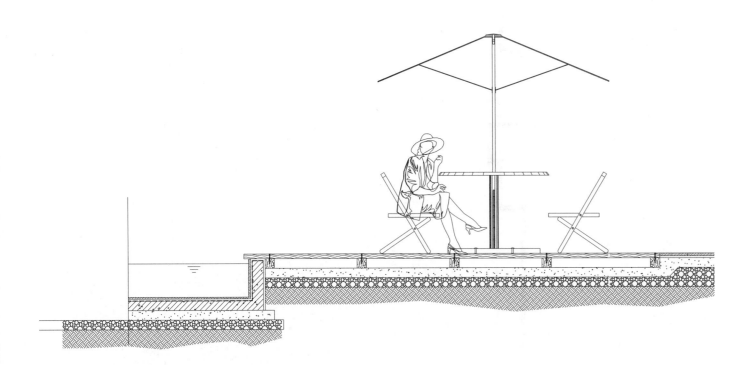

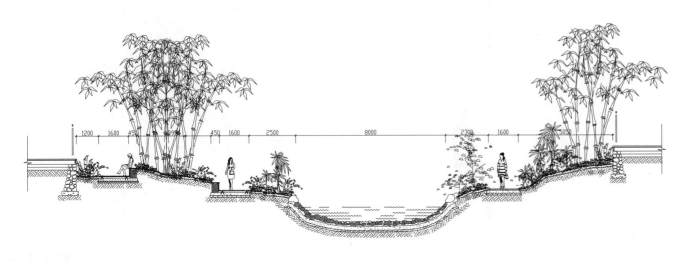

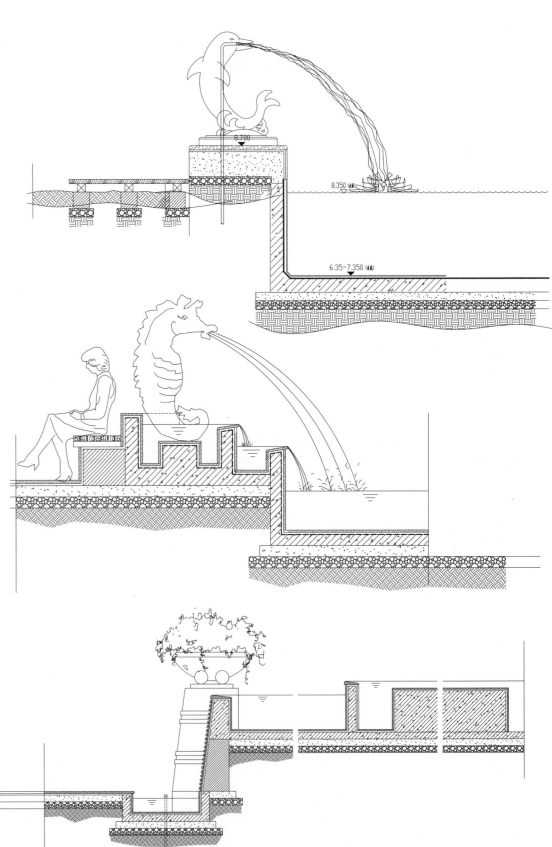

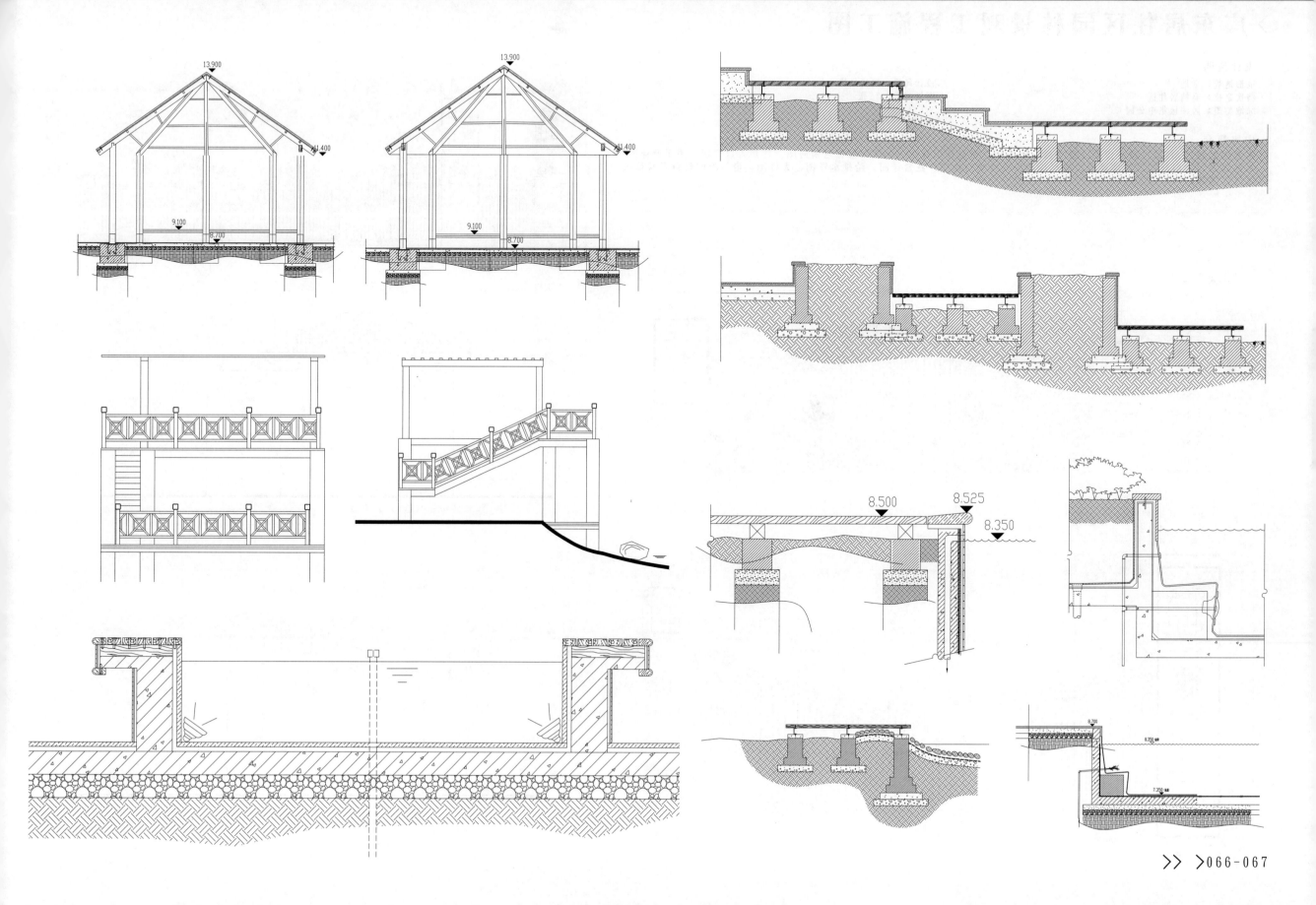

>广东居住区园林景观工程施工图

设计说明

地形地貌：平地
档次定位：高档居住区
绿地类型：居住区集中公园

设计风格：现代风格
图纸张数：32张

内容简介

本套图纸包括：目录、设计说明、总平面、桥详图、桥栏杆放样图、小区入口特色铺砖图、住户入口详图、主干道详图、水池详图、大门详图、景墙详图、岗亭详图、入口闸门详图、花盆详图、给排水详图、大样图、电气说明材料表及目录、电气详图等。

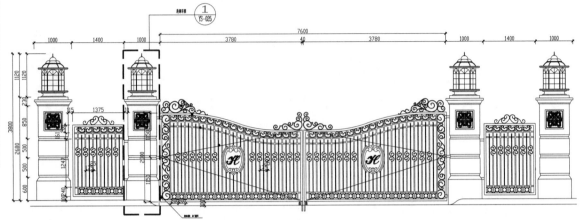

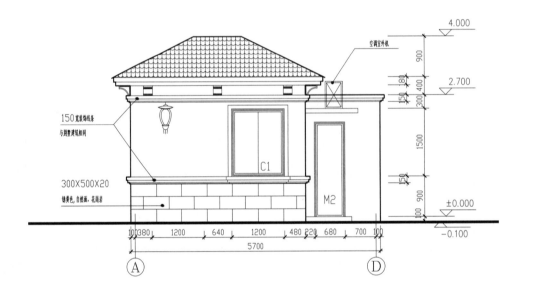

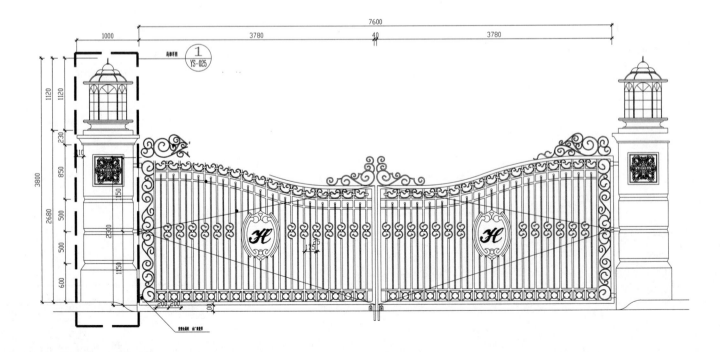

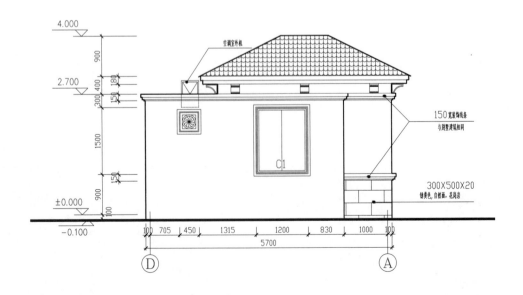

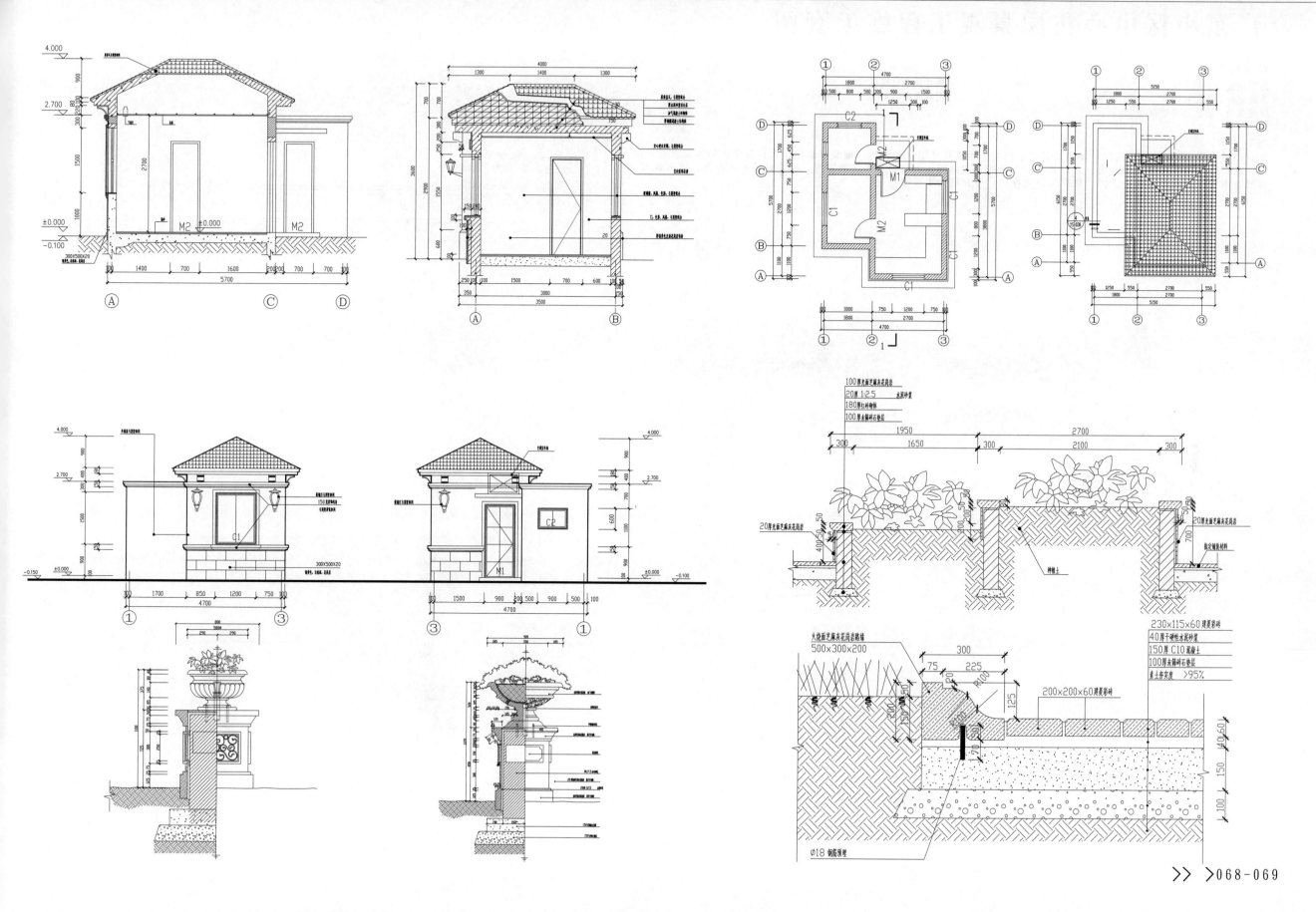

>广东小区中心花园景观工程施工套图

设计说明

地形地貌：平地　　　　　　　　　　设计风格：现代风格
档次定位：普通住宅　　　　　　　　图纸张数：30张
绿地类型：居住区集中公园

内容简介

本套图纸包括：园建施工总说明、标高及索引平面图、网格尺寸定位平面图、铺装平面图、入口景观区标高及索引平面图、入口景观区尺寸定位平面图、入口景观区立面图、剖面图、入口水景平立剖面图、流水景墙平立面图、流水景墙剖面图、水景区标高及索引平面图、镂空景墙大样图、亭及假山平面图等。

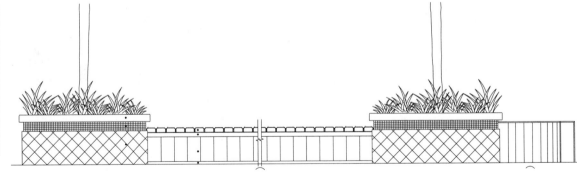

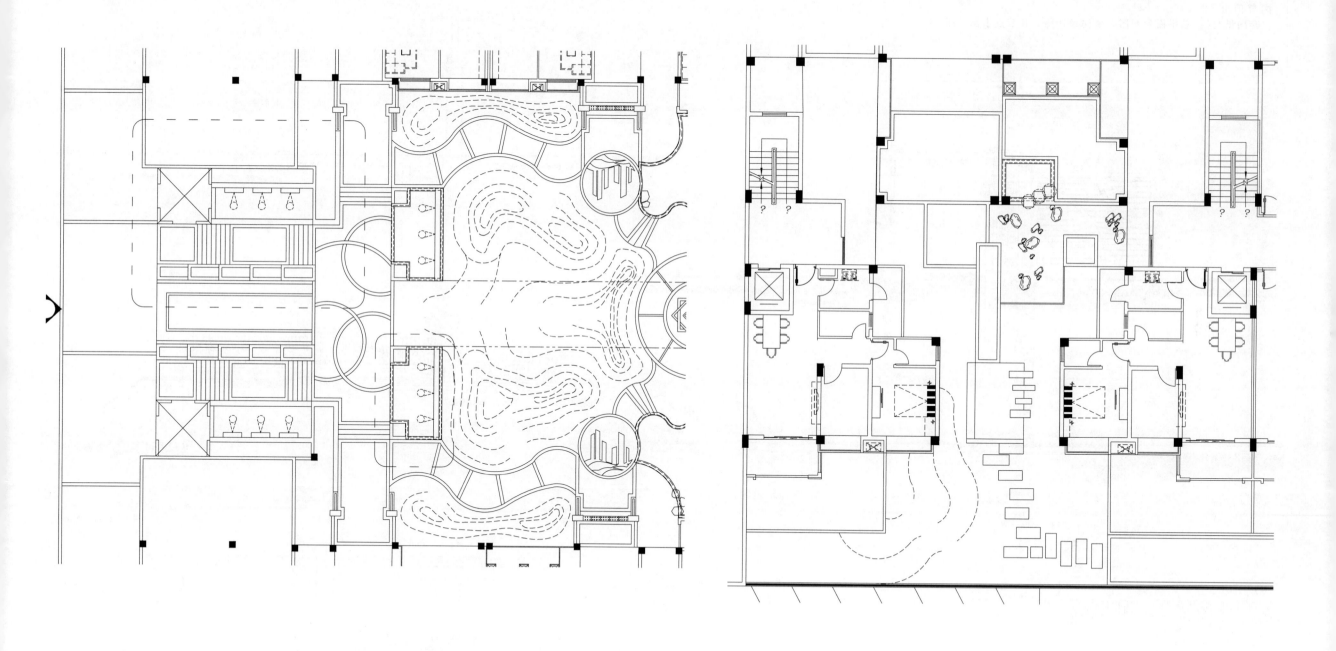

>广州花园小区景观施工图

设计说明

地形地貌：平地　　　　　　　　　　设计风格：现代风格
档次定位：普通住宅　　　　　　　　图纸张数：164张
绿地类型：居住区集中公园

内容简介
本套图纸包括：总平面参照图、竖向设计图、各节点小品详图

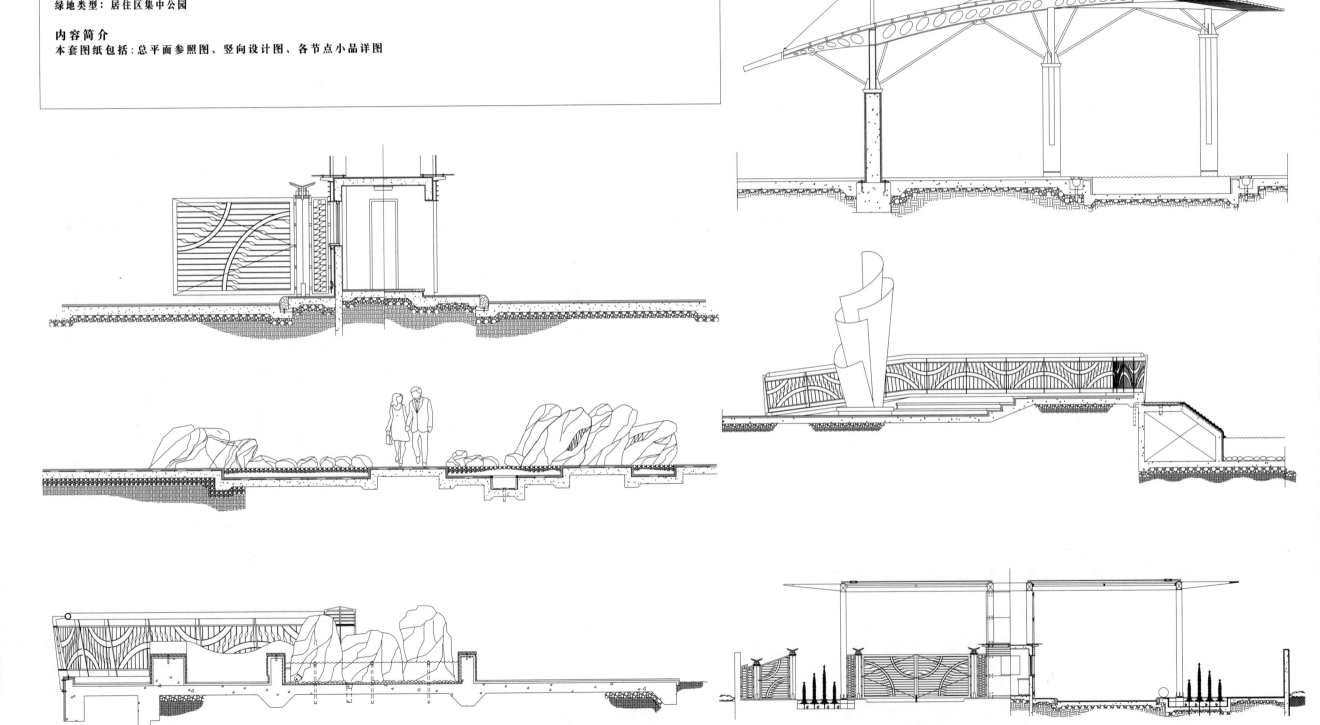

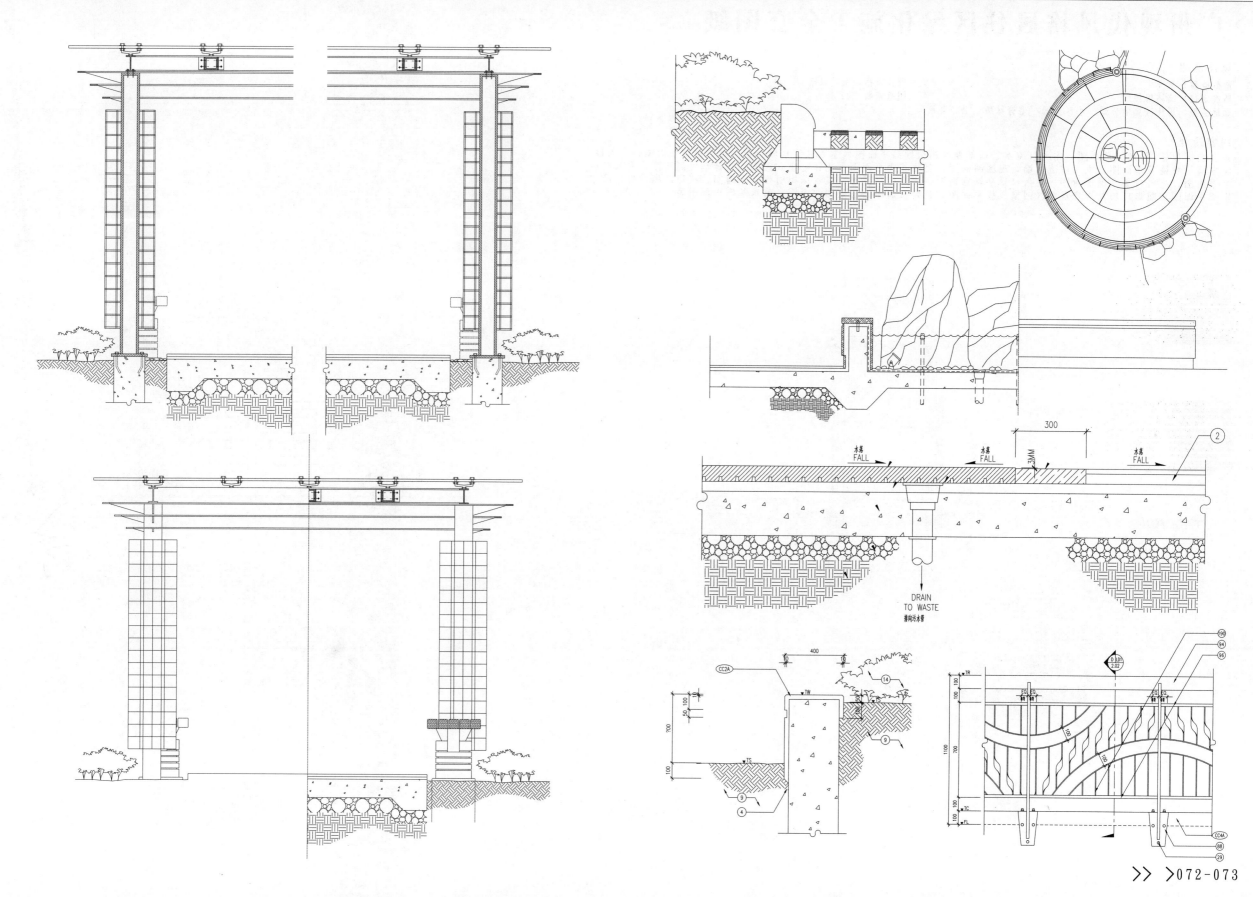

> 广州现代风格居住区绿化施工全套图纸

设计说明

地形地貌：平地
档次定位：高档居住区
绿地类型：居住区集中公园，小区游园，宅旁绿地，公建花园

设计风格：现代风格
图纸张数：92张

内容简介

本套图纸包括：目录、总平图、主入口流水景墙景观区指引标高平面图、主入口流水墙景观区尺寸定位平面图、主入口流水墙景观铺装平面图、主入口流水墙景观区剖面图、花钵基座平面图、花钵基座立面图、花钵基座剖面图、主入口景亭平面图、主入口景亭顶平面图、主入口景亭轴立面图、圆形广场及用户景观区指引标高平面图、圆形广场及用户尺寸定位平面图、圆形广场及用户景观区网格放线平面图、花架天面图、花架侧立面图、喷水基座平面图等

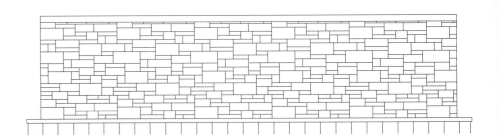

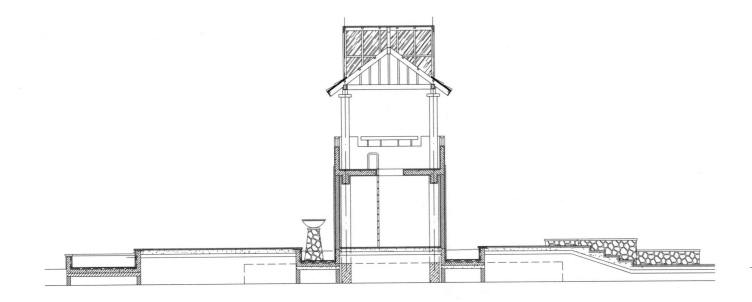

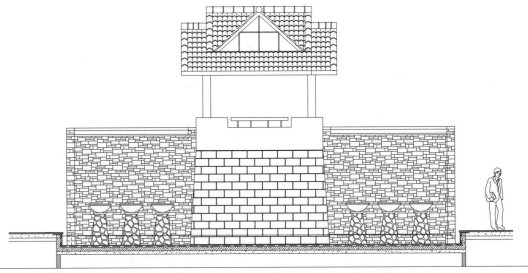

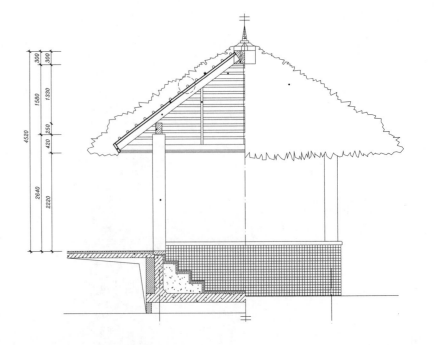

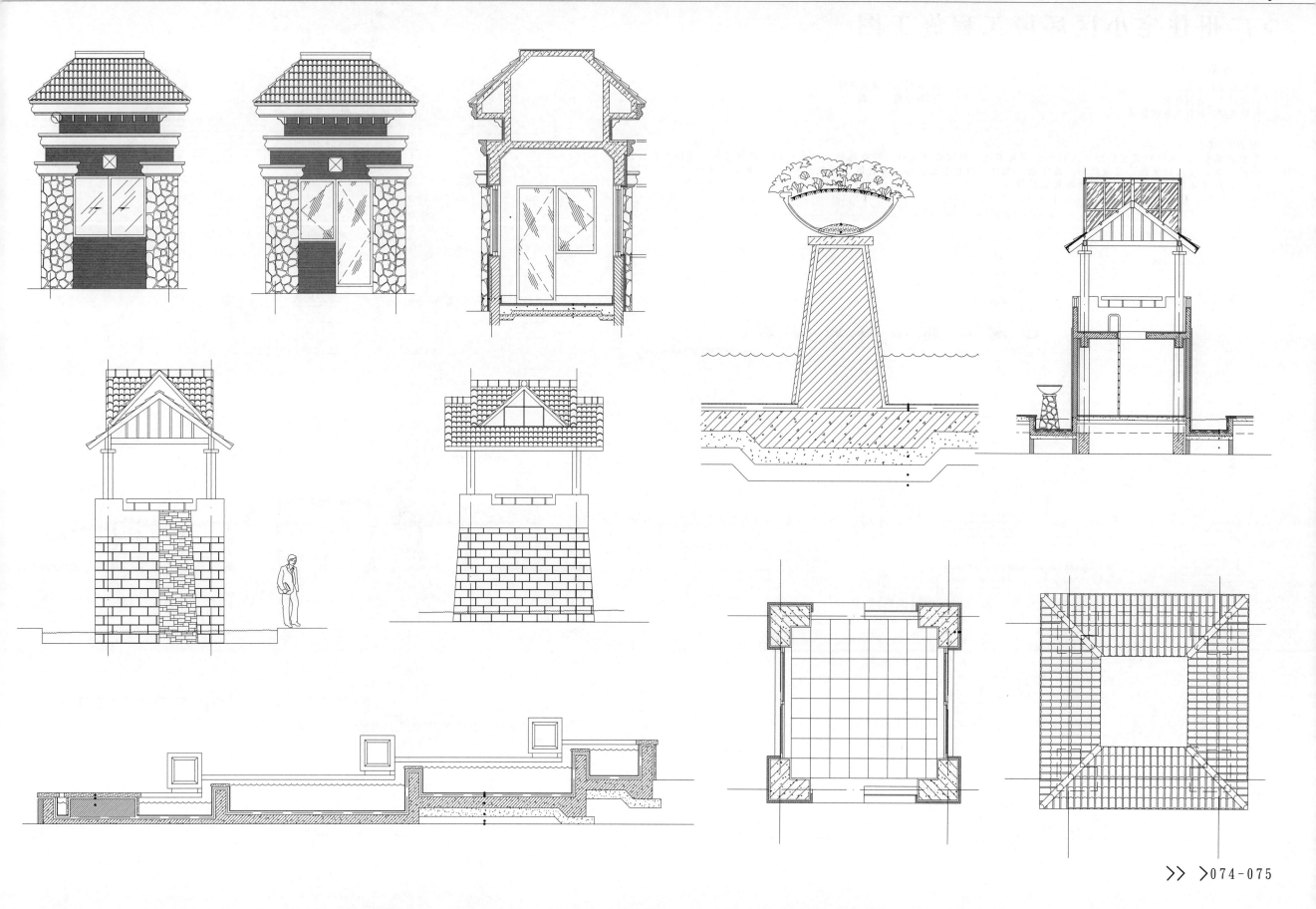

>广州住宅小区环境工程施工图

设计说明

地形地貌：平地　　　　　　　　　　　设计风格：现代风格
档次定位：普通住宅　　　　　　　　　图纸张数：17张
绿地类型：居住区集中公园

内容简介

本套图纸包括：入口标高定位图、入口保安亭施工图、景墙施工大样、特色花架、生态广场、叠级花池、休闲平台、儿童活动区、次入口平面、交流广场、花钵施工大样、漫步小道、欢聚平台区、商业街平面、树池施工大样、节点施工详图、长廊平面图、总平面、总平面座标定位等

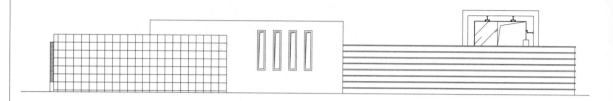

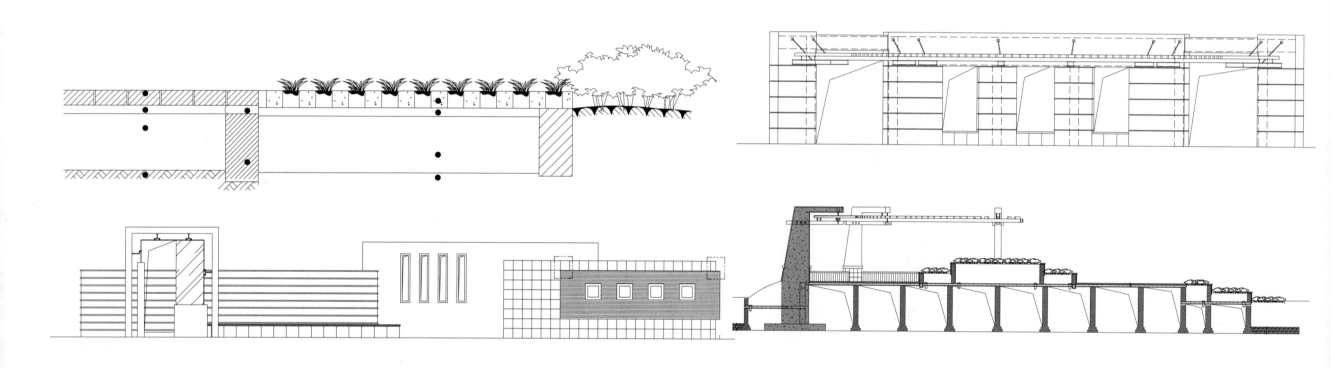

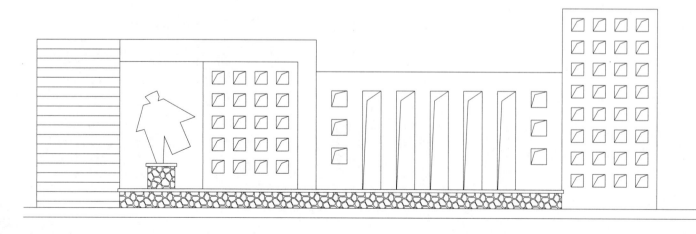

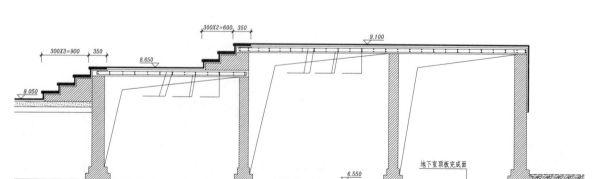

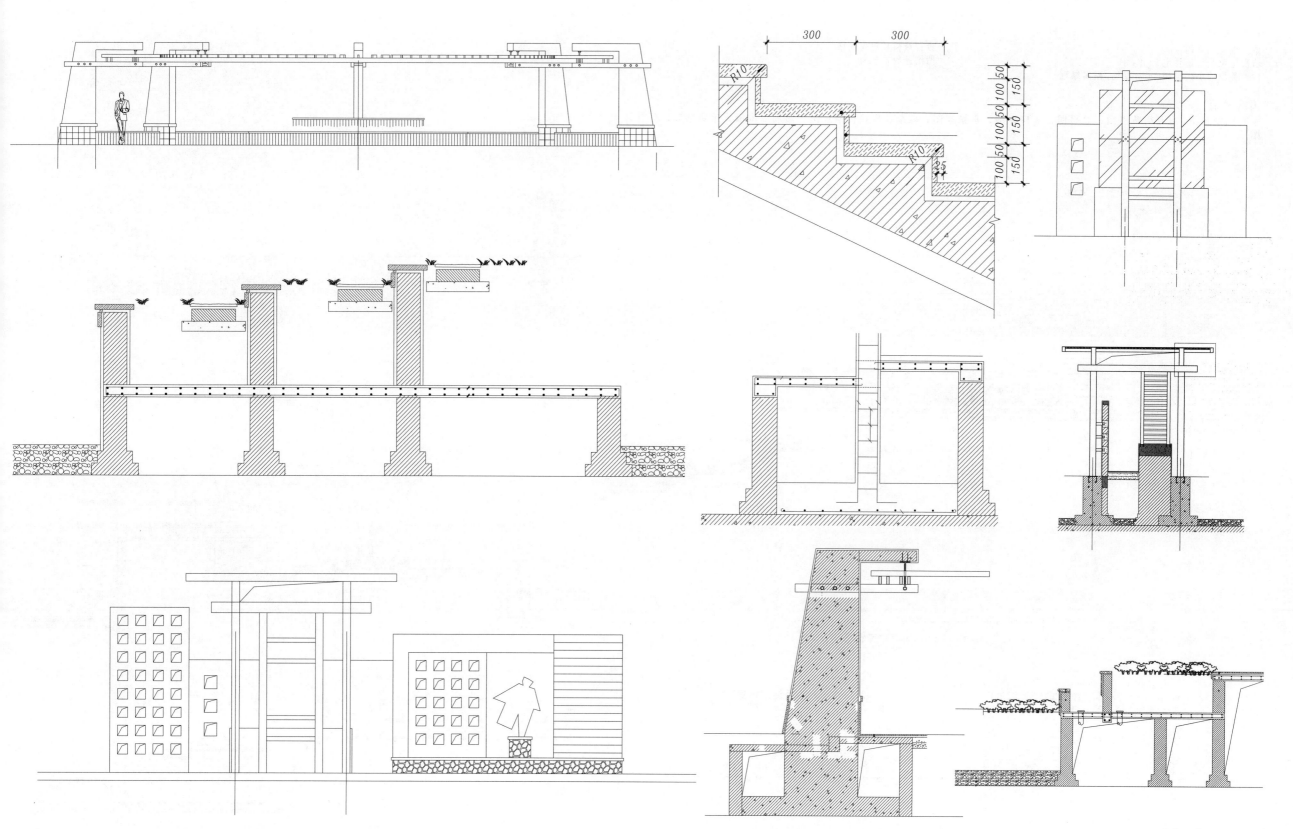

>贵州小区绿化工程施工设计图

设计说明

地形地貌：平地
档次定位：普通住宅
绿地类型：小区游园，宅旁绿地，附属绿地

设计风格：现代风格
图纸张数：44张

内容简介

本套图纸包括：商业街节点图、总平图、入口详图、水景详图、廊架、座椅树池详图、矮墙、围墙、道路铺装、灯具详图等

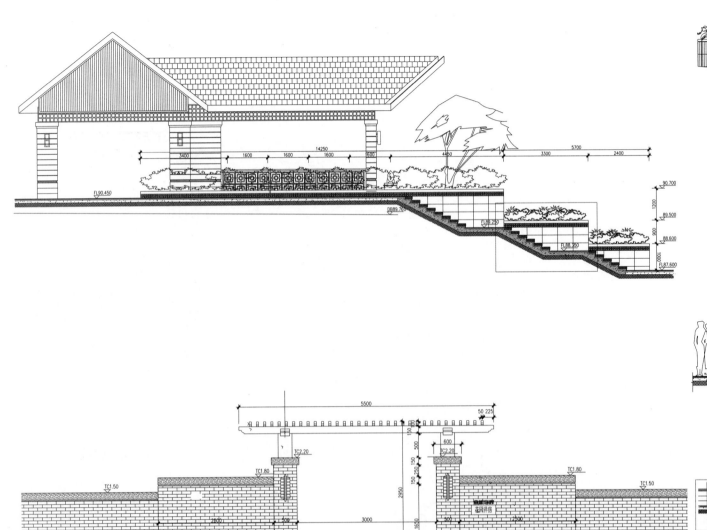

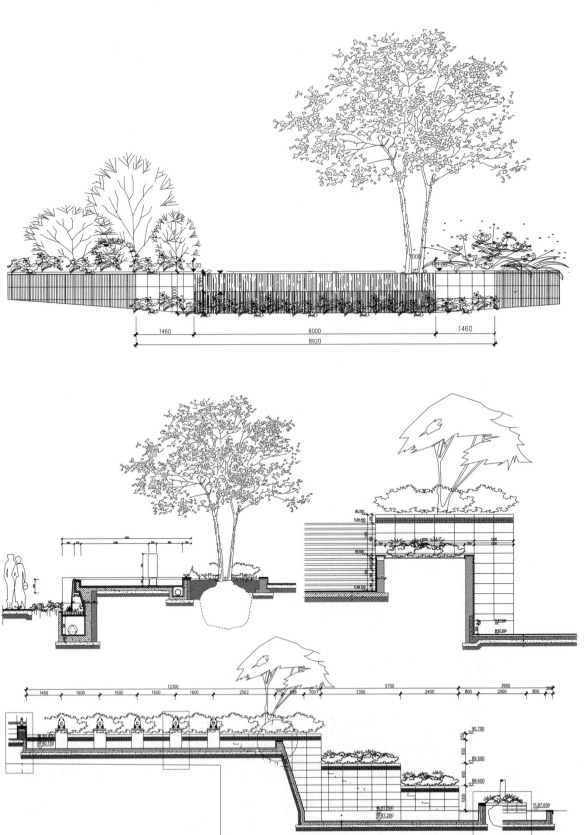

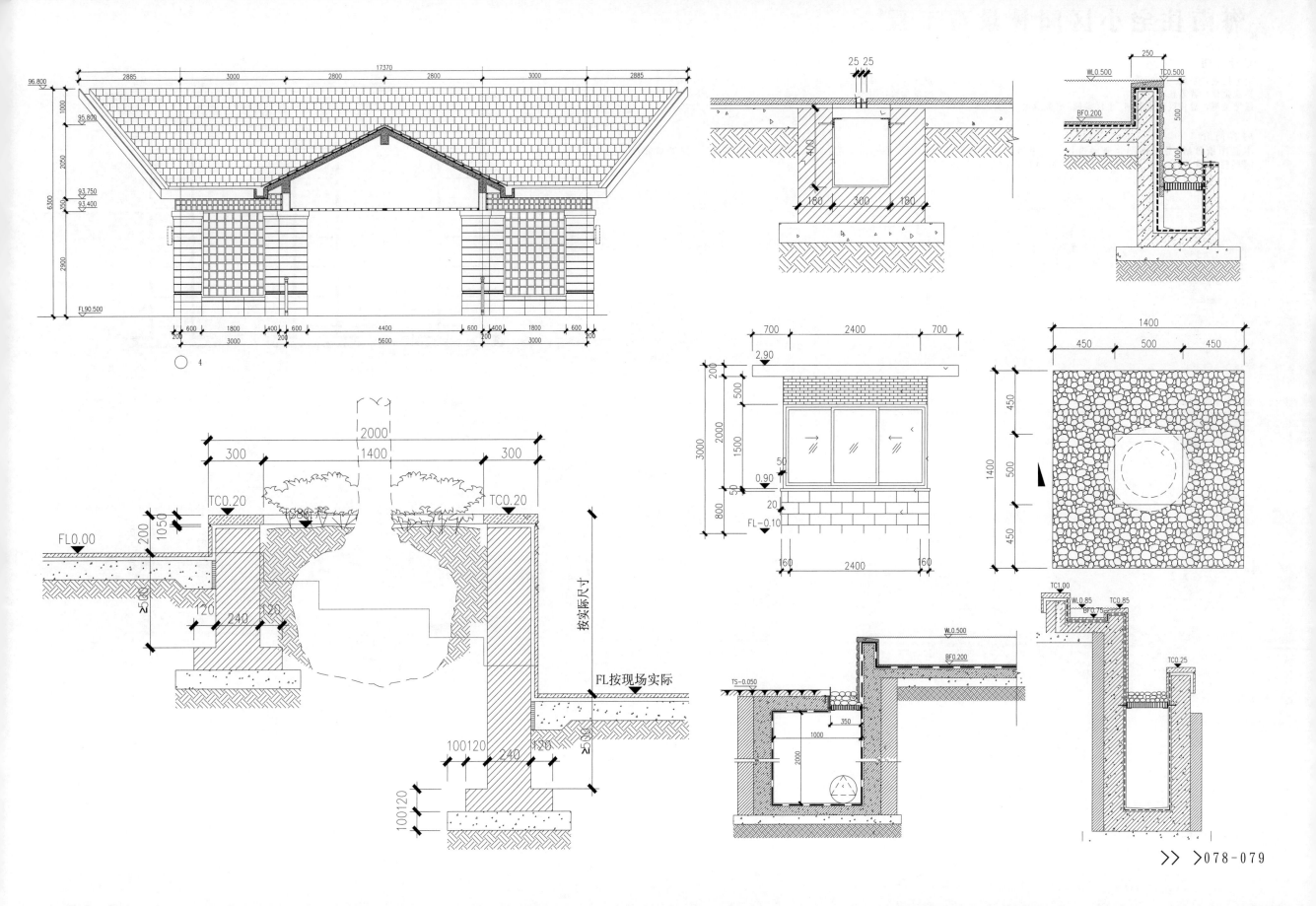

>海南住宅小区园林景观工程

设计说明

地形地貌：平地　　　　　　　　　　设计风格：现代风格

档次定位：普通住宅　　　　　　　　图纸张数：35张

绿地类型：居住区集中公园,小区游园,宅旁绿地,附属绿地

内容简介

本套图纸包括:总平面图、竖向设计、总平面图、园林照明设计图（围墙灯、庭院灯、草坪灯、投光灯）、绿地喷灌设计图
园林排水设计图、景观网络放样图、植物配置图、细部详图等

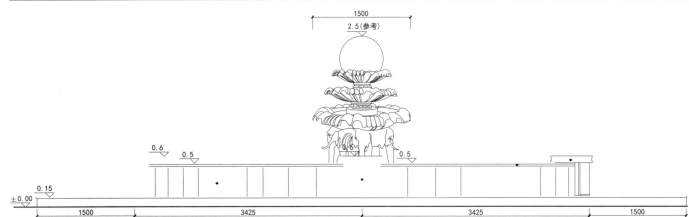

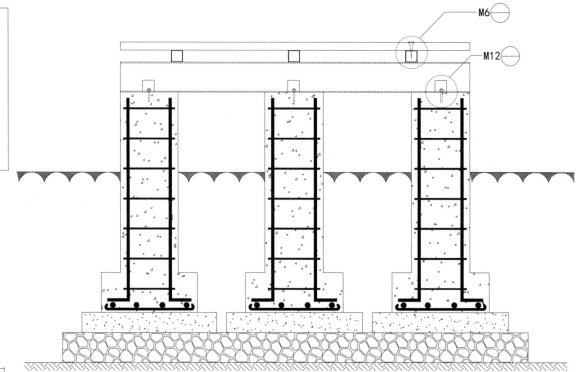

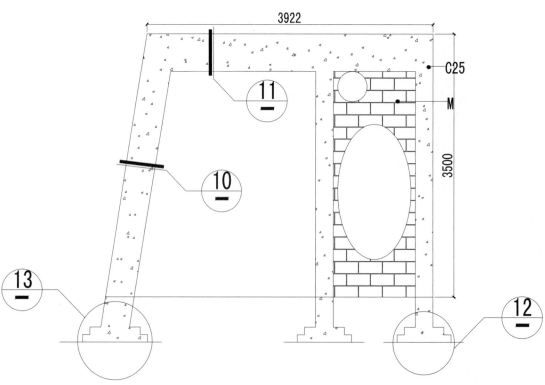

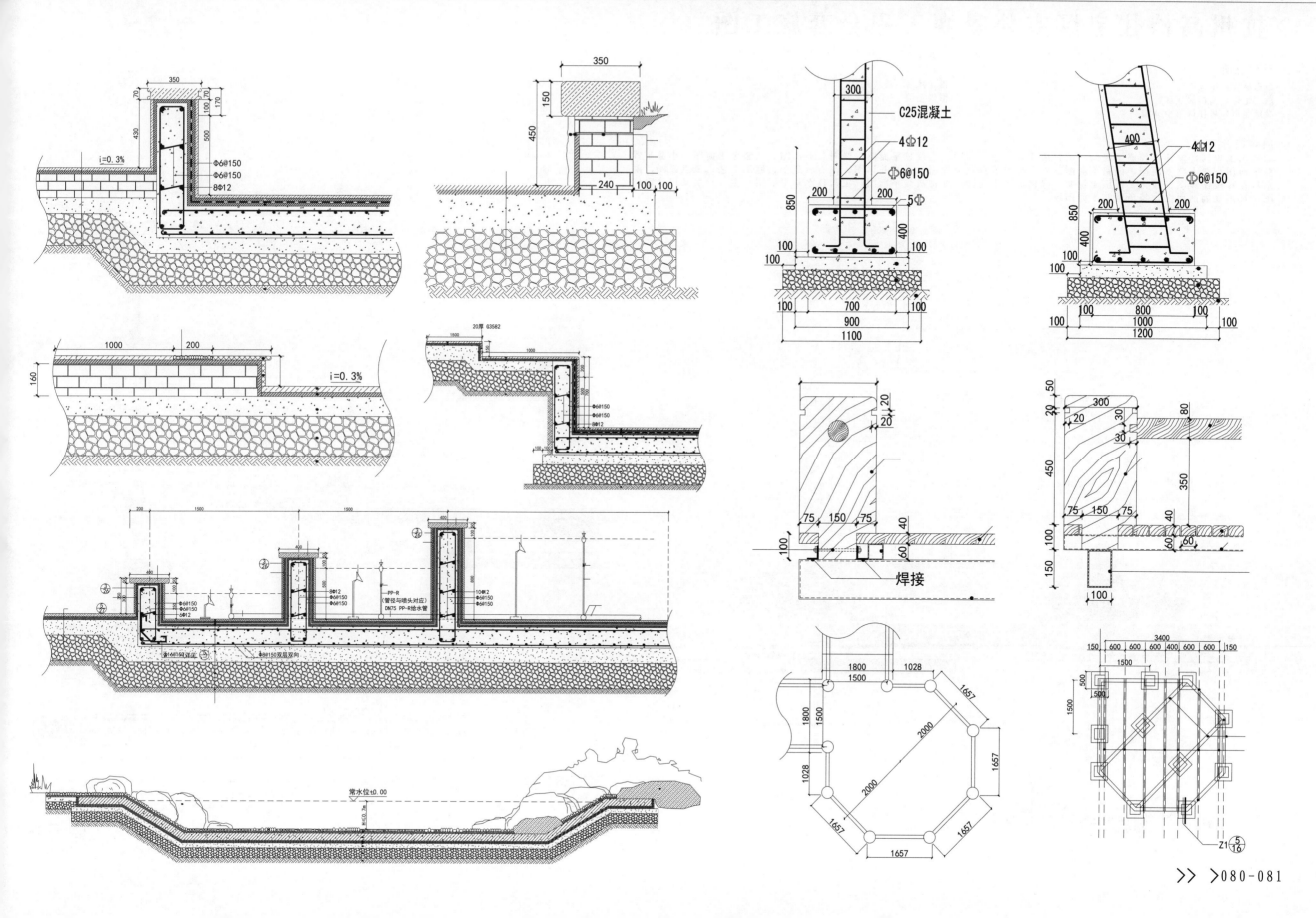

>杭州高档住宅区室外景观工程全套施工图

设计说明

地形地貌：平地　　　　　　　　　　　设计风格：现代风格
档次定位：高档居住区　　　　　　　　图纸张数：270张
绿地类型：居住区集中公园

内容简介

本套图纸包括：室外工程施工说明、材料统计表、总平面图、定位总平面图、竖向总平面图、铺装总平面图、小品布置总平面图、覆土总平面图、园路平面图、停车位及节点剖面详图、采光井详图、侧石示意图、施工工艺、节点详图、雨水口花钵做法详图、绿化工程施工说明、绿化配置平面图、绿化放线平面图、主入口水景平面图、主入口水景尺寸定位图、标识景墙剖面图、特色铺装平面图等

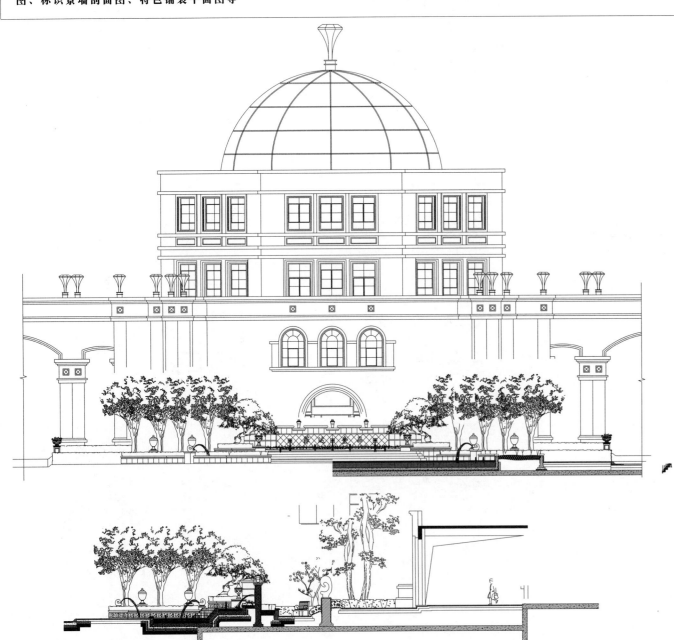

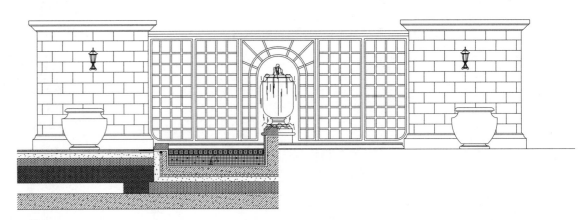

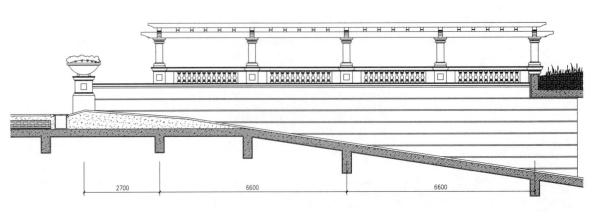

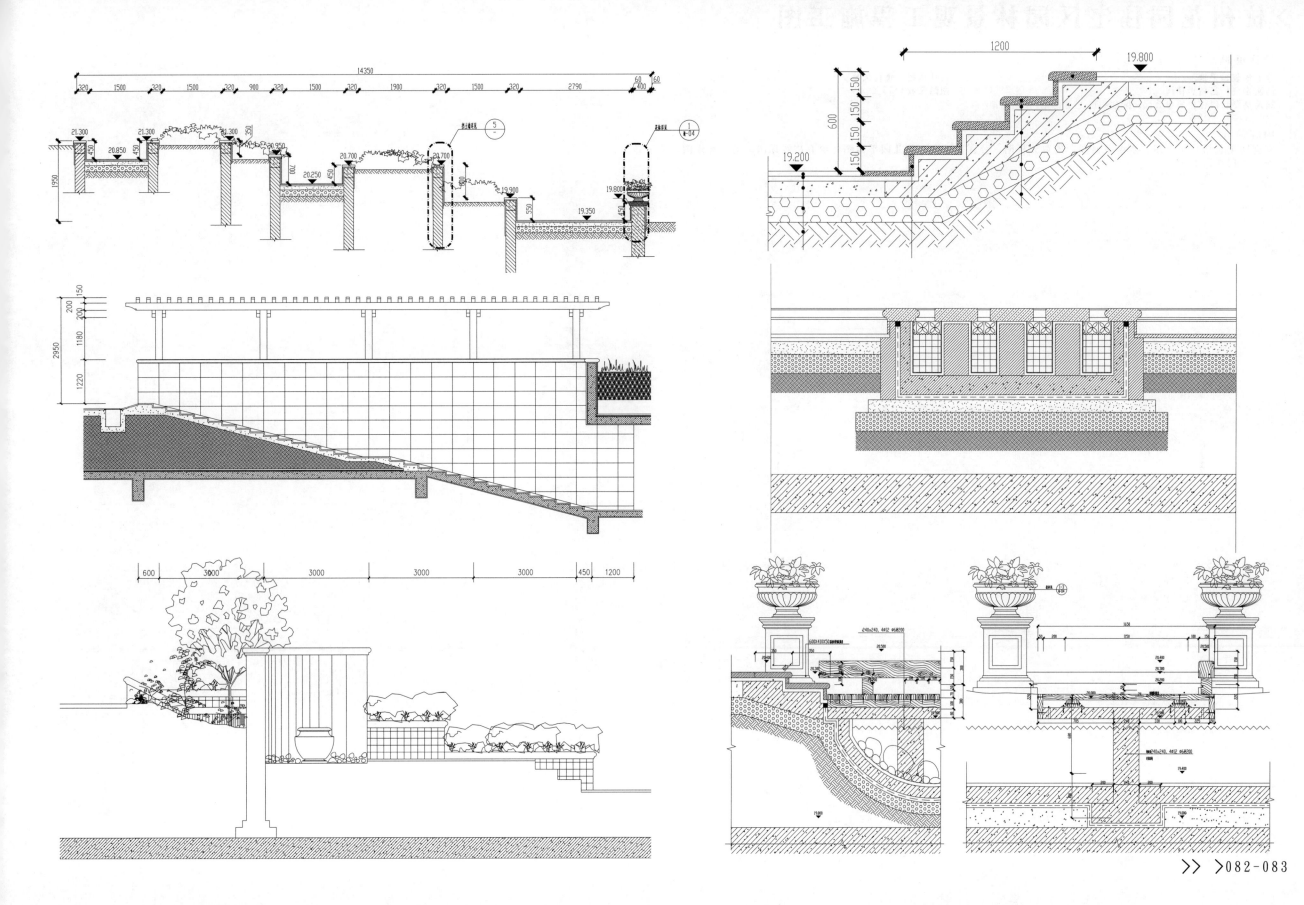

>杭州花园住宅区园林景观工程施工图

设计说明

地形地貌: 平地

档次定位: 高档居住区

绿地类型: 居住区集中公园, 小区游园, 宅旁绿地, 附属绿地

设计风格: 现代风格

图纸张数: 36张

内容简介

本套图纸包括: 平面图、水电平面图、景观分析图、分区平面图、幼儿园平面图、中心广场详图、景观廊详图、亭子详图、大门详图等

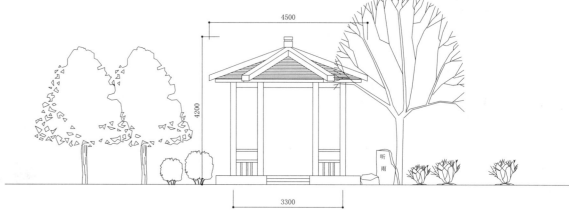

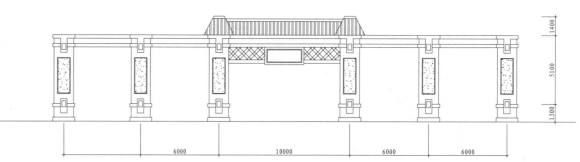

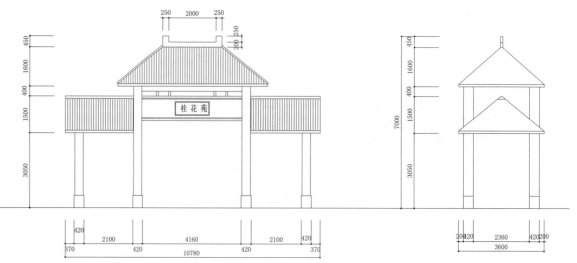

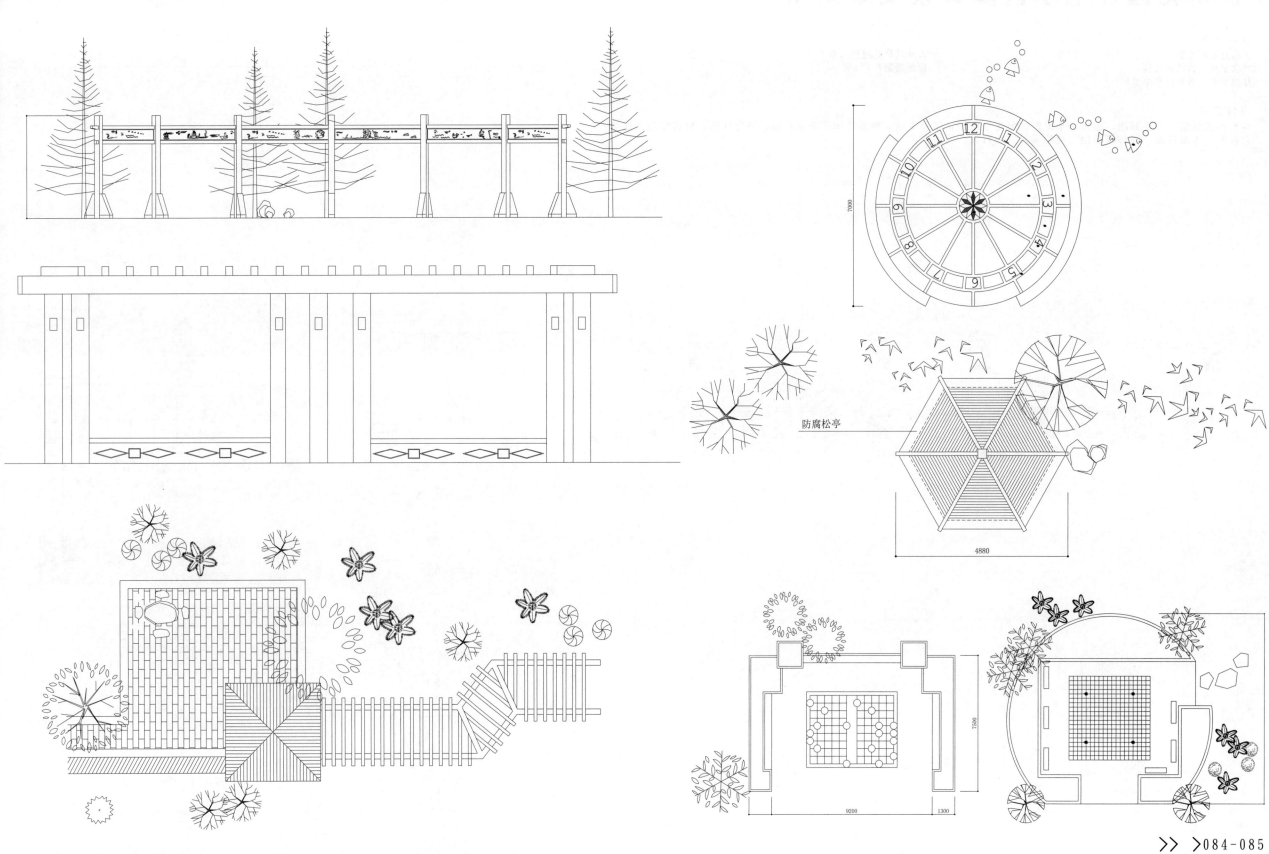

防腐松亭

># 杭州花园住宅小区园林景观施工图

设计说明

地形地貌：平地 设计风格：现代风格
档次定位：高档居住区 图纸张数：175张
绿地类型：居住区集中公园

内容简介

本套图纸包括：总平面图、道路总平面图、河道全图、花园停车场、树池详图、花池详图、坐凳详图、树椅详图、铺装大样图、水景详图、园林铺装图、植物布局、物料表、苗木表等

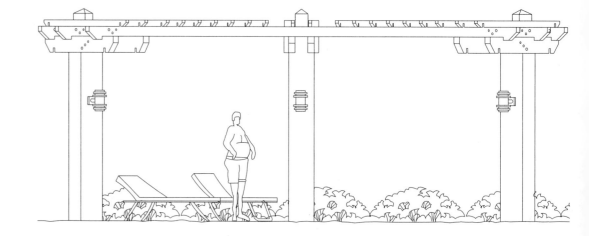

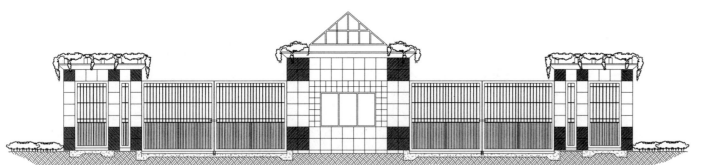

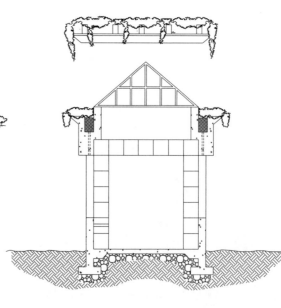

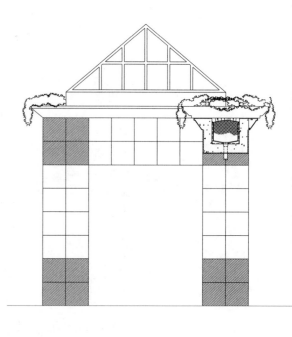

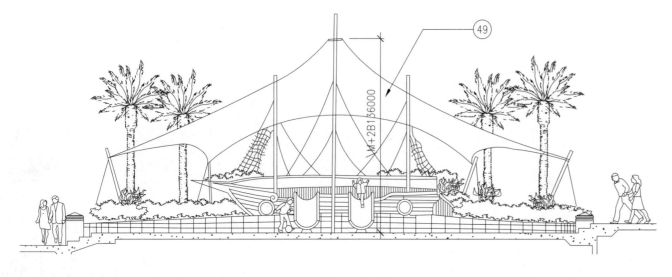

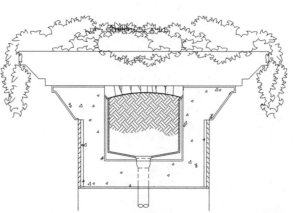

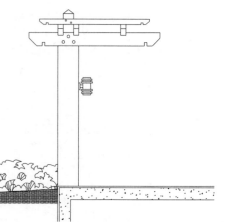

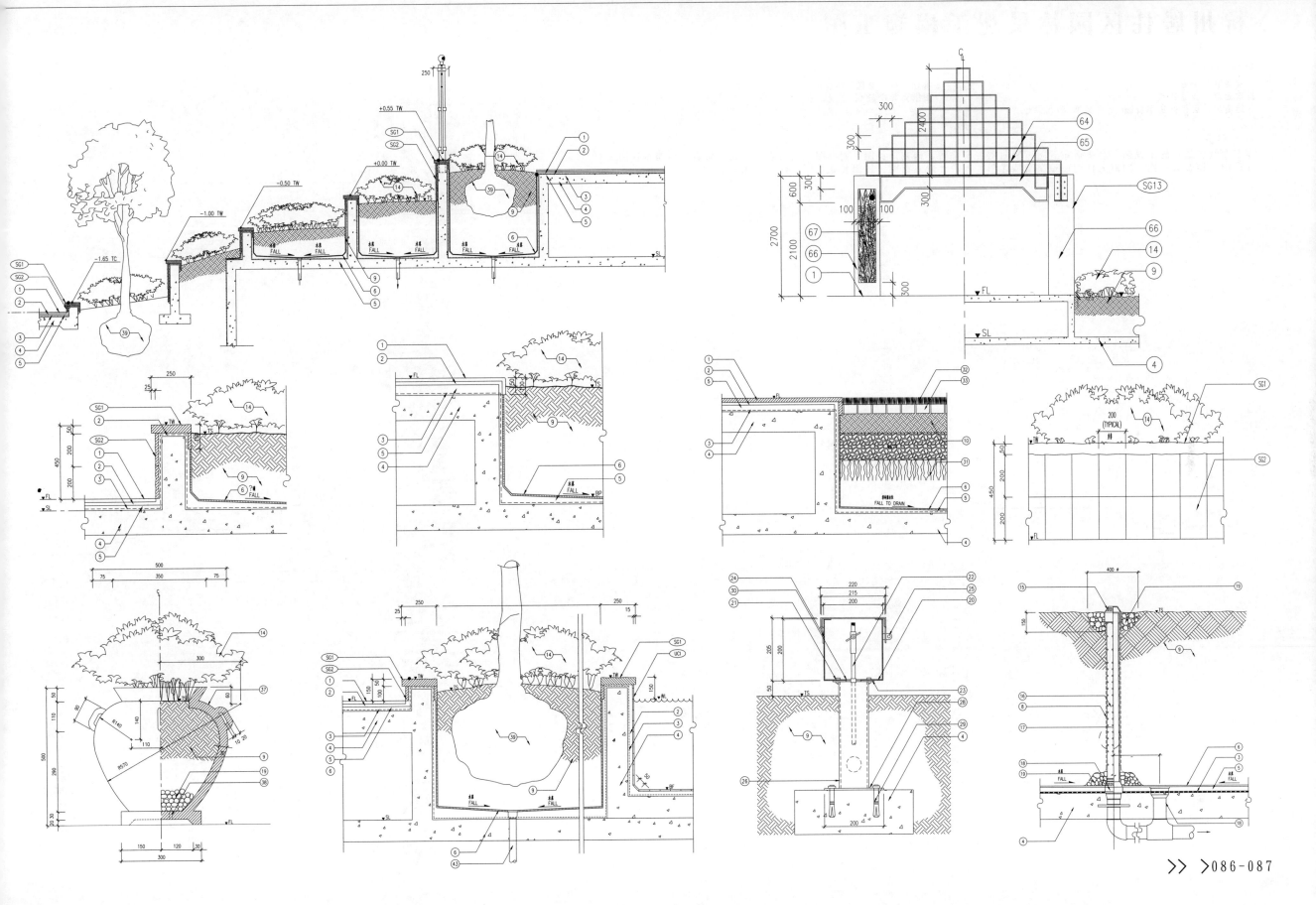

>杭州居住区园林景观工程施工图

设计说明

地形地貌：平地

档次定位：普通住宅

绿地类型：居住区集中公园,宅旁绿地,附属绿地

设计风格：现代风格

图纸张数：38张

内容简介

本套图纸包括：施工说明、总平面布置图、竖向图、定位图、铺装设计图、索引图、主材表、植物配置表、照明布置图分区图、铺装大样图、园路大样图、造型景墙详图、入户台阶立面图、休闲长廊详图、栏杆详图等

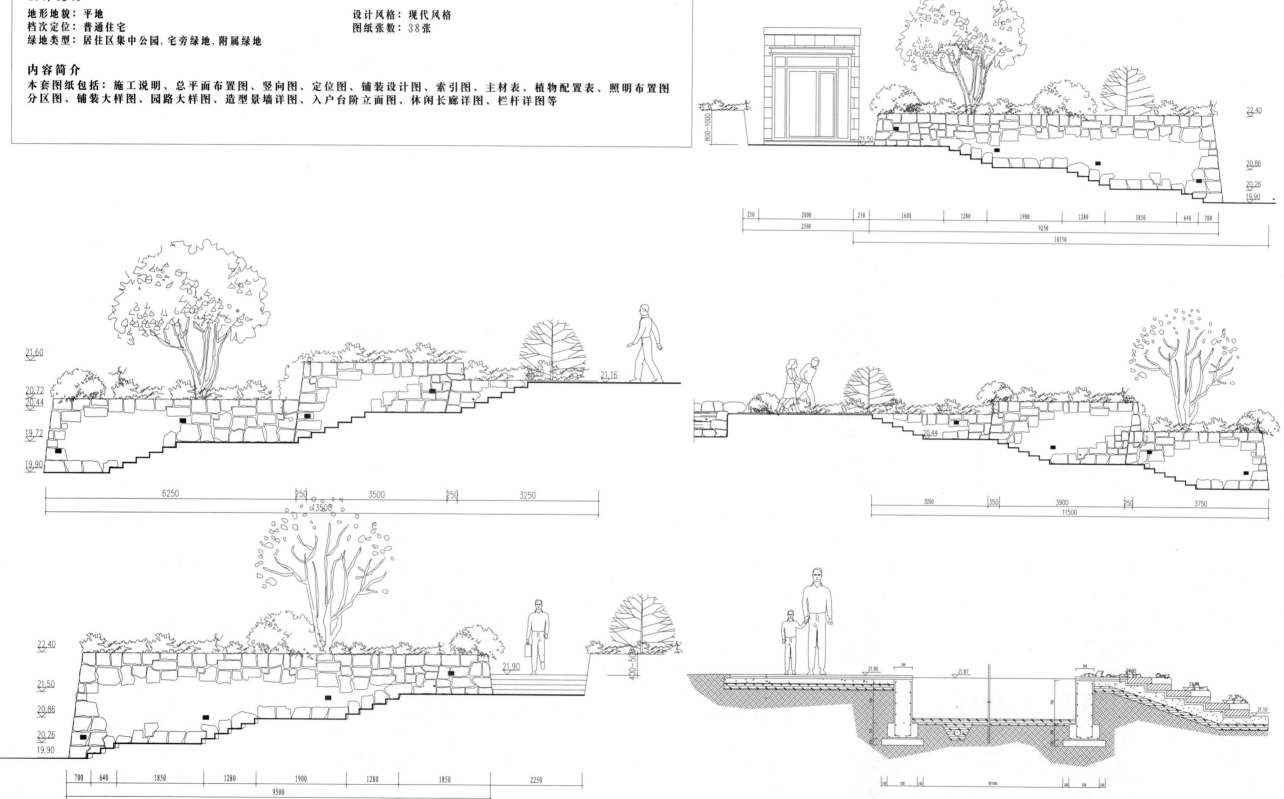

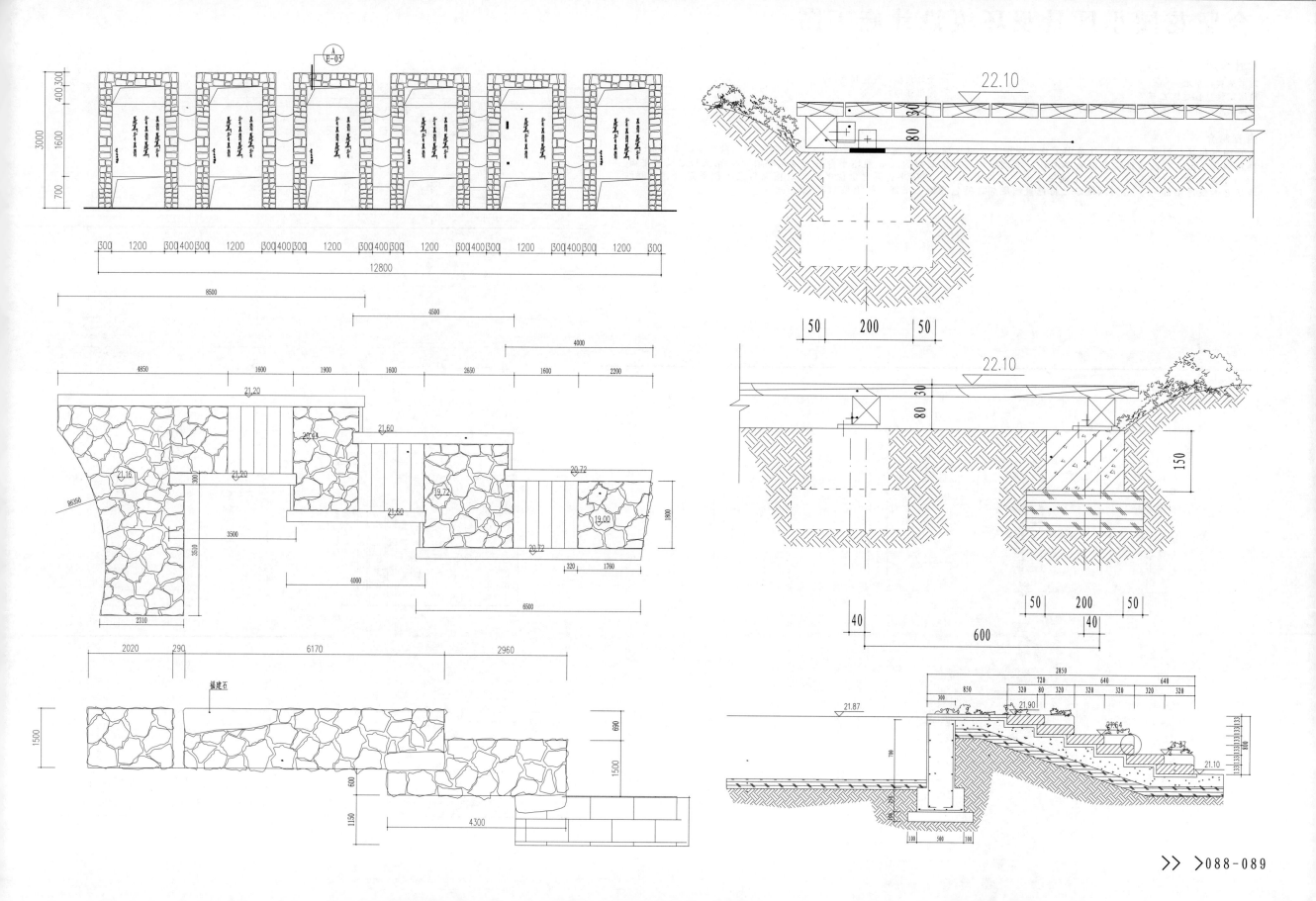

〉合肥花园小区景观环境设计施工图

设计说明

地形地貌：平地
档次定位：普通住宅
绿地类型：居住区集中公园,宅旁绿地,附属绿地

设计风格：现代风格
图纸张数：32张

内容简介

本套图纸包括：目录、景观设计范围、总平面图、索引平面、总平面、定位屏幕、铺装材料平面、标高及排水平面、灯具及器具平面、宅间绿地二之铺装平面ab、宅间绿地三之铺装平面ab、组团平台五之铺装平面ab、南入口之铺装平面ab、宅间绿地二之定位平面ab、宅间绿地三之定位平面ab、组团平台五之定位平面ab、南入口之定位平面ab、宅间绿地二之木栈道细部ab、宅间绿地二之特色景墙细部、特色棚架一细部、挡土墙细部等。

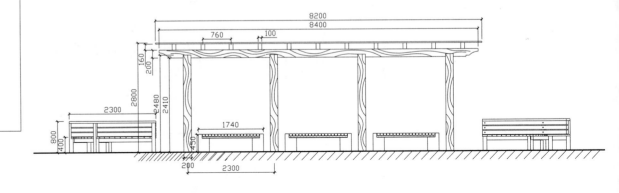

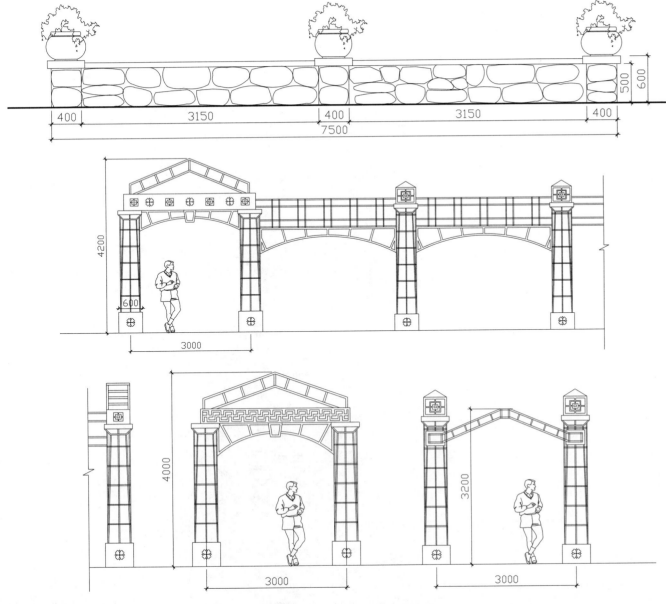

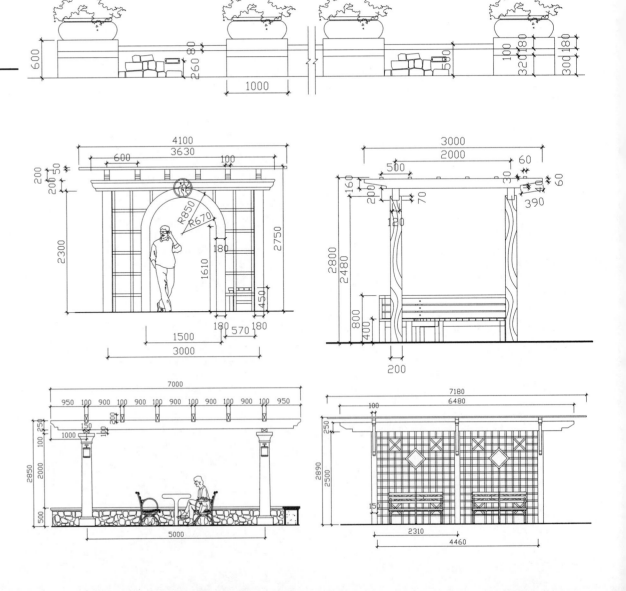

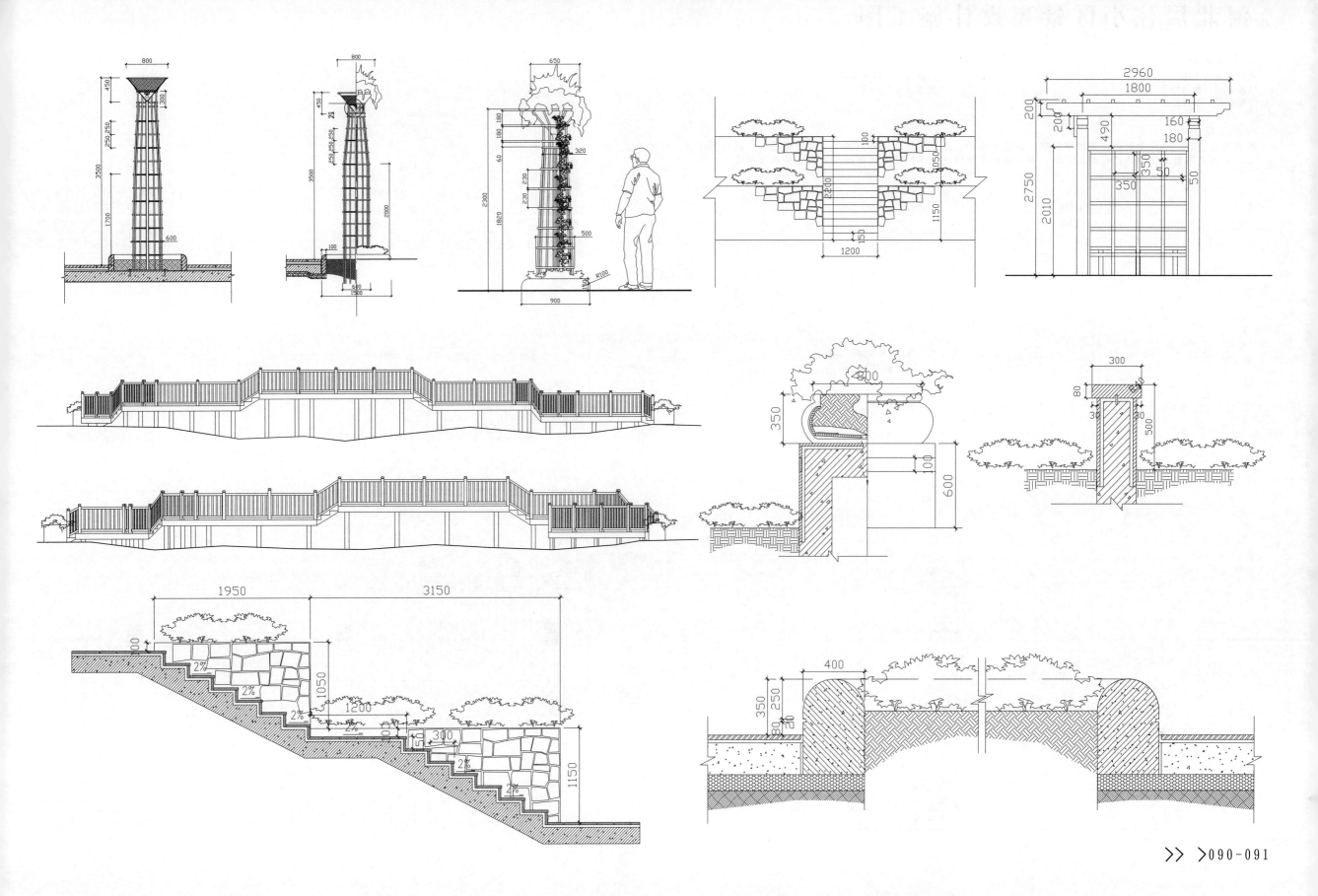

>河北居住小区景观设计施工图

设计说明

地形地貌：平地　　　　　　　　　设计风格：现代风格
档次定位：普通住宅　　　　　　　图纸张数：14张
绿地类型：小区游园

内容简介
本套图纸包括：平台平面图、草坪平面图、桥梁平面图、木平台详图、铺装做法、桥梁做法一、桥梁做法二、桥梁做法三、景墙坐凳做法详图、栏杆做法详图、木栈道做法详图一、木栈道做法详图二、栈道结构详图等

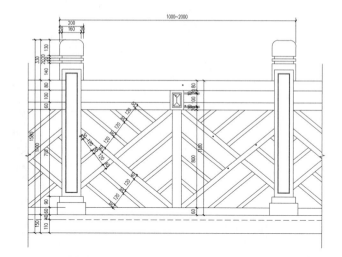

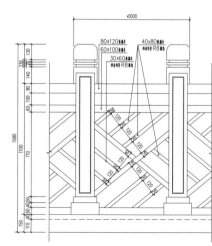

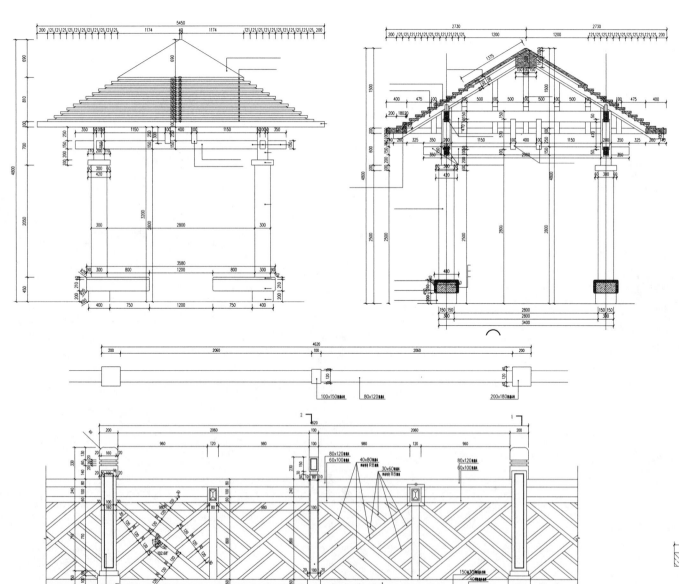

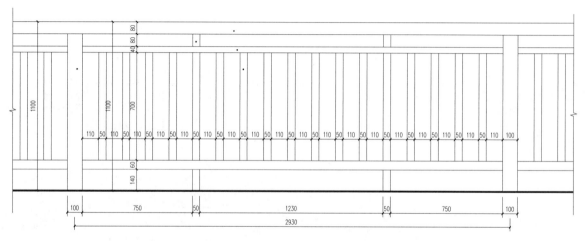

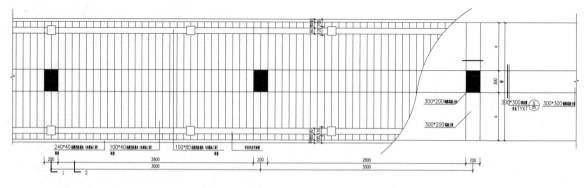

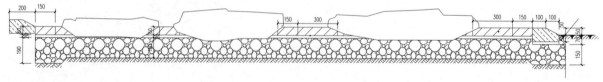

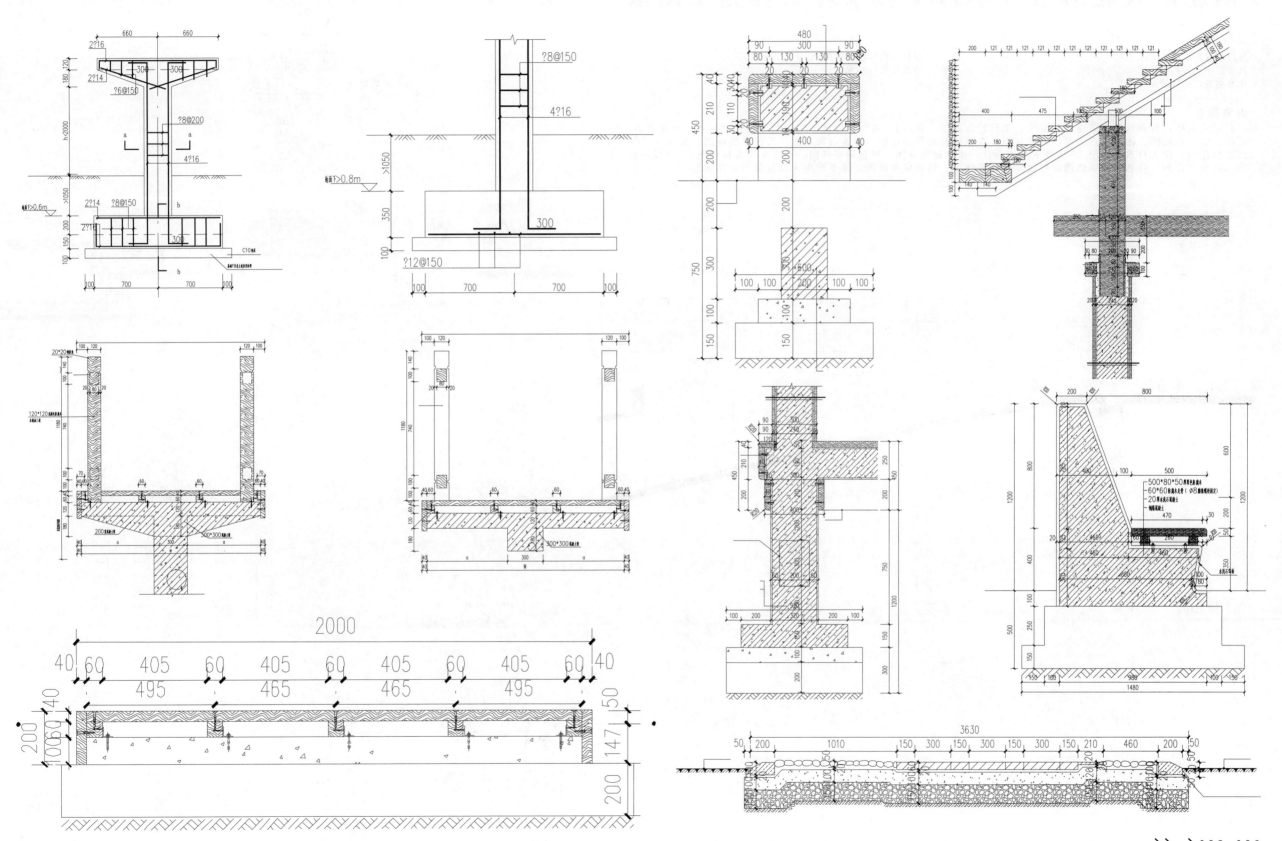

> 湖北欧式花园居住小区全套景观工程施工图纸

设计说明

地形地貌：平地
档次定位：高档居住区
绿地类型：小区游园

设计风格：欧陆风格
图纸张数：37张

内容简介

本套图纸包括：封面目录、园建设计说明、工程构造做法、分区A平面图、分区B平面图、分区C平面图、消防布置总平面图、总平面底图、泳池节点平面、泳池详图、跌水区特色景亭详图、泳池门廊详图、天使雕塑详图、次入口剖面图及门卫房详图、次入口水景详图、A区地下车库入口、弧形廊架详图、特色圆亭详图、地下车库入口详图、C区局部放大详图、六角亭详图、特色种植池详图、单边绿荫廊架详图、情景雕塑详图、地下车库入口花架节点详图等

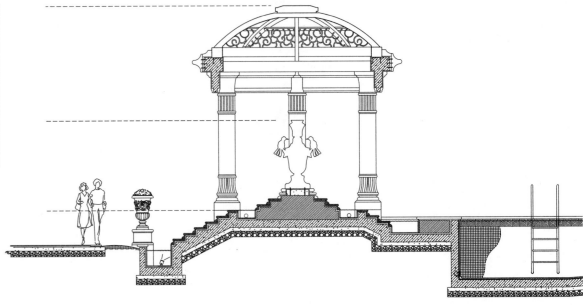

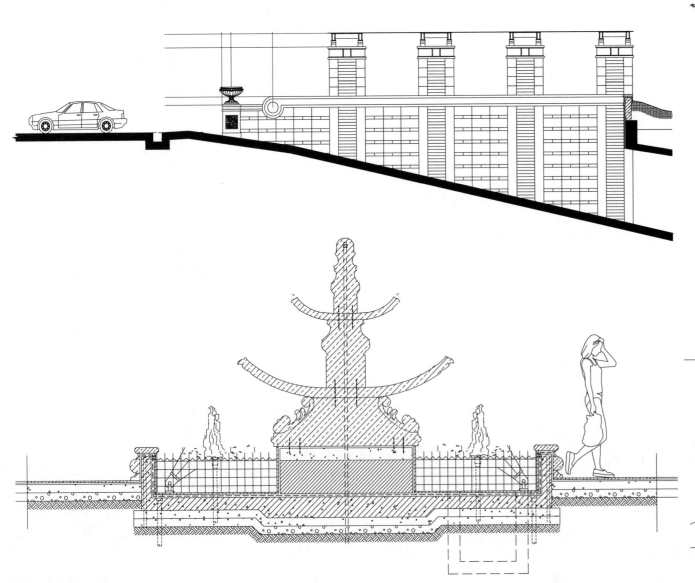

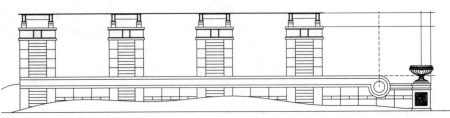

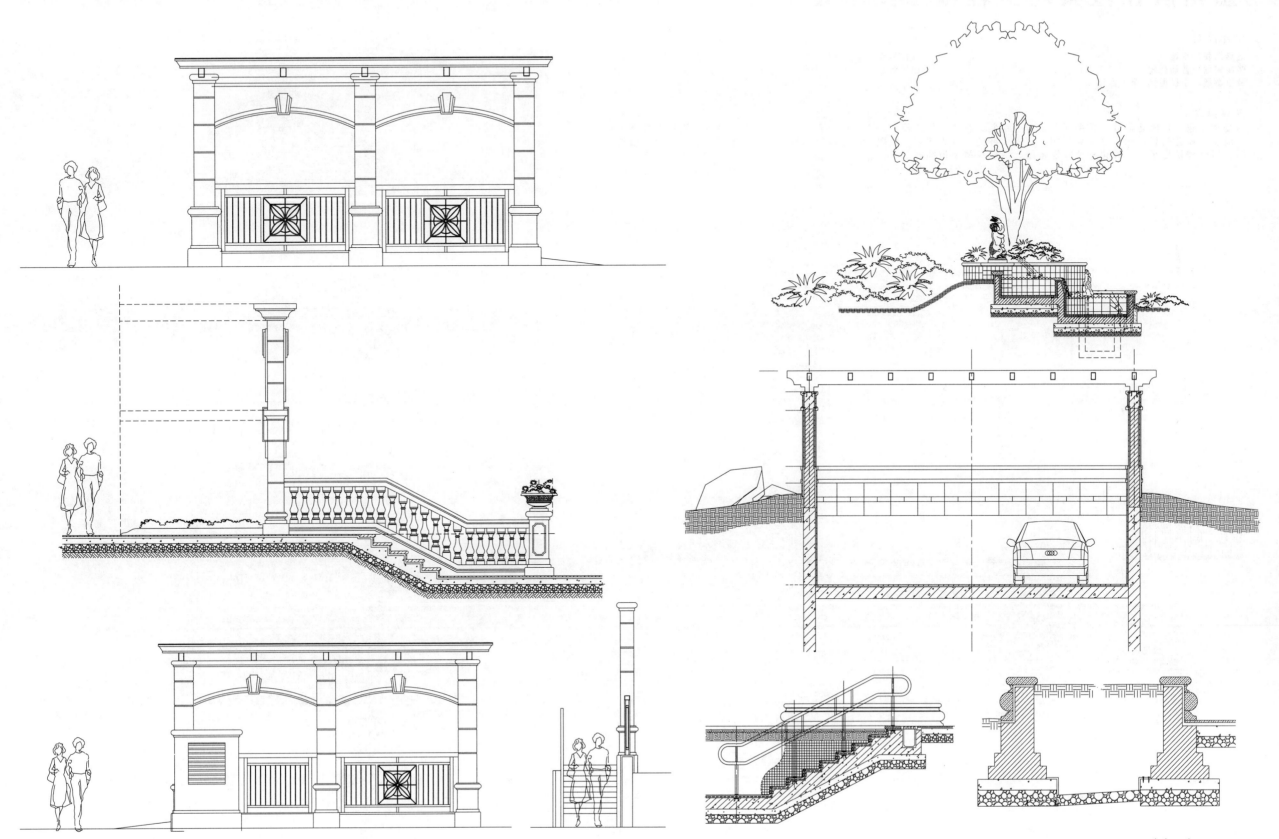

> 惠州居住区景观工程施工图全套

设计说明

地形地貌：平地　　　　　　　　　设计风格：现代风格
档次定位：普通住宅　　　　　　　图纸张数：65张
绿地类型：小区游园，宅旁绿地

内容简介

本套图纸包括：园建部分（总平面图、特色铺装、特色花钵、检修井大样图、台阶汀步大样图、分区索引图、地下车库平面图、铁艺栏杆详图、旱喷大样图、廊架大样图、灯光布置平面图。）、植物配植部分（苗木统计表、绿化种植地形图、绿化种植总平面、绿化种植乔灌木图、绿化种植地被图等

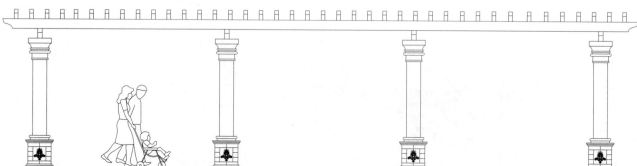

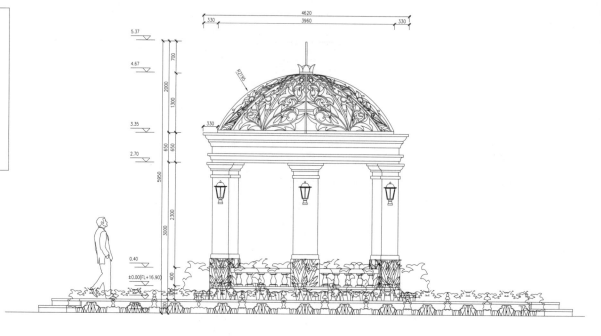

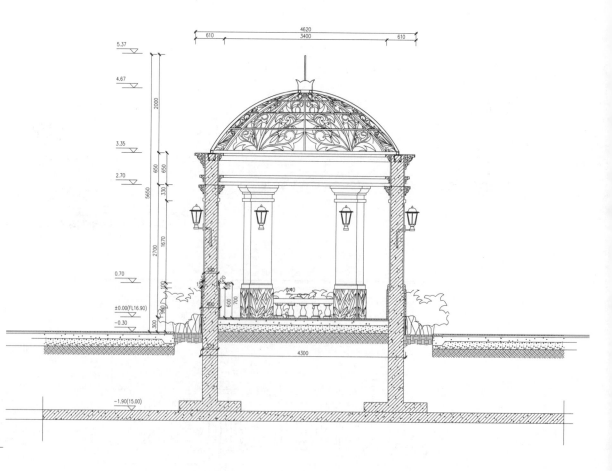

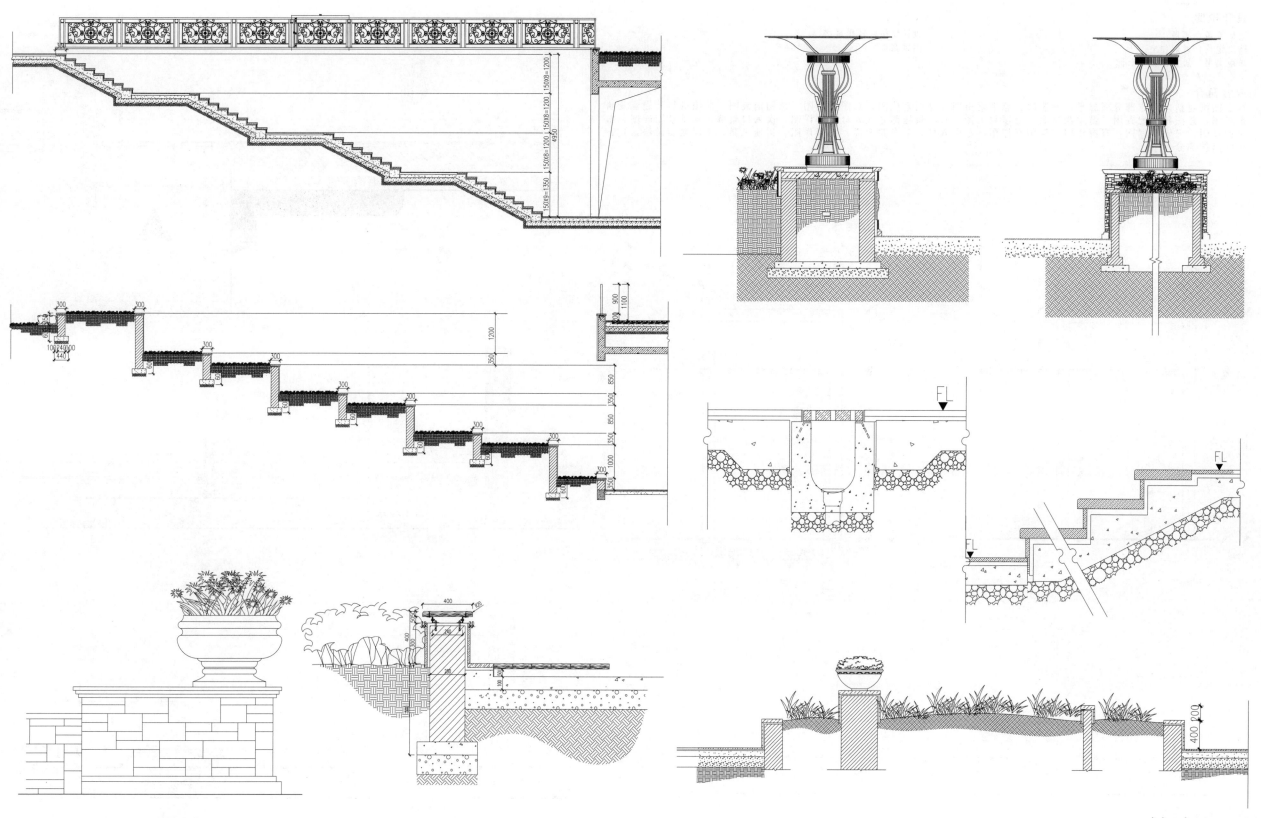

> 嘉兴花园小区景观设计施工图

设计说明

地形地貌：平地　　　　　　　　　　　设计风格：现代风格
档次定位：普通住宅　　　　　　　　　图纸张数：45张
绿地类型：居住区集中公园

内容简介

本套图纸包括：总施部分（总平面参照图、总平索引图、总图定位图、总图竖向图、总图铺装图、总图灯具及浇灌龙头布置图、总图植物配置图、苗木规格表、分区放大图。）、景施部分（入口景墙详图、次入口景墙、水景景墙详图、木平台详图、保安亭详图、直廊详图、椭圆亭详图、车库入口、采光井大样、围墙详图、树池坐凳、不同地面做法。）、水电结构部分等

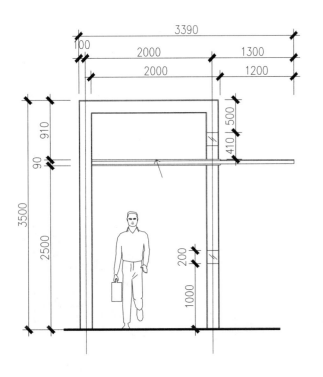

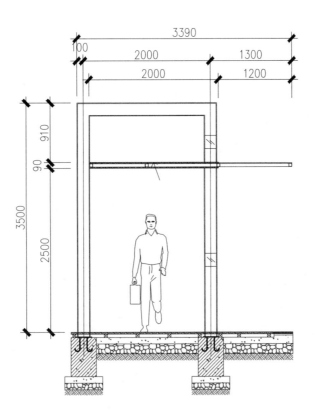

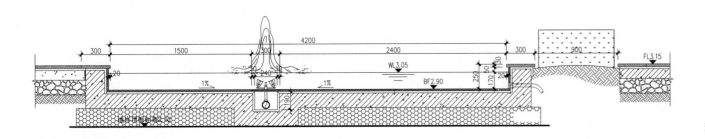

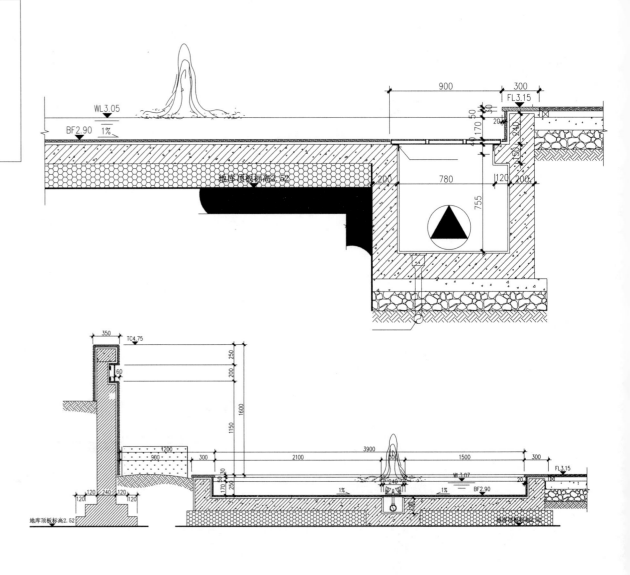

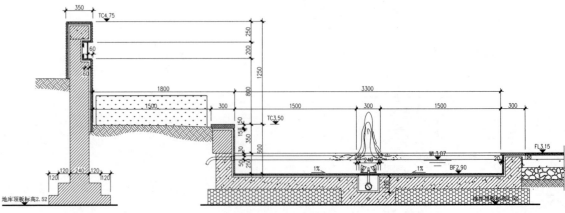

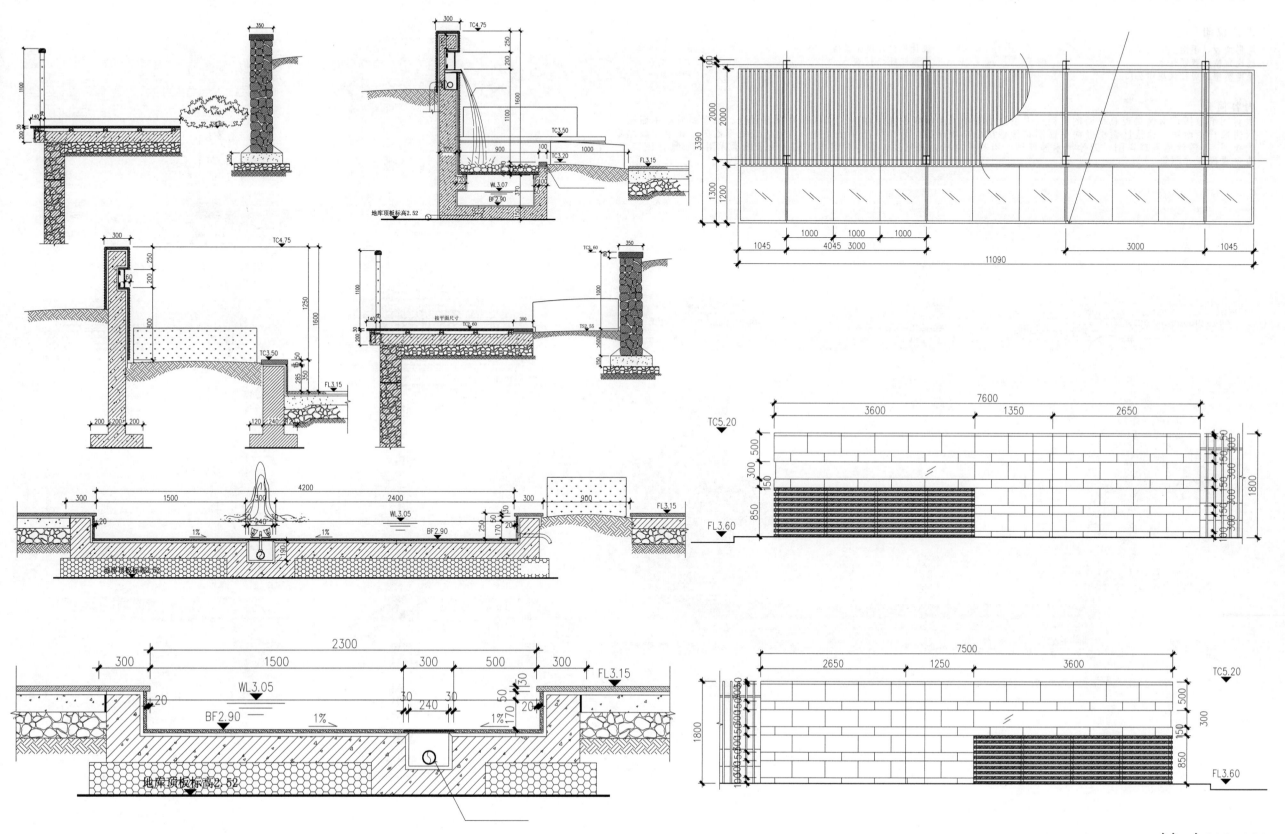

> 江苏居住区园林景观工程施工图

设计说明

地形地貌：平地　　　　　　　　设计风格：现代风格
档次定位：普通住宅　　　　　　图纸张数：37张
绿地类型：居住区集中公园

内容简介
本套图纸包括：南区景观总平面图、南区索引总平面图、南区竖向总平面图、南区尺寸总平面图、南区物料总平面图、网格放样平面图、泳池区索引竖向平面图、泳池区物料平面图、泳池区尺寸平面图、泳池区放线平面图、泳池花纹图案放线图 、游泳池入口详图、游泳池水钵详图、石材大样图、儿童池详图、观景亭详图、无极跌水详图、廊架详图、溪流景观区域详图等

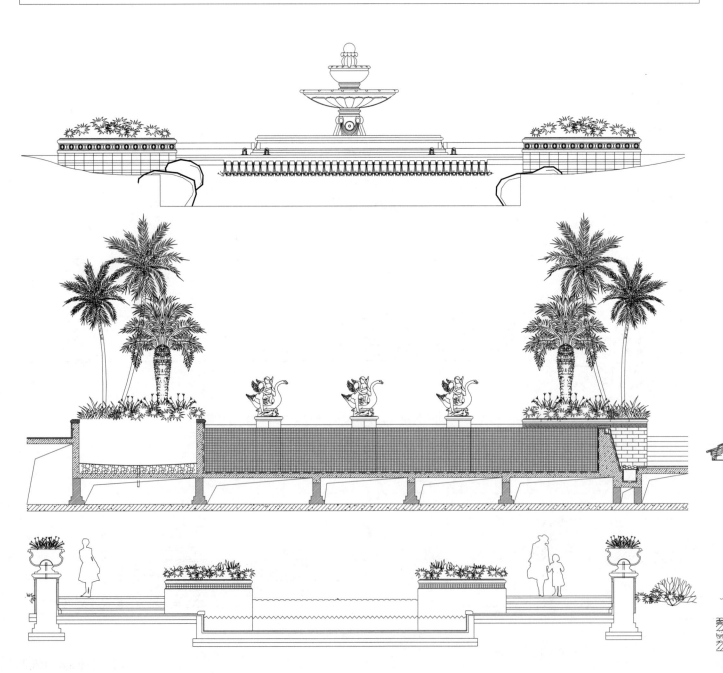

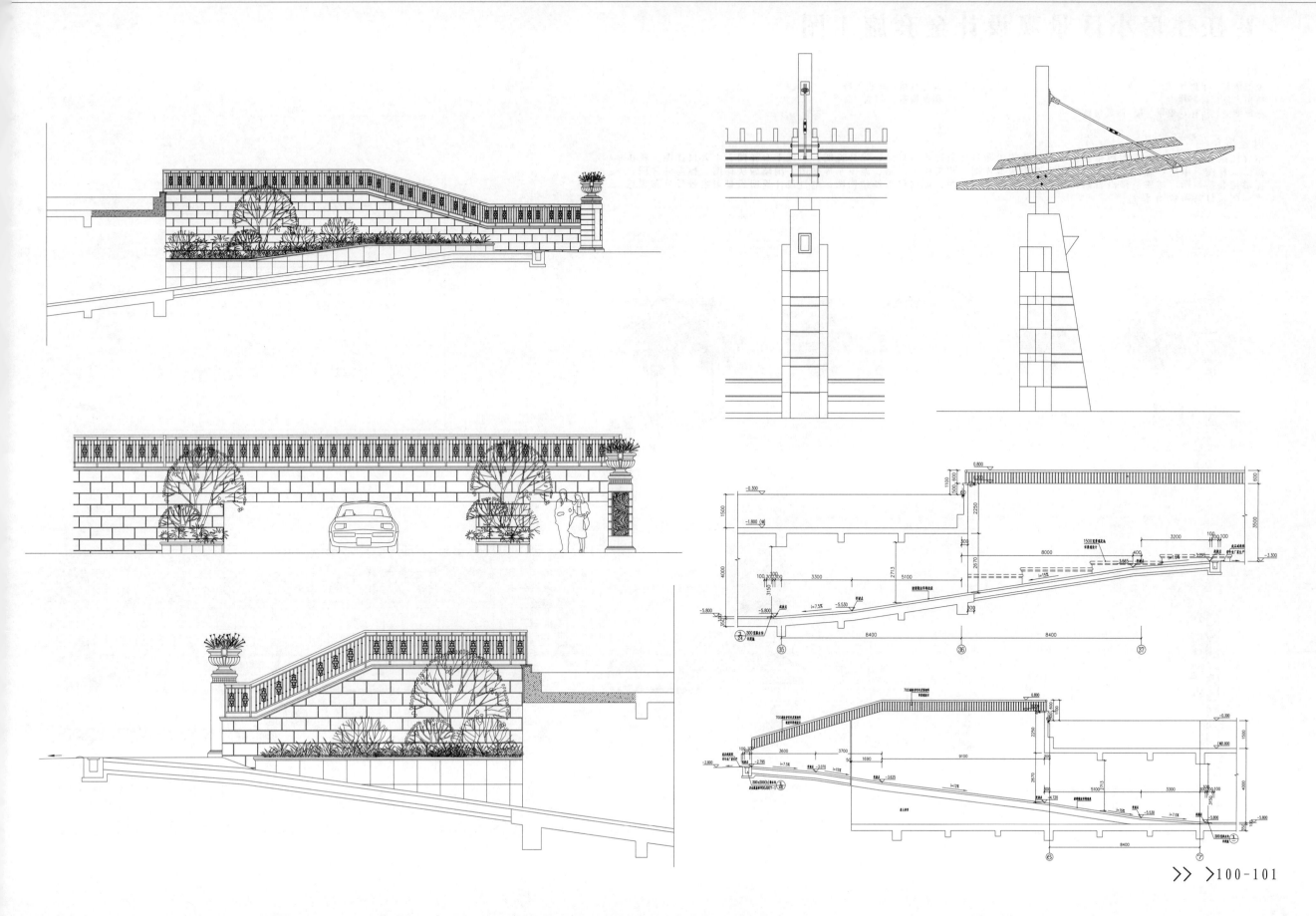

># 晋江住房小区景观设计全套施工图

设计说明

设计说明

地形地貌：平地
档次定位：普通住宅
绿地类型：居住区集中公园,附属绿地

设计风格：现代风格
图纸张数：67张

内容简介

本套图纸包括：绿化施工图种植总说明、绿化施工图设计总说明、目录、设计说明、小区平面详图、主入口详图、花钵做法大样图、中庭景观详图、园亭详图、圆形树池详图、花架做法详图、地下车库详图、围墙做法详图、标志牌详图、标准铺装结构图、道路及路沿石结构图、标准台阶汀步详图、标准停车场结构图、电气设计说明、景观夜景灯具布置总平面图、灯具示意图等

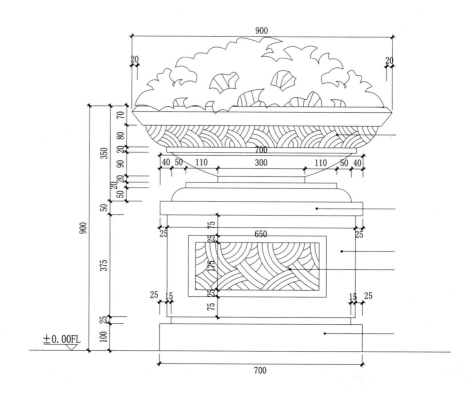

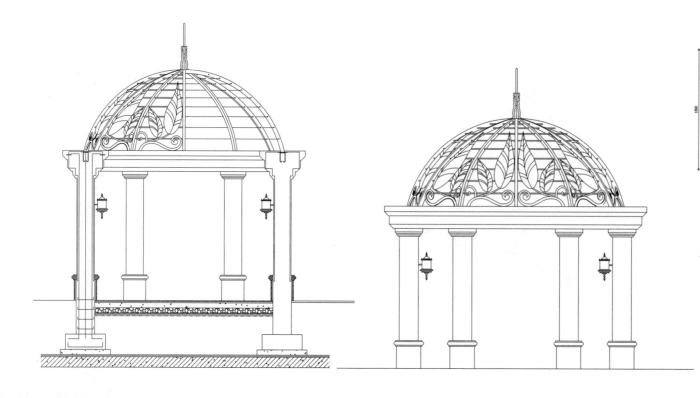

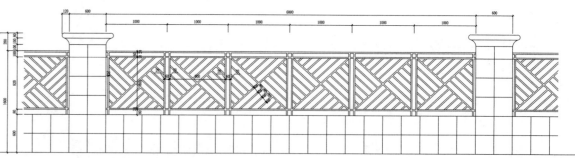

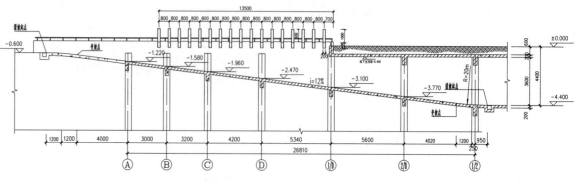

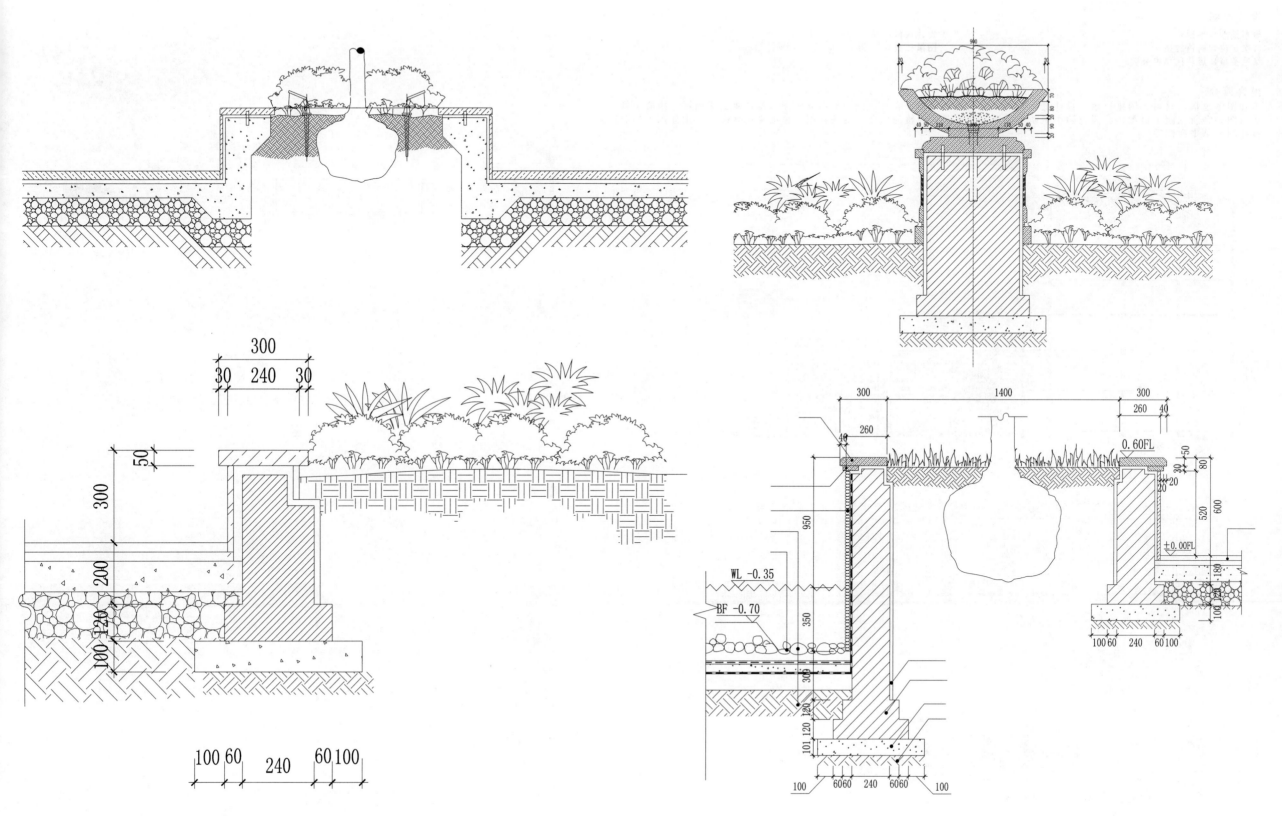

>九江居住区园林景观工程扩初施工图

设计说明

地形地貌：平地
档次定位：高档居住区
绿地类型：居住区集中公园

设计风格：现代风格
图纸张数：32张

内容简介

本套图纸包括：封面、图纸目录、设计说明、入口平面、水景墙平立剖面图、假山立面图、路边水景平面图、中心水景平面图、会所花园平面图、会所花园小型跌水池详细剖面图、种植池详图、铺装详图、树池坐凳详图、排水详图、标志石详图、总平面图等

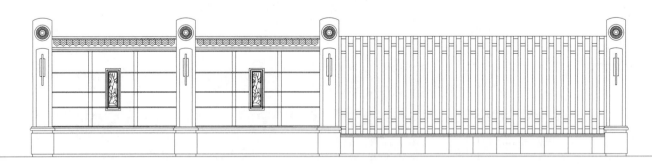

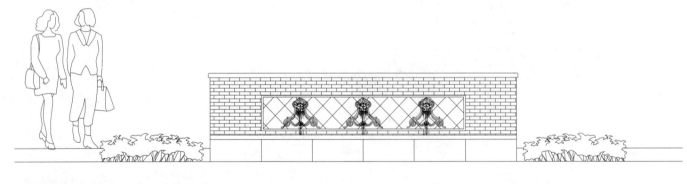

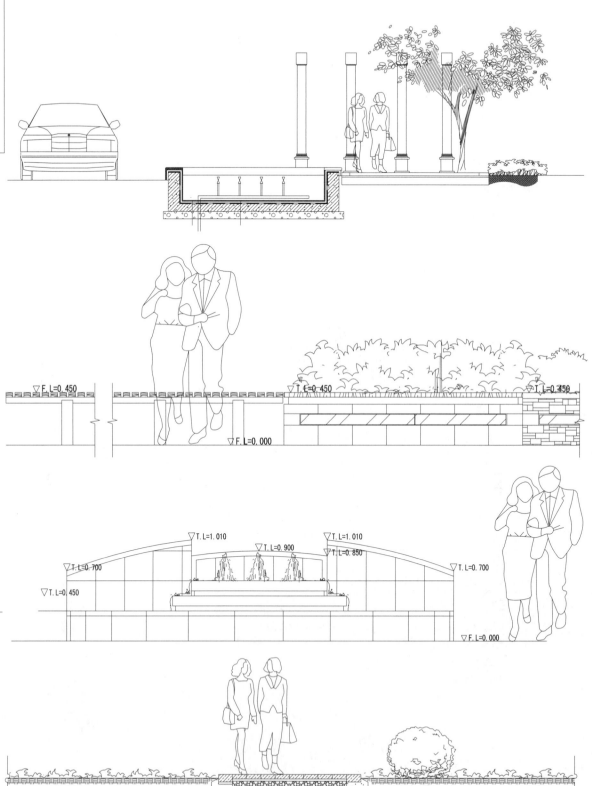

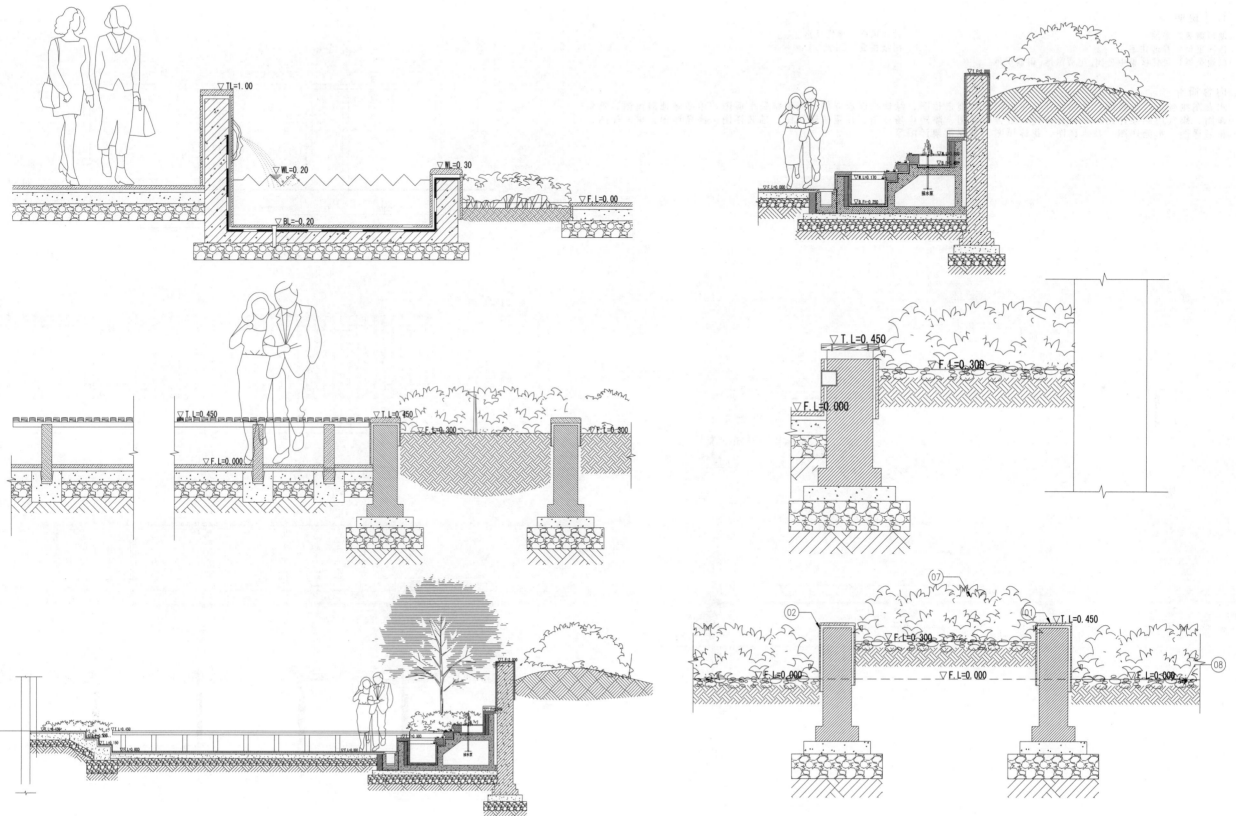

>洛阳花园小区园林景观工程园建施工图

设计说明

地形地貌：平地
档次定位：普通住宅
绿地类型：居住区集中公园,宅旁绿地,附属绿地

设计风格：现代风格
图纸张数：54张

内容简介

本套图纸包括：平面图、竖向设计总平面图、设施定位图、绿地平面放样图、园路铺装平面图、中心绿地剖面图、喷泉详图、煤气房廊架详图、木栈台详图、组合亭详图、雕塑广场详图、儿童乐园详图、铺装详图、座凳详图、树池详图、花坛详图、水池详图、跌水详图、花钵详图、景观花架详图等

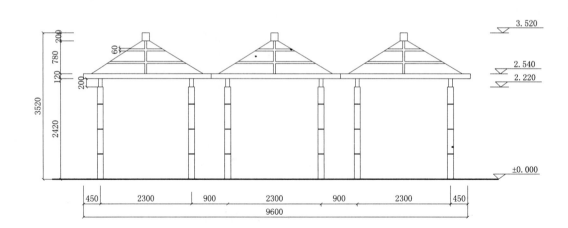

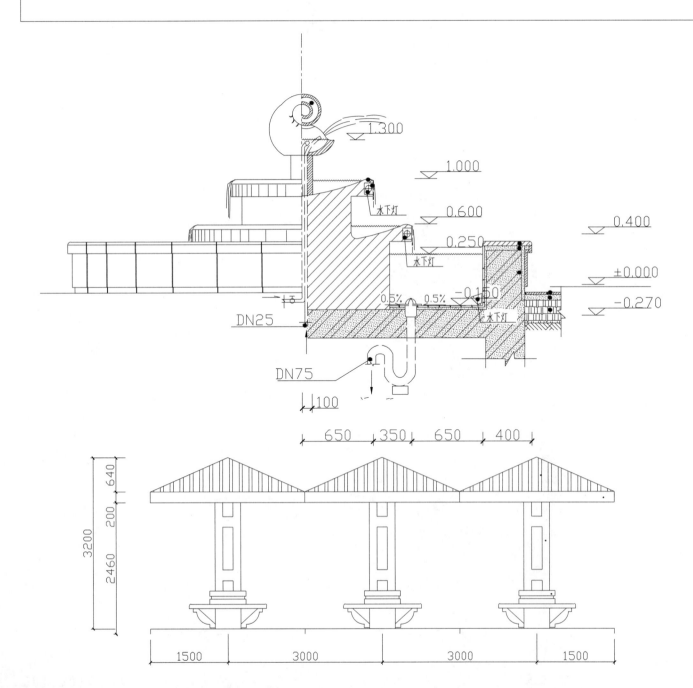

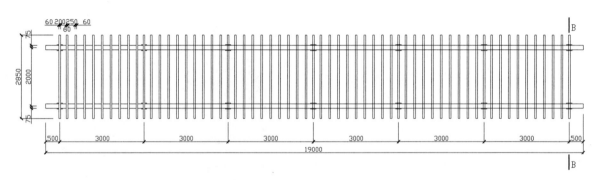

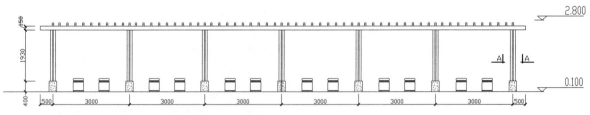

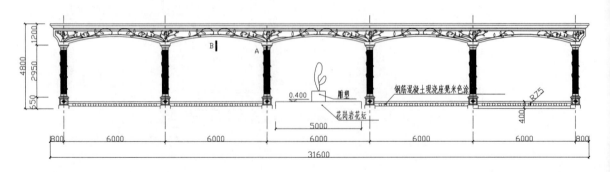

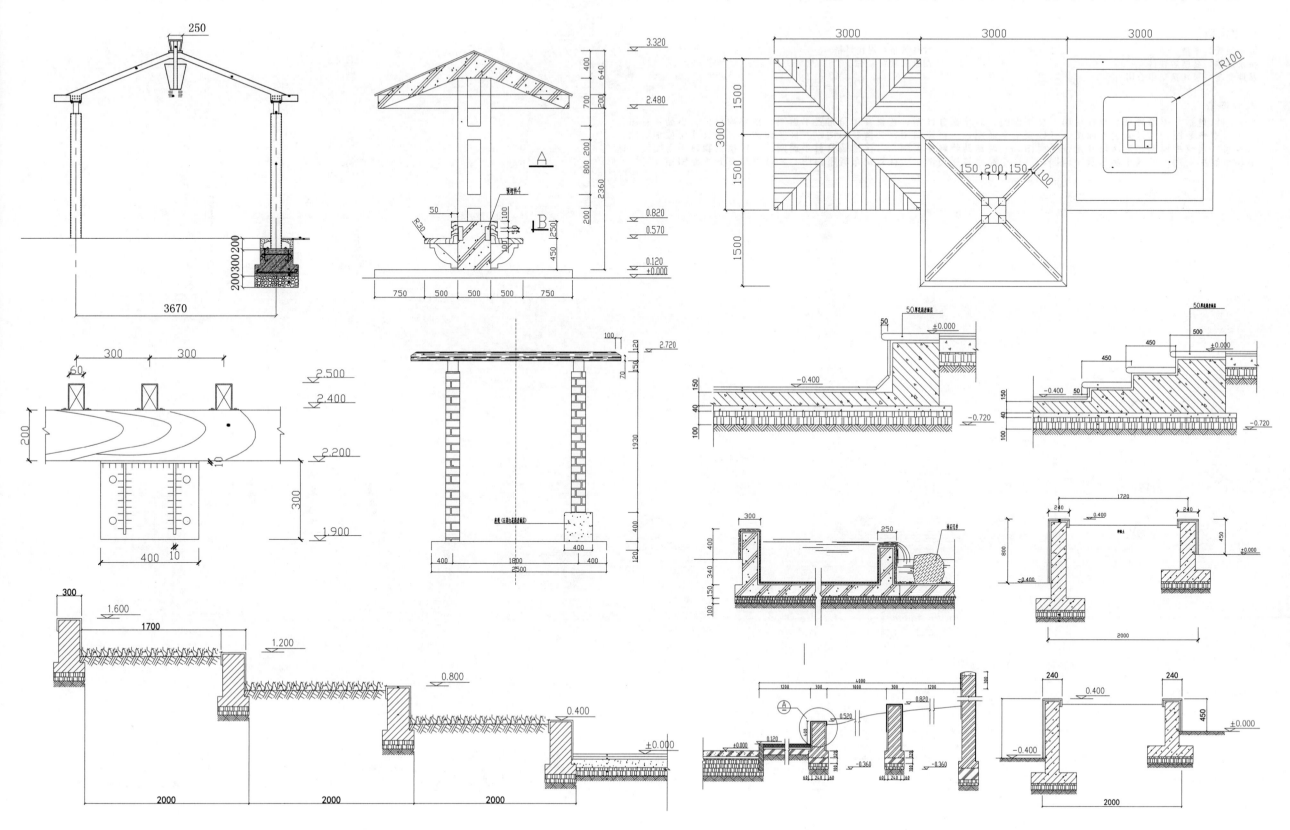

>山东住宅区园林景观工程全套施工图

设计说明

地形地貌：平地 　　　　　　　　设计风格：现代风格

档次定位：高档居住区 　　　　　　图纸张数：83张

绿地类型：居住区集中公园

内容简介

本套图纸包括：图纸目录、设计说明、总平面图、总平面分区图、背景音乐箱布置平面图、铺装物料表、小品物料图、一区索引平面图、二区索引平面图、三区索引平面图、一区竖向图、二区竖向图、三区竖向图、一区尺寸定位平面图、二区尺寸定位平面图、三区尺寸定位平面图、一区铺装物料平面图、二区铺装物料平面图、三区铺装物料平面图、一区小品布置平面图、二区小品布置平面图、三区小品布置平面图、一区灯位布置平面图、二区灯位布置平面图等

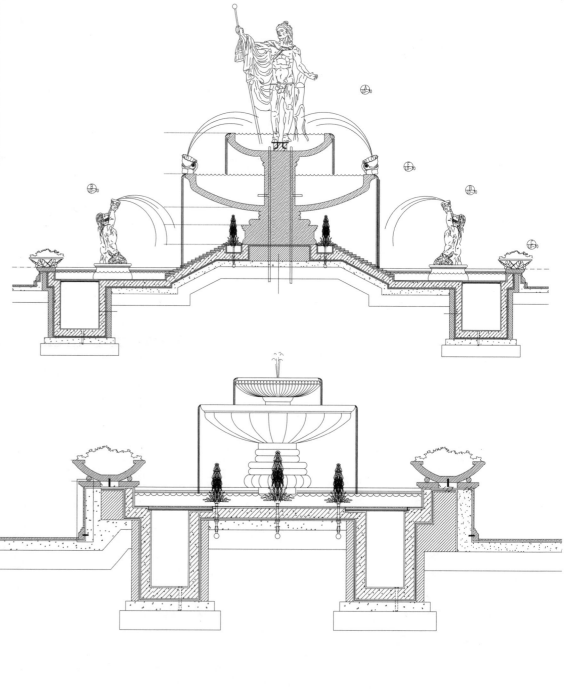

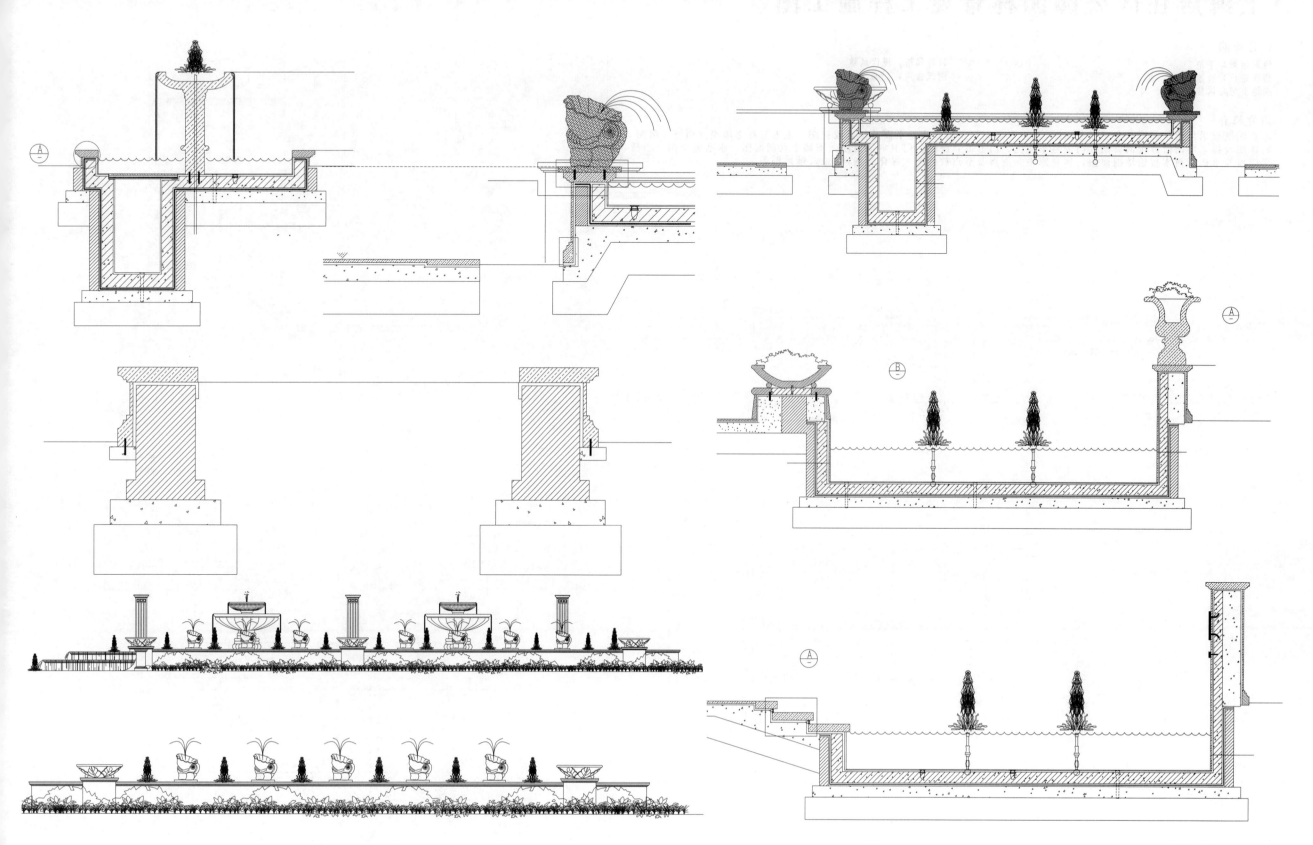

> 上海居住区公园园林景观工程施工图

设计说明

地形地貌：平地　　　　　　　　　　设计风格：现代风格
档次定位：普通住宅　　　　　　　　图纸张数：37张
绿地类型：居住区集中公园

内容简介

本套图纸包括：总平面图、总平面分区图、A区平面图、主入口广场平面及标志放样图、主入口标志墙平立面图、海报栏详图及标志墙剖面砂坑剖面图、门卫室平面图、门卫室立面图、门卫室剖面图、围墙平立剖面图、水系定位图、小桥平剖面及水边断面木板铺地剖面图、休息廊平立剖面及节点放样图、绿化广场1定位及铺地图等

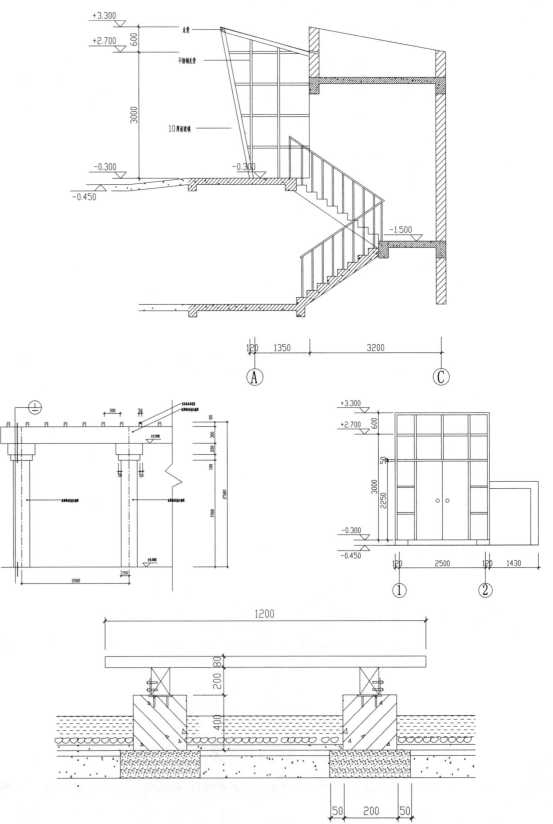

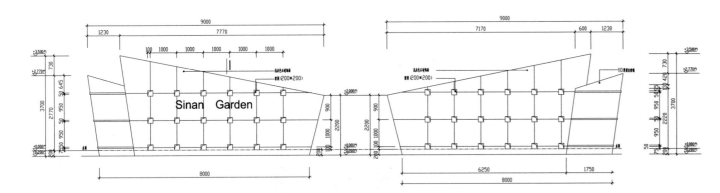

Sinan Garden

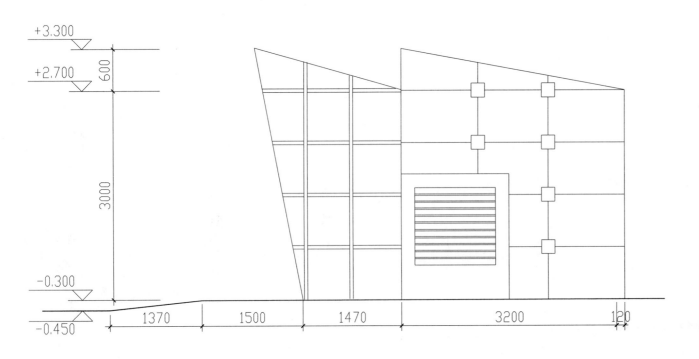

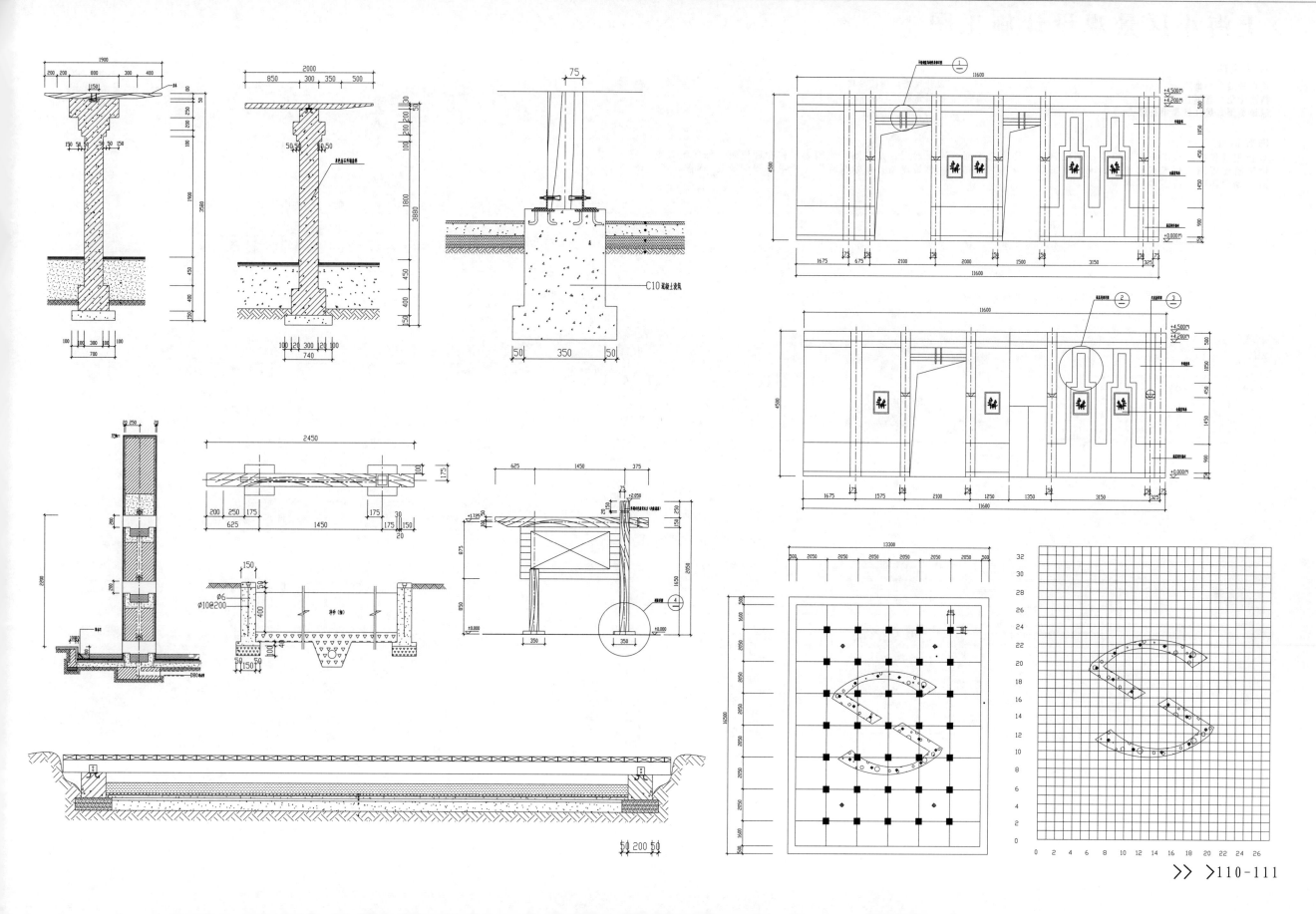

># 上海小区景观设计施工图

设计说明

地形地貌：平地　　　　　　　　　　设计风格：现代风格
档次定位：普通住宅　　　　　　　　图纸张数：70张
绿地类型：居住区集中公园

内容简介

本套图纸包括：施工图设计说明、图纸目录、环境总平面、平面索引、定位图、物料表、植物种植表、绿化配置图、植物种植配置图、灯光布置平面、配电系统图、分区放大详图、小品详图、水景观详图、广场详图、铺装 详图、亭子详图、廊架详图、河道详图等

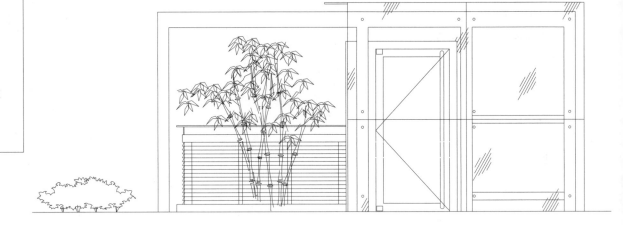

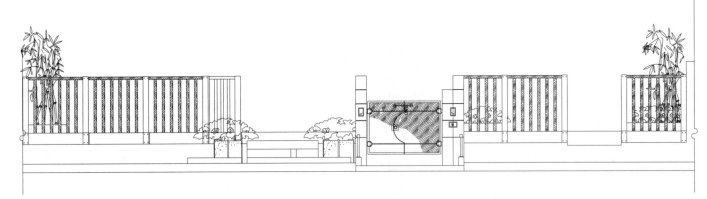

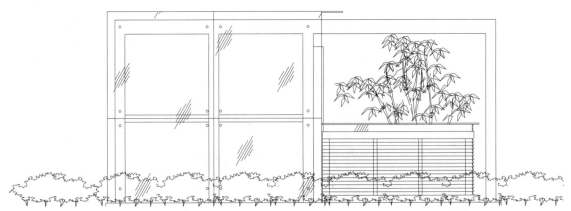

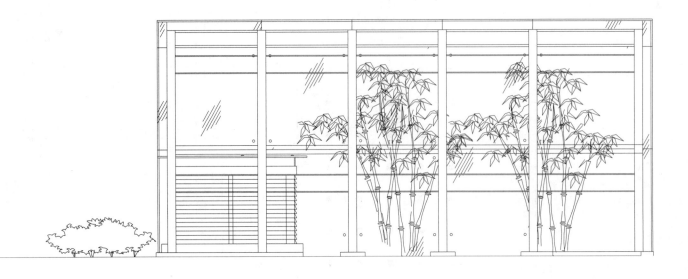

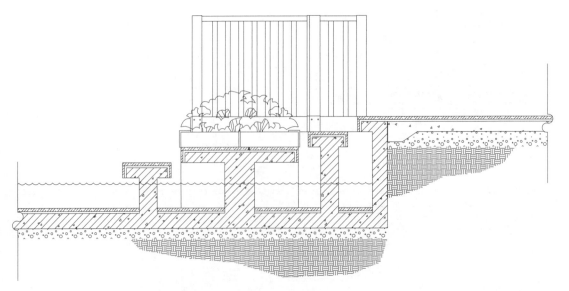

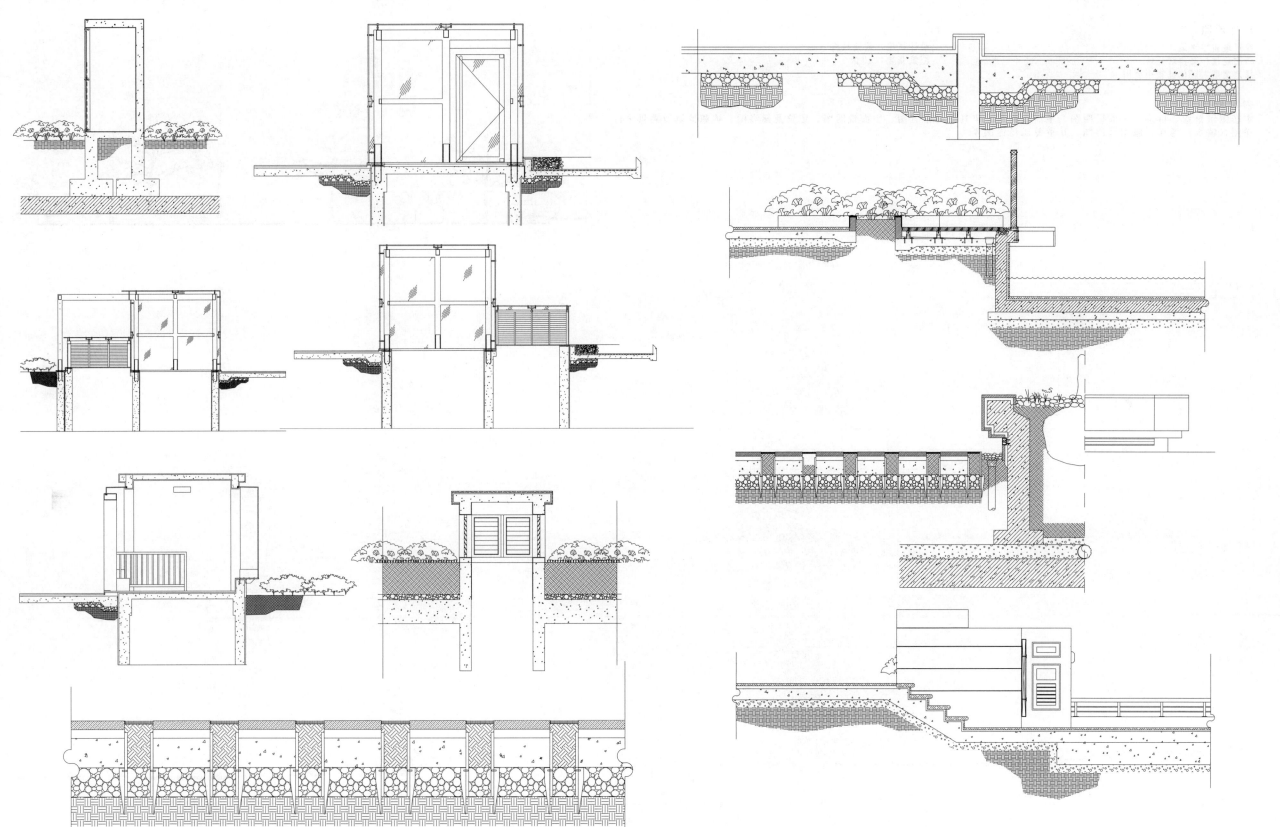

>上海英式风格居住区园林景观工程施工图

设计说明

地形地貌：平地
档次定位：高档居住区
绿地类型：居住区集中公园

设计风格：欧陆风格
图纸张数：50张

内容简介

本套图纸包括：目录、平面说明图、平面定位图、家具平面布置图、平面说明图、定位及标高图、休憩凉棚及观景平台详图、滨水广场详、旅馆区详图、儿童游乐场详图等

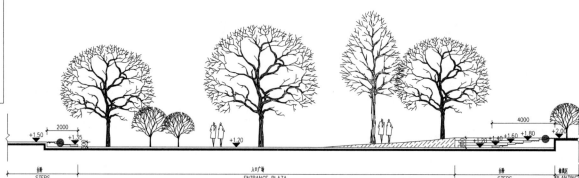

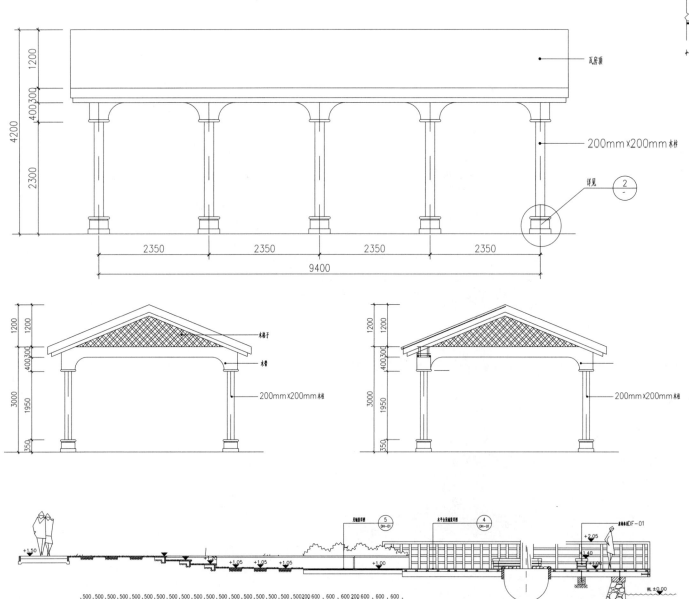

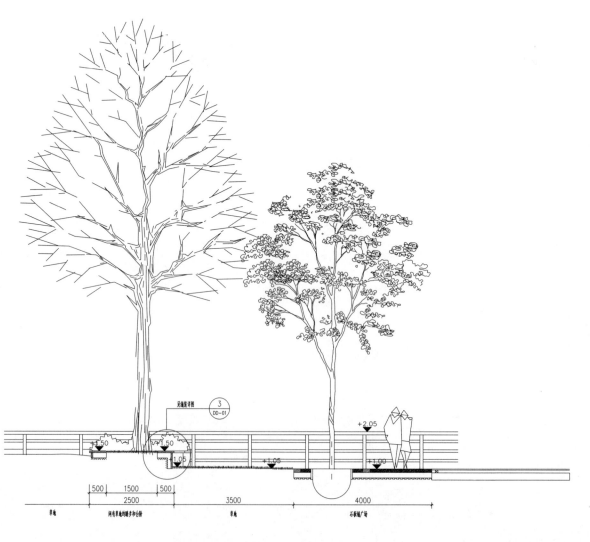

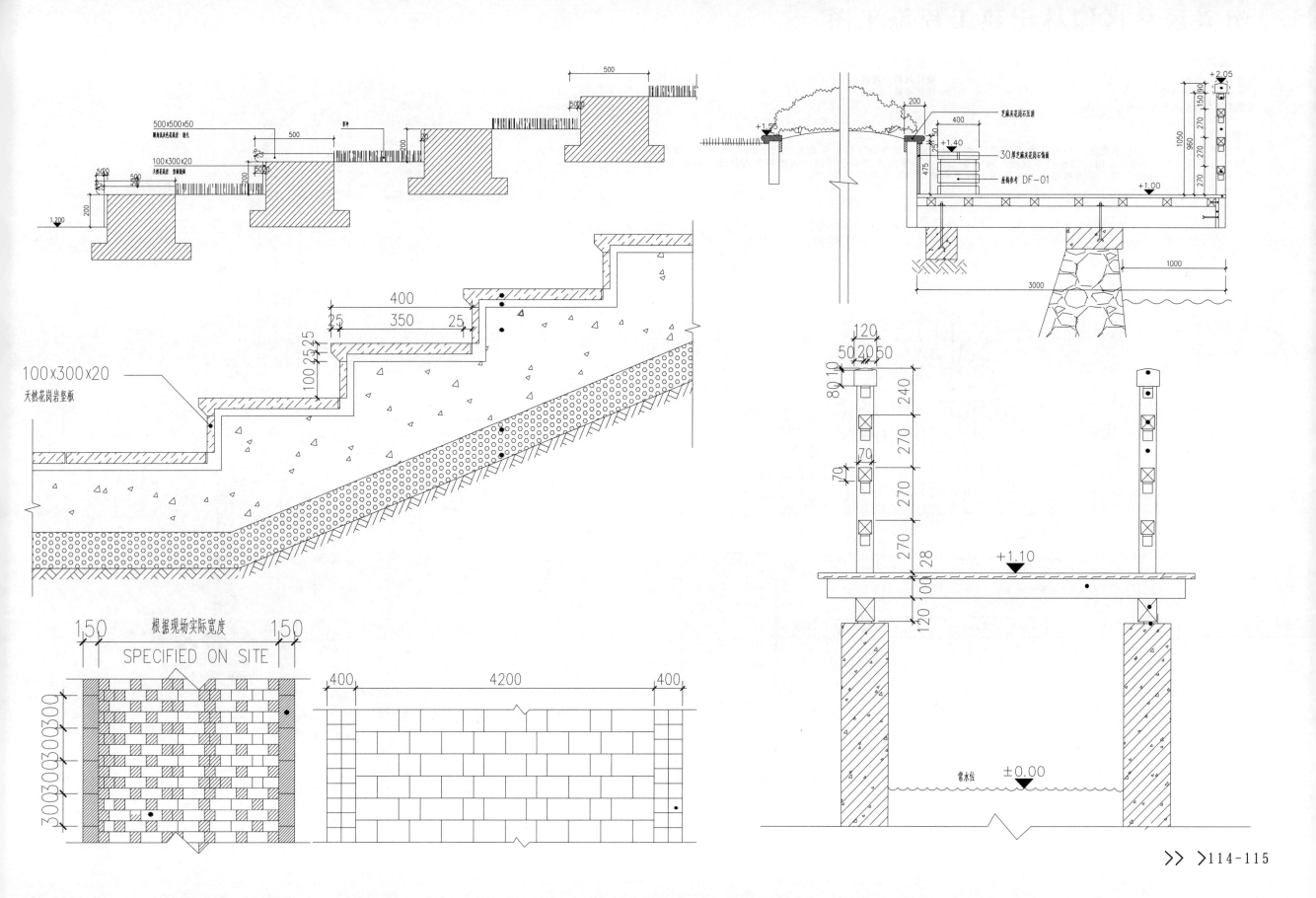

>绍兴居住区园林土建工程施工图

设计说明

地形地貌：平地

档次定位：普通住宅

绿地类型：居住区集中公园

设计风格：现代风格

图纸张数：60张

内容简介

本套图纸包括：户外家具示意图、特色花盆施工图、花架施工图、凉亭施工图、架桥施工图、闸门施工图、围墙施工图、保安亭施工图、LOGO墙施工图、总平面参照图、座墙施工图、标准悬浮踏步石详图、标准踏步石详图、标准木平台详图、标准亭车场护轮板详图、标准橡胶安全垫详图、标准斜坡详图、台阶详图等

>深圳花园式居住区景观设计施工图

设计说明

地形地貌：平地
档次定位：普通住宅
绿地类型：居住区集中公园,小区游园,宅旁绿地,附属绿地

设计风格：现代风格
图纸张数：65张

内容简介

本套图纸包括：总图部分,分区入口平面图、放线定位图、方格网定位图、广场铺装图、索引及竖向平面图等,各分区
铺装详图,各节点详图,如,泳池、儿童游戏区、花架、门房顶棚、景墙、水钵及雕塑基座等

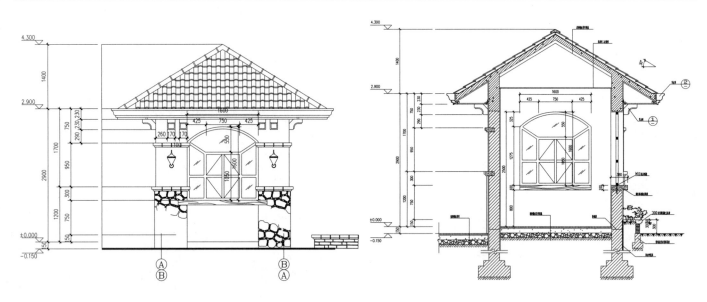

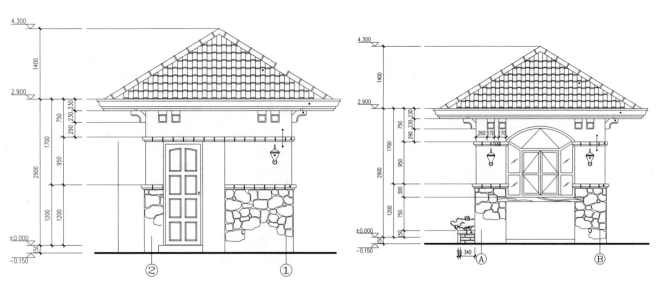

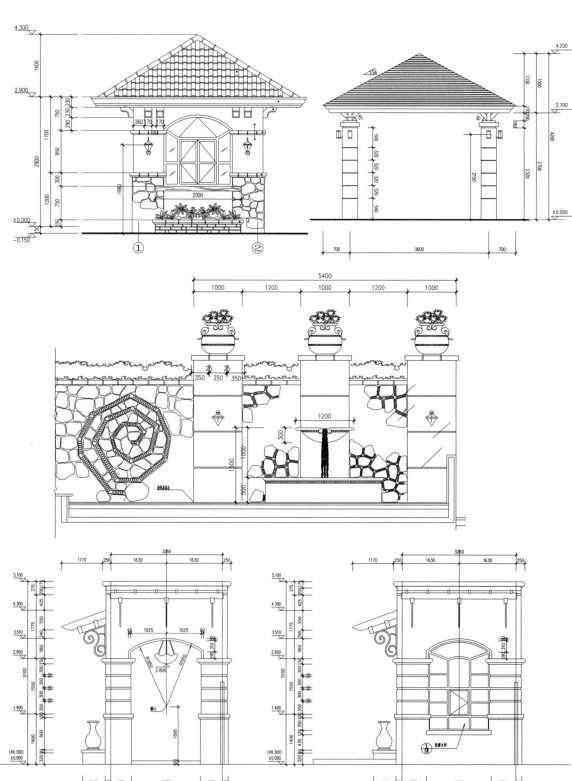

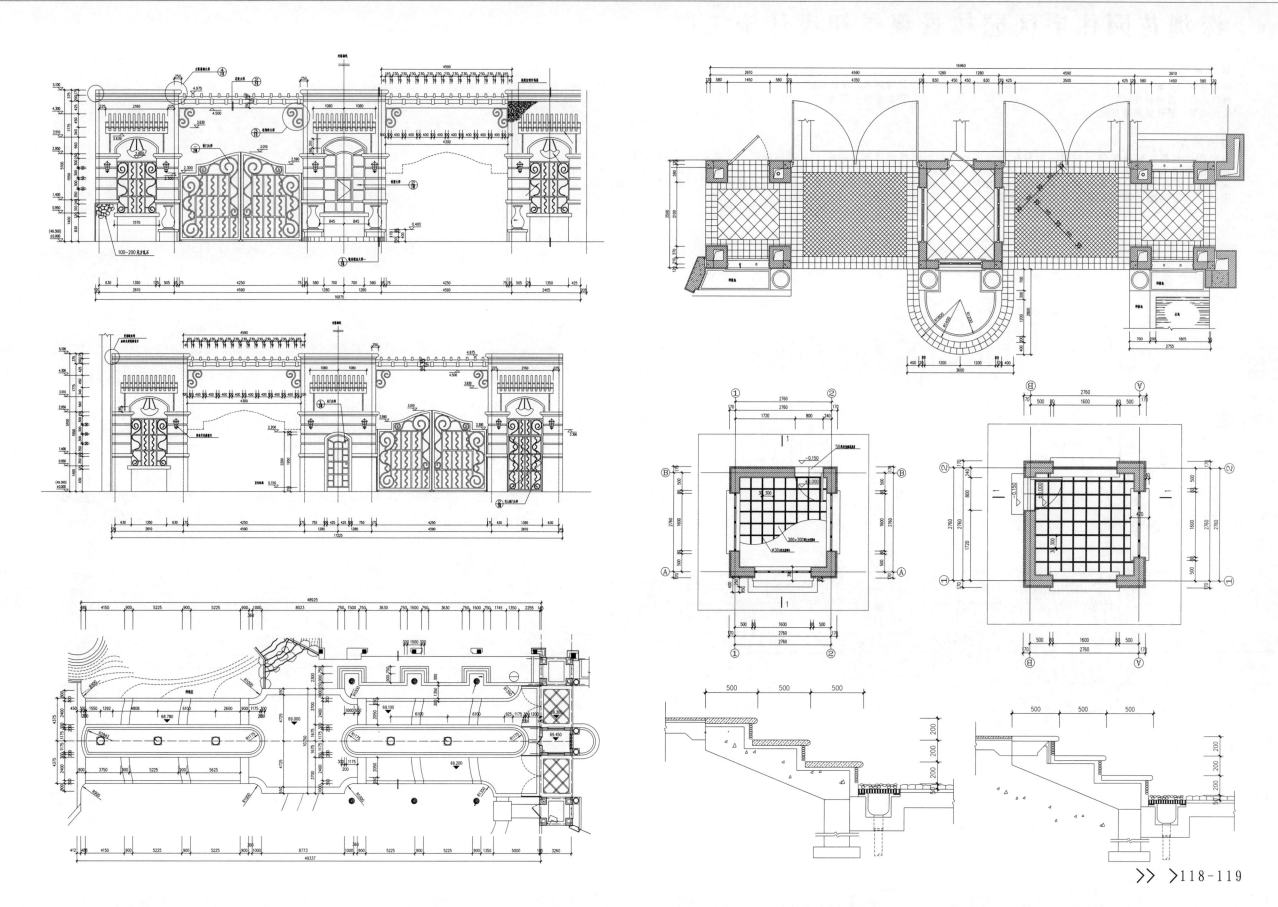

> 深圳花园住宅区园林景观扩初设计施工图

设计说明

地形地貌：平地
档次定位：高档居住区
绿地类型：居住区集中公园

设计风格：现代风格
图纸张数：72张

内容简介

本套图纸包括：园林绿化规划图、园林标高及等高线图、园林种植图（乔木）、园林种植图（灌木）、园林定位图、园林灯饰及灌木水龙头布置 、铺地详图、花池,路沿及步级详图、座椅详图、花棚架详图、特色栏杆详图、小桥大样图、木板栈台剖面图、旱喷泉旁看台剖面图、假山大样图、小区围墙大样图、小区入口大门大样图、矮灯柱大样图、儿童游乐场、水景详图、灌溉水龙头及灯饰详图等

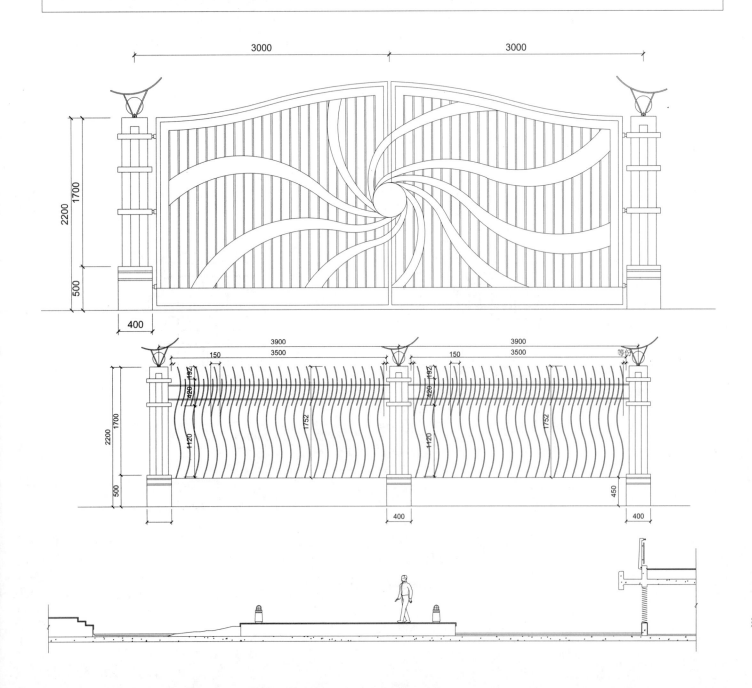

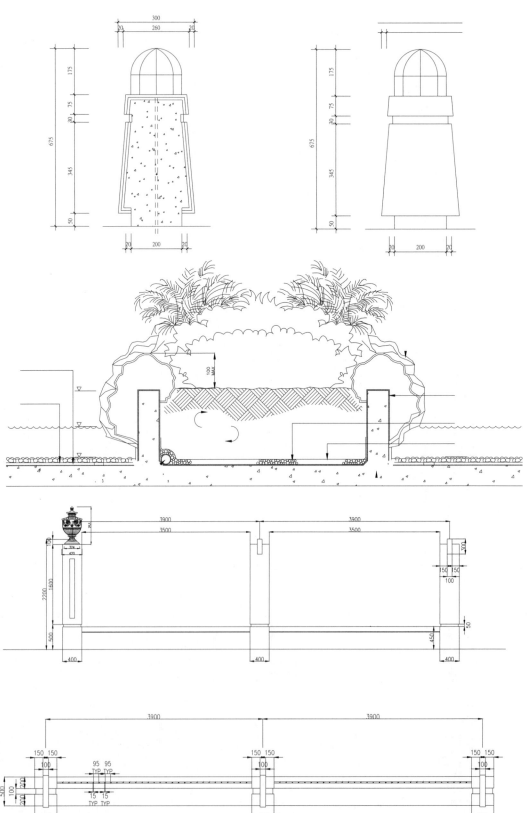

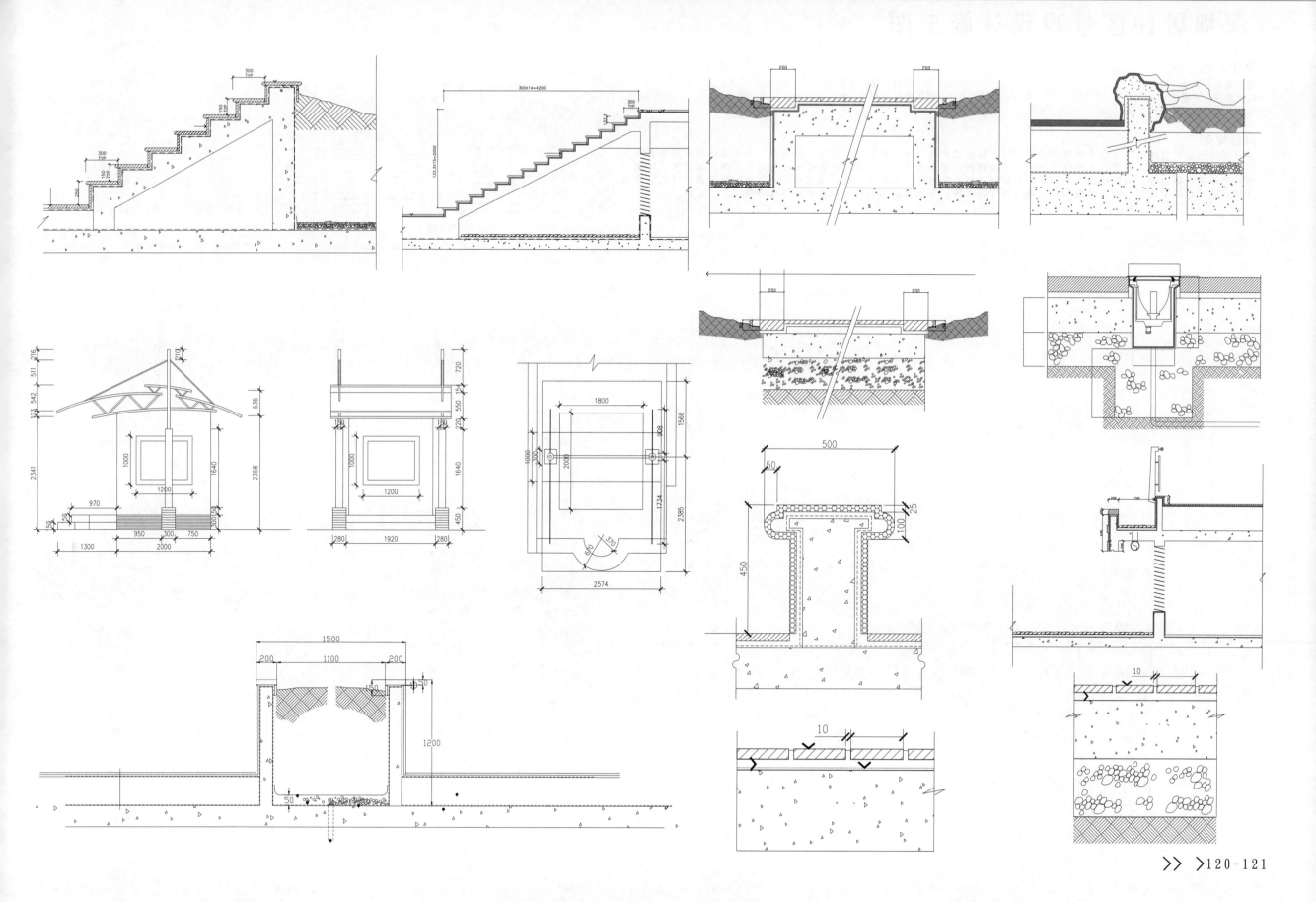

〉深圳居住区景观设计施工图

设计说明

地形地貌：平地　　　　　　　　　　设计风格：现代风格
档次定位：普通住宅　　　　　　　　图纸张数：45张
绿地类型：居住区集中公园

内容简介

本套图纸包括：总图部分（总平面竖向及索引图、铺装总平面、分区放大图、架空层放大图、苗木统计表、总平面布置图、总平面种植图）、硬景施工部分（底图、铺装详图、剖面及详图、竹帘、景墙详图、花园节点图、景观节点详图、楼梯栏杆图、标识牌、围墙详图、大门详图、吊顶、灯具选型图、苗木支护图、示意图片）、水电施工部分（电气说明材料、电气布线平面图、电气系统图、主要灯具安装示意、背景音乐总平面、给排水设计说明等

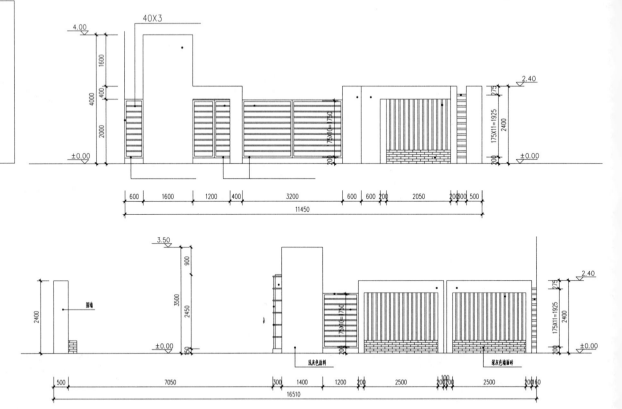

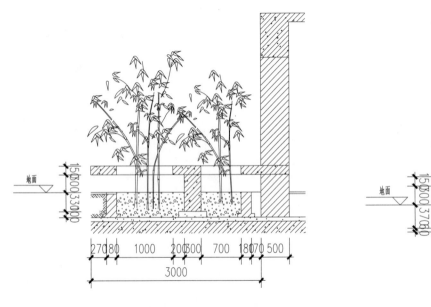

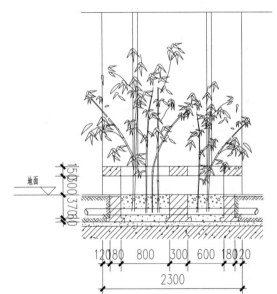

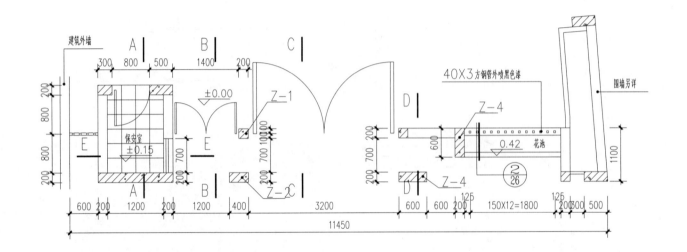

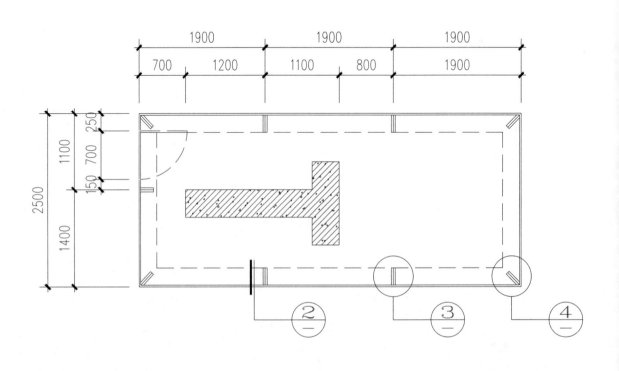

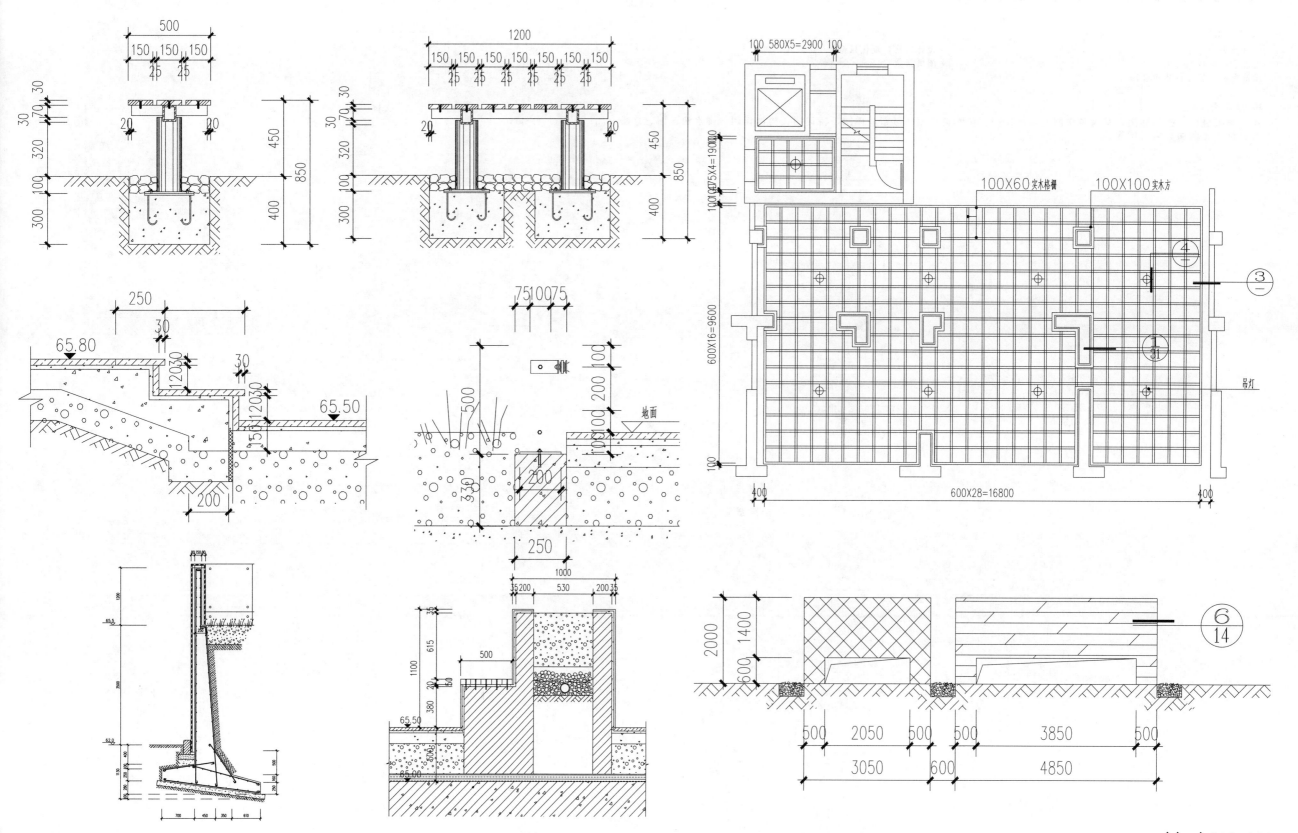

>深圳小区宅间绿地设计施工图

设计说明

地形地貌：平地
档次定位：普通住宅
绿地类型：居住区集中公园

设计风格：现代风格
图纸张数：13张

内容简介

本套图纸包括：挡墙详图、旱喷泉详图、水池详图、排水沟详图、瀑布墙详图、桥详图、树池详图、排水沟详图、总平面定位及竖向图、索引图等

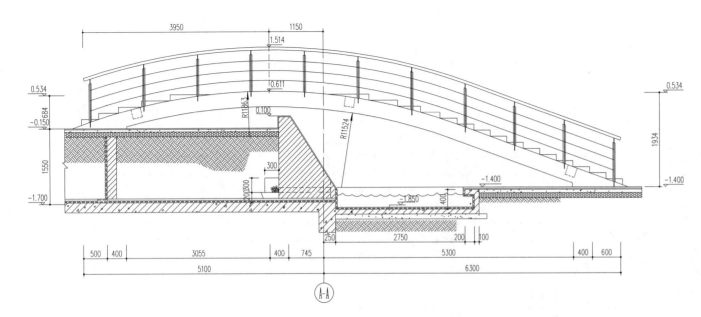

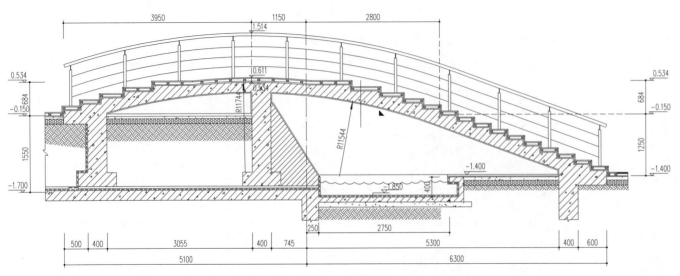

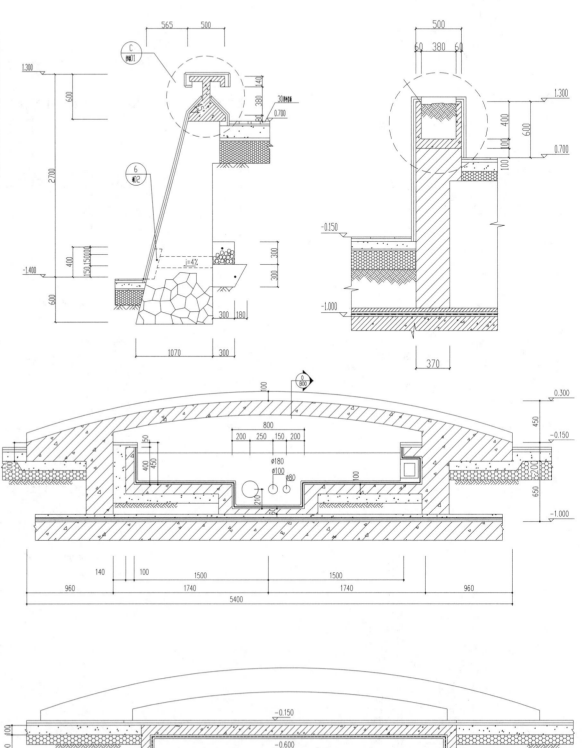

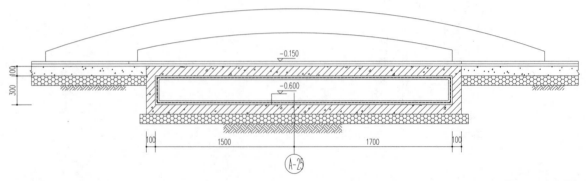

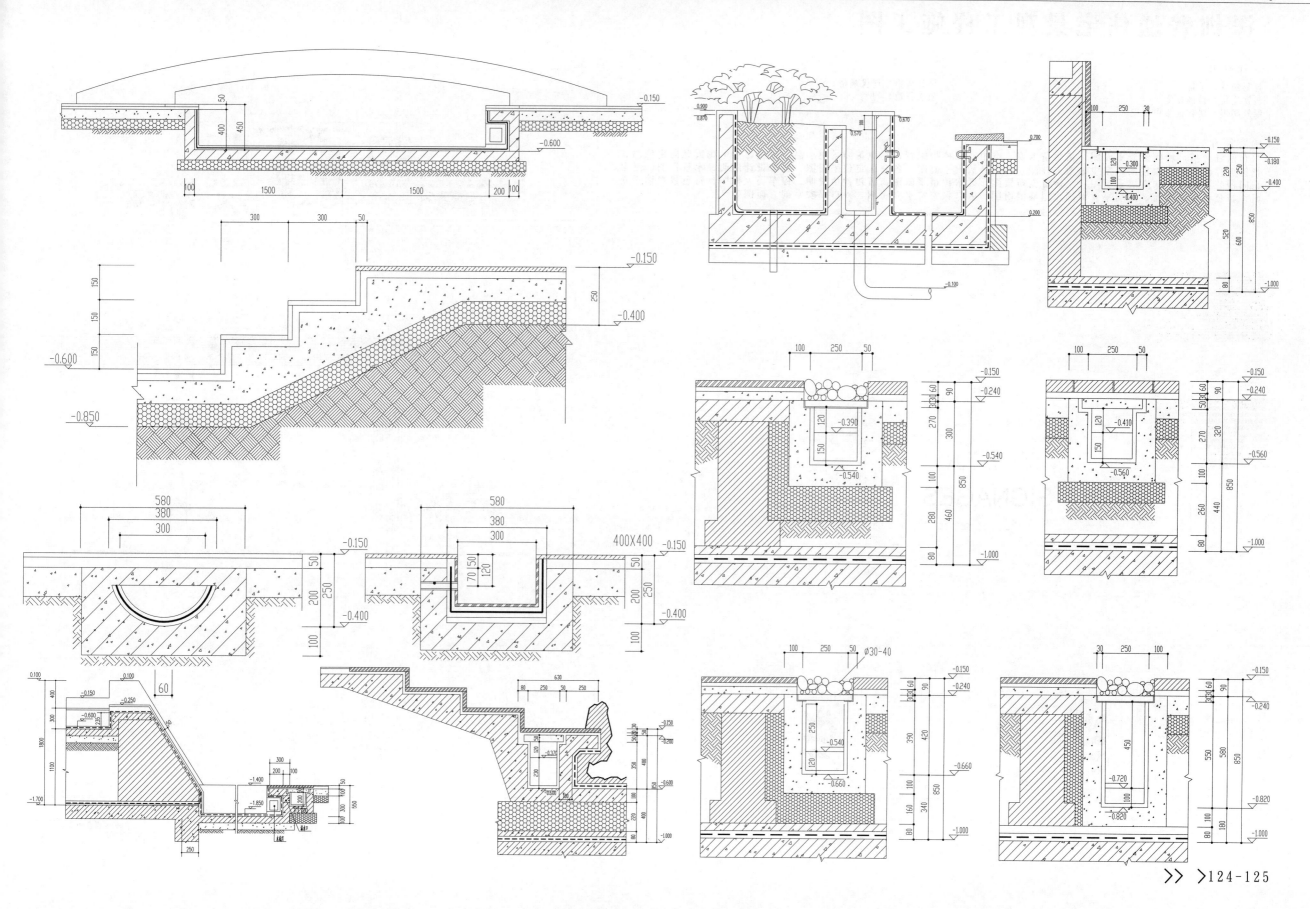

> 深圳普通住宅景观工程施工图

设计说明

地形地貌：平地

档次定位：普通住宅

绿地类型：居住区集中公园

设计风格：现代风格

图纸张数：76张

内容简介

本套图纸包括：植物配置平面图、植物苗木表、空中花园植物配置、空中花园景观小品定位图、空中花园竖向定位图、花钵大样图、树池大样图、空中泳池大样图、各分区放大平面图、各分区定位平面图、施工设计说明、水景详图、空中花园铺装物料图、架空层索引图、平面灯光布置图、灌木种植平面图、植物种植说明、停车场大样图、特色景观墙平立面、特色景观墙剖面、围墙平立面图、围墙剖面图、入口保安室平立面图、入口保安室剖立面图等

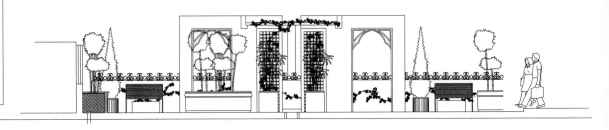

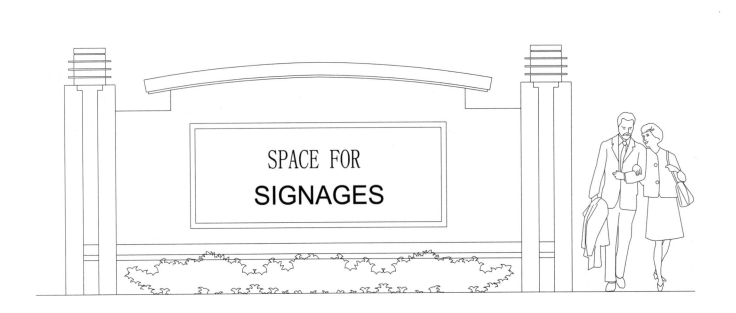

SPACE FOR

SIGNAGES

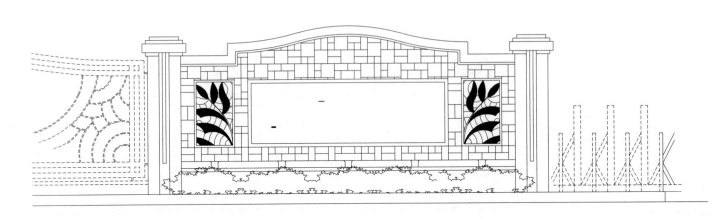

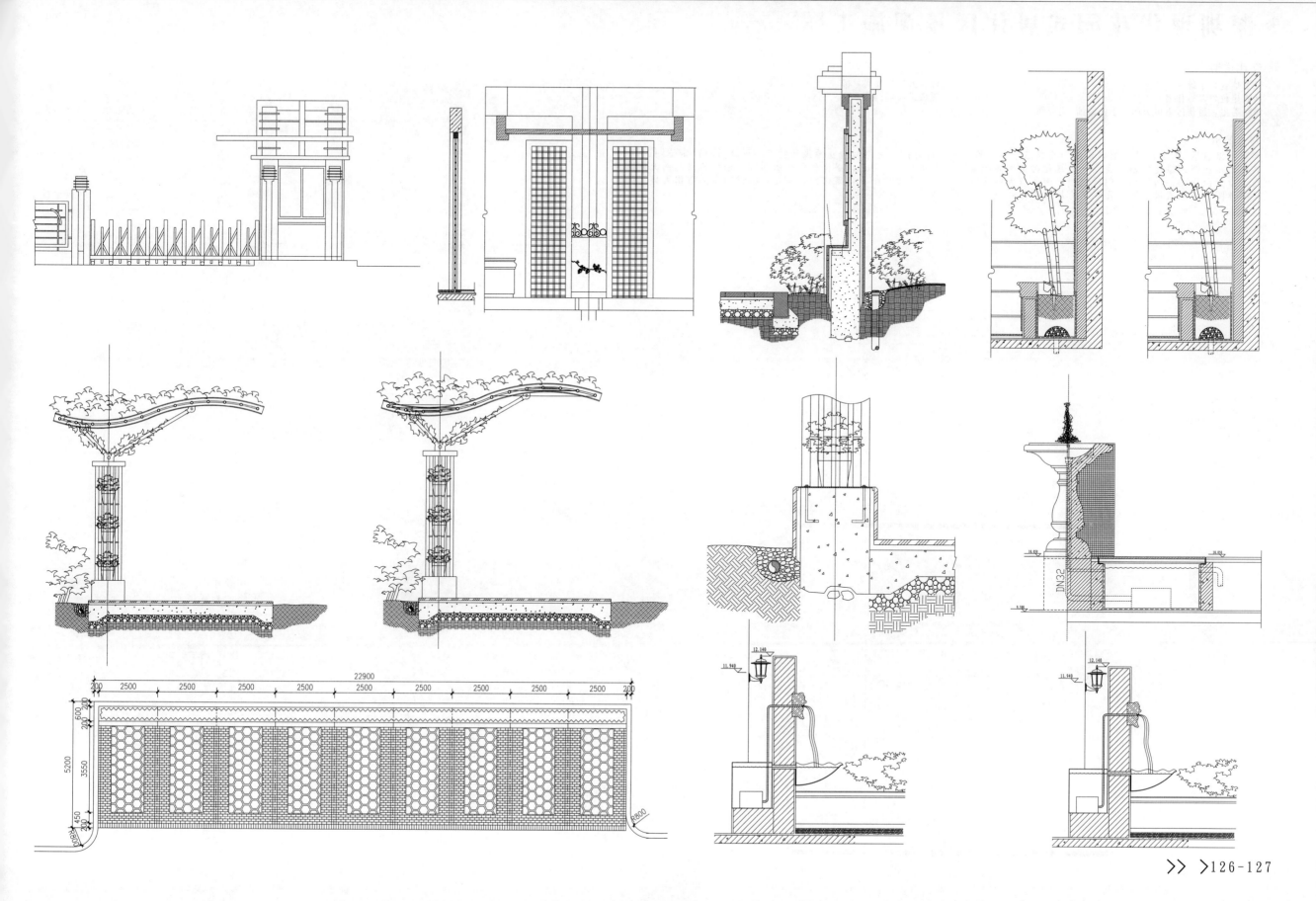

> 深圳现代花园式居住区景观施工图

设计说明

地形地貌：平地
档次定位：普通住宅
绿地类型：居住区集中公园、小区游园, 宅旁绿地

设计风格：现代风格
图纸张数：23张

内容简介

本套图纸包括：图纸目录、概要说明、首层总平面布置及竖向设计图、道路及分仓缝设计图、小区环境总体定位图、灯具平面示意图、绿化种植平面图一、绿化种植平面图二、绿化种植平面图三、绿化种植平面图四、铺地样式剖面大样图西入口大门详图、南入口大门详图一、南入口大门详图二、休闲廊架详图、花架详图、恐龙乐园详图、人防出入口详图花圃详图、清溪流泉详图、嘉年华广场详图等。

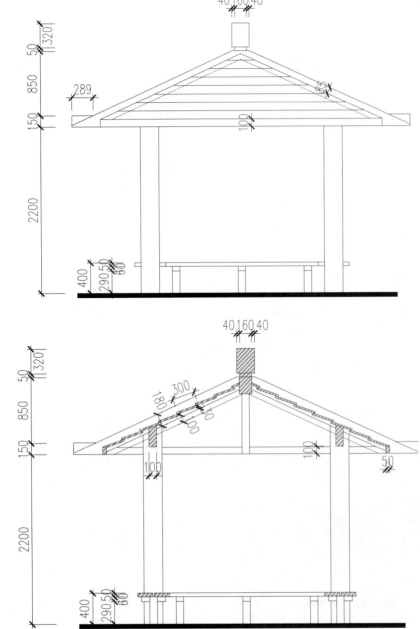

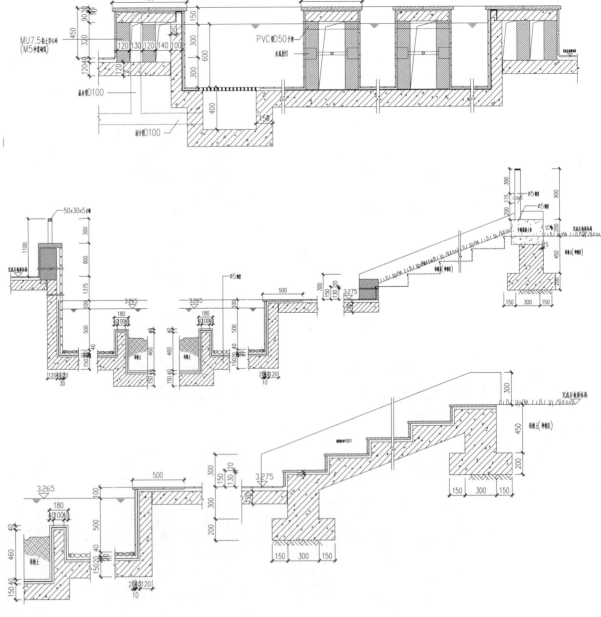

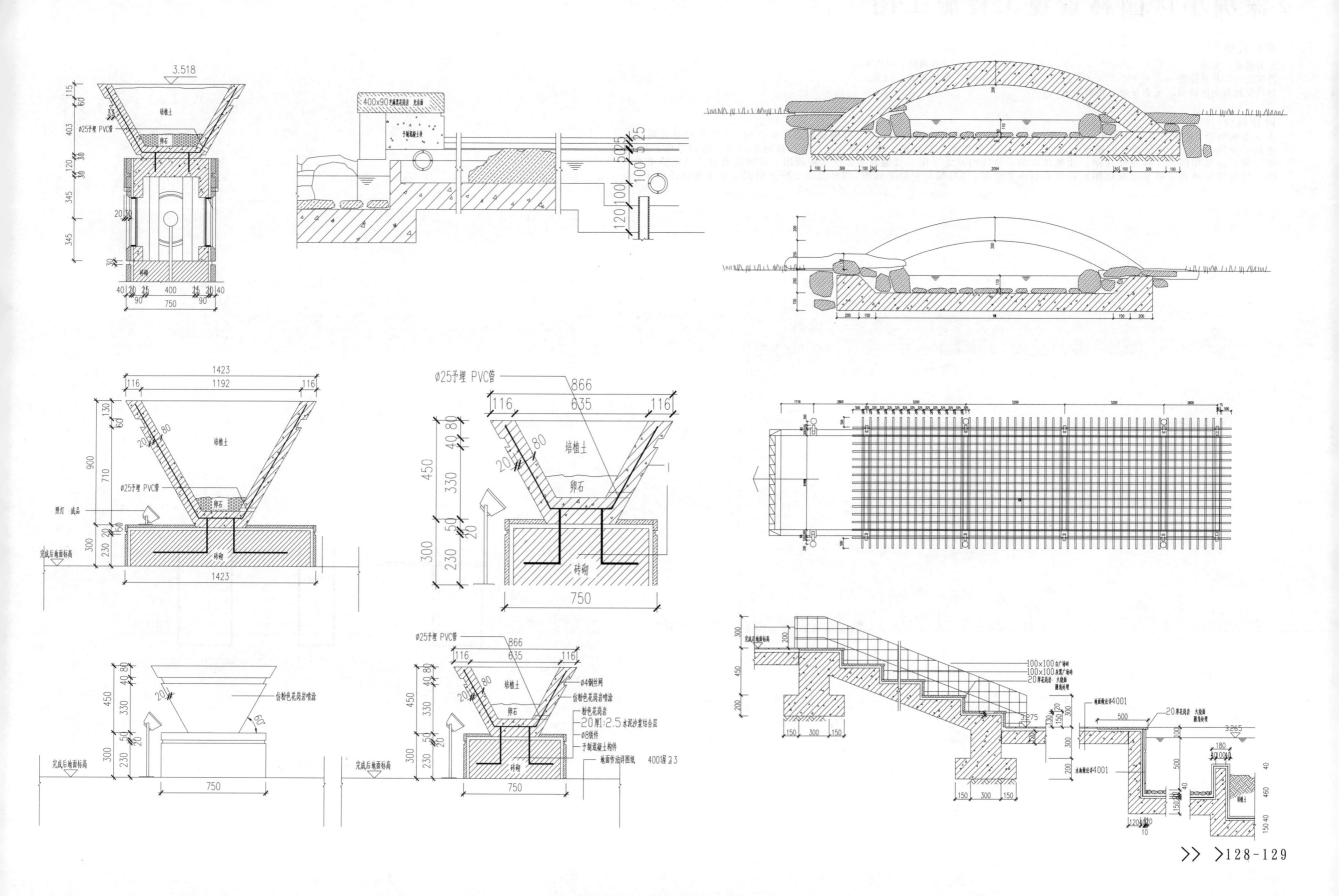

>深圳小区园林景观工程施工图

设计说明

地形地貌：平地
档次定位：普通住宅
绿地类型：小区游园，宅旁绿地，附属绿地

设计风格：现代风格
图纸张数：34张

内容简介

本套图纸包括：硬质景观设计说明、总平面图、1~5号楼景观索引平面图、1~5号楼景观尺寸定位图、1~5号楼景观网格定位平面图、1~5号楼景观竖向设计平面图、1~5号楼景观铺装平面图、次入口节点广场、休闲小广场、雕塑详图、花架详图、铺装详图、浮雕景墙详图、浮雕样式图、旱溪网格定位图、成品座凳、旱溪剖面图、休闲区特色广场定位平面图、矮墙座凳组合、喷水水池详图、特色活剥座凳详图、3号楼架空层平面图、3号楼架空层立面图、花池做法详图等。

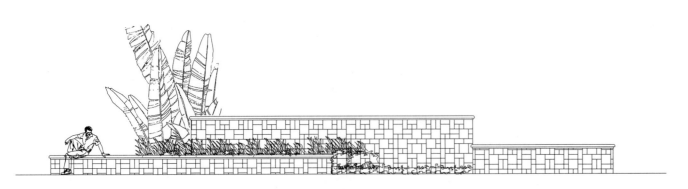

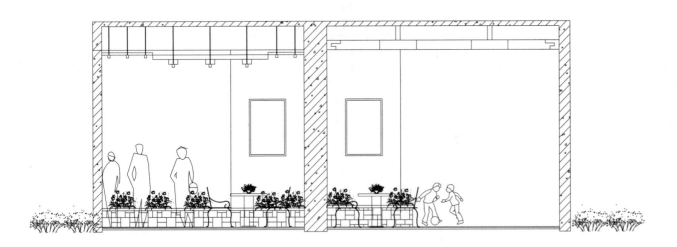

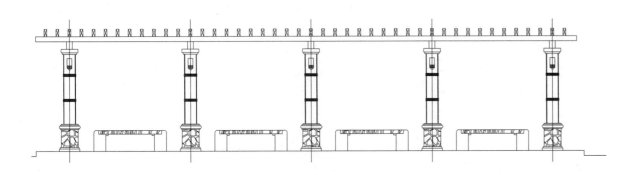

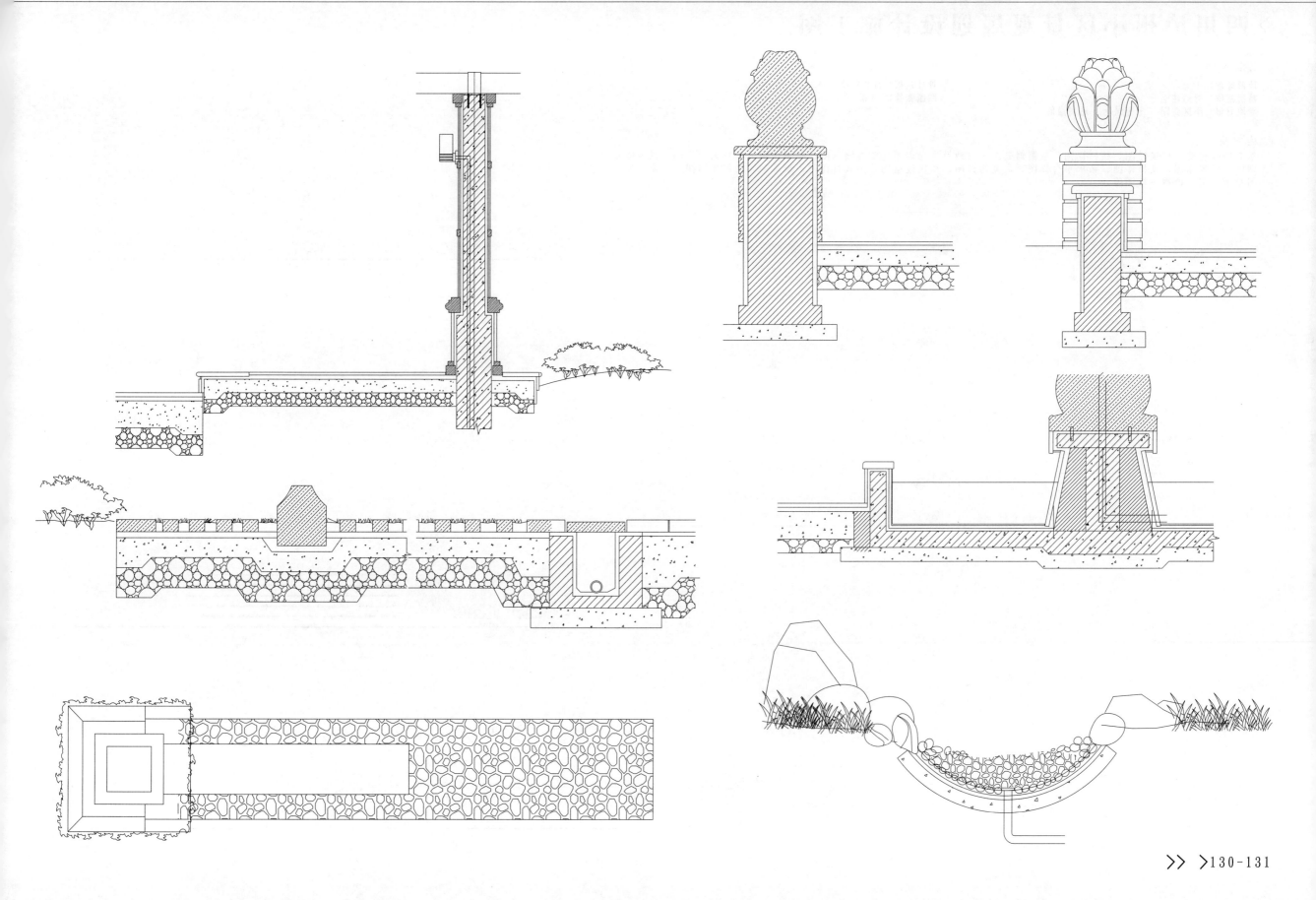

>四川泸州小区景观规划设计施工图

设计说明

地形地貌：平地
档次定位：普通住宅
绿地类型：小区游园，宅旁绿地，附属绿地

设计风格：现代风格
图纸张数：11张

内容简介

本套图纸包括：广场详图、楼梯详图、道路铺装图、树池及坐凳详图、赏春园详图、廊架详图、人行入口详图、花台详图中庭景观详图、种植详图、亲水平台详图、商业街详图、木质过道图、主入口详图、景墙图、弧形矮墙图、漏窗景墙图亭子详图、植物种植图等。

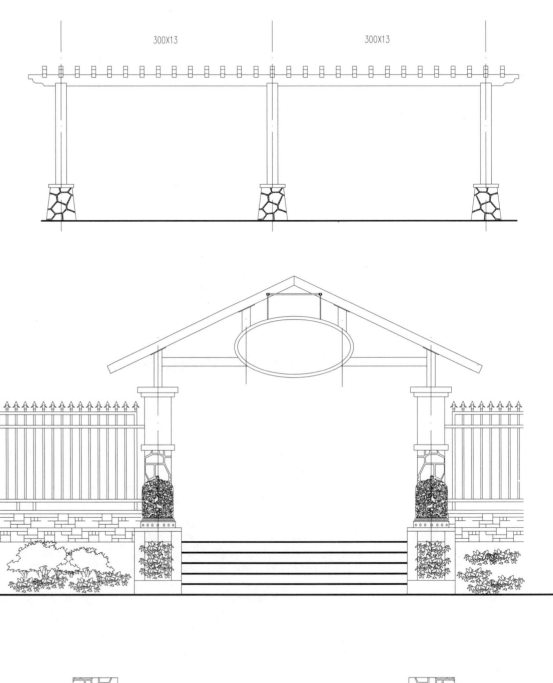

300X13　　　300X13

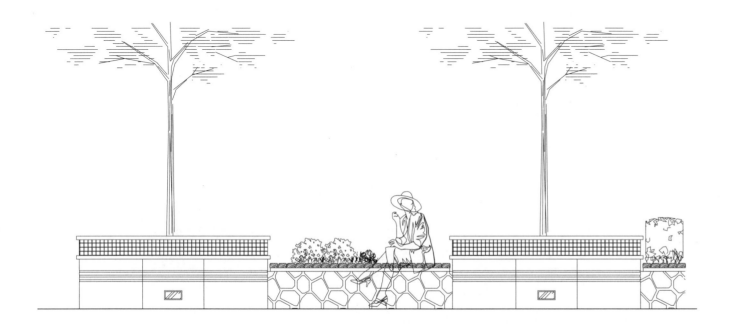

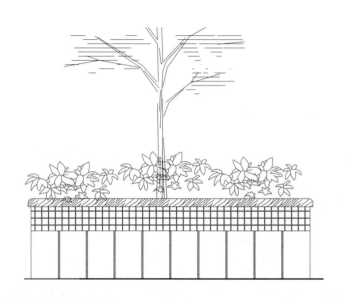

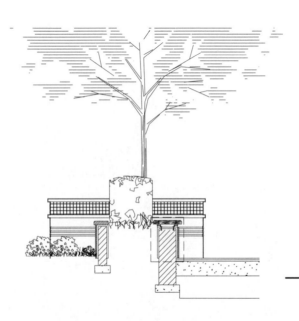

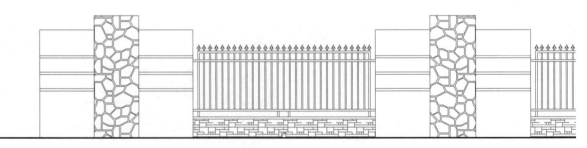

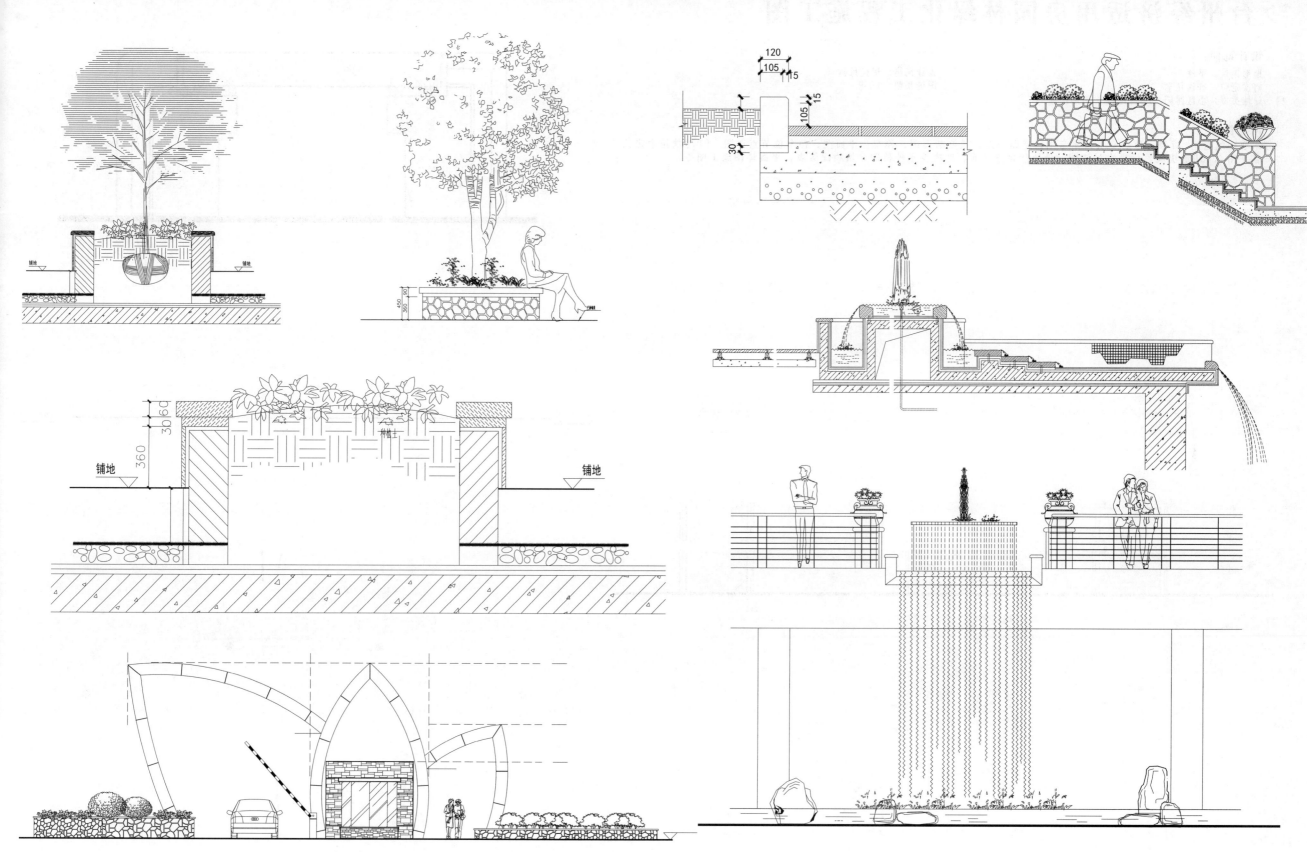

>台州经济适用房园林绿化工程施工图

设计说明

地形地貌：平地　　　　　　　　　　　　设计风格：现代风格

档次定位：普通住宅　　　　　　　　　　图纸张数：19张

绿地类型：小区游园，宅旁绿地，附属绿地

内容简介

本套图纸包括：目录、道路交叉口示意图、道路详图、道路断面图、停车位平面图、停车位节点详图、CD地块排水定位
总平图 、CD地块废、污排水标注图、地块绿化总平面、地块乔木种植图、植物配置表、平面详图施工图等。

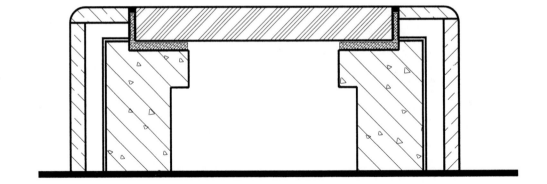

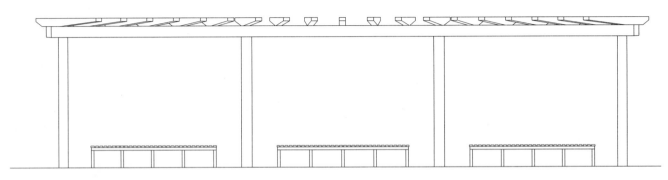

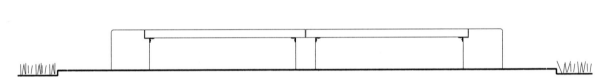

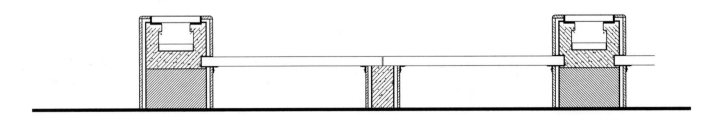

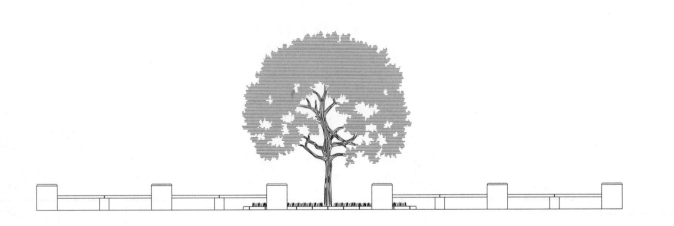

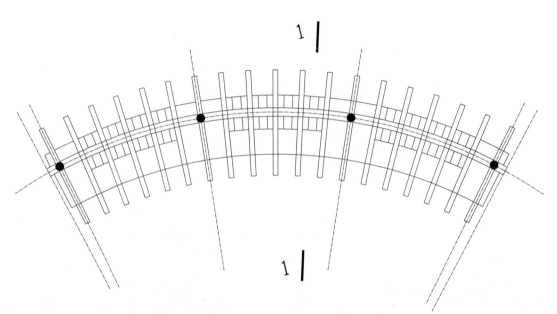

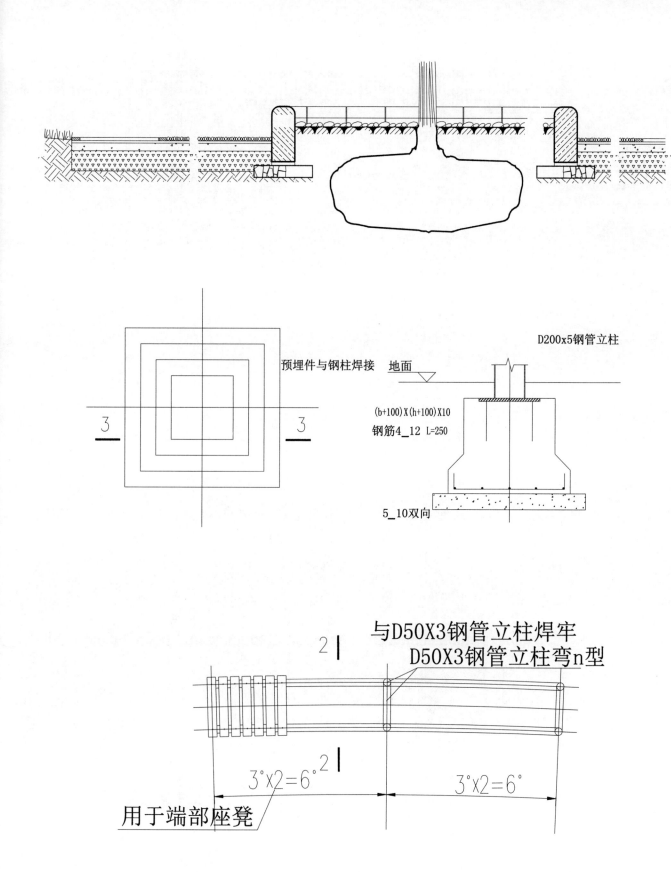

预埋件与钢柱焊接

D200x5钢管立柱

地面

(b+100) X (h+100) X10

钢筋4_12 L=250

5_10双向

与D50X3钢管立柱焊牢
D50X3钢管立柱弯n型

3°x2=6°   3°x2=6°

用于端部座凳

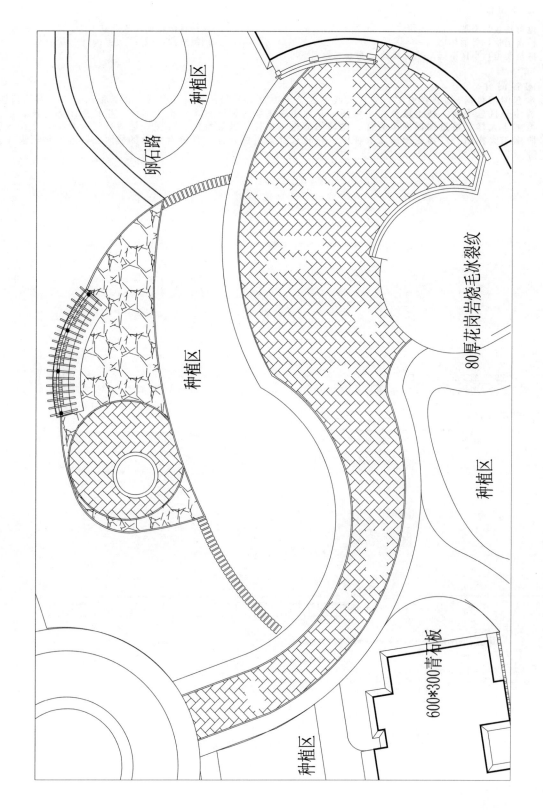

卵石路

种植区

80厚花岗岩烧毛冰裂纹

种植区

种植区

种植区

600*300青石板

> 天津居住区景观工程施工图

设计说明

地形地貌：平地
档次定位：普通住宅
绿地类型：小区游园，宅旁绿地，附属绿地

设计风格：现代风格
图纸张数：51张

内容简介

本套图纸包括：铺装索引图、分区放线图、总平面及索引图、竖向索引图、设计说明、小广场平面图、铺装细部施工图放线分区总平面、挡土墙分布平面图、车库小院围墙大样图、水池施工详图、楼梯施工大样图、挡土墙大样图、自行车棚施工大样、坡道细部施工大样、座椅细部施工大样、铺装细部大样图、运动广场大样图、小广场施工大样图、车库台阶施工大样图、广场花架施工大样图、种植设计索引图、乔木种植设计分区平面图、灌木种植设计分区平面图、苗木表等。

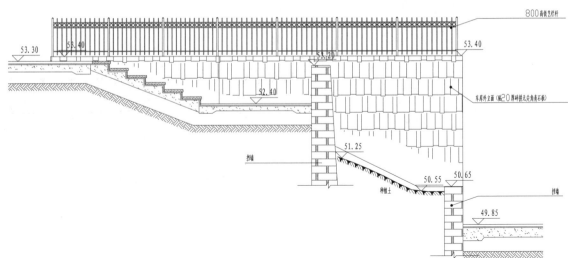

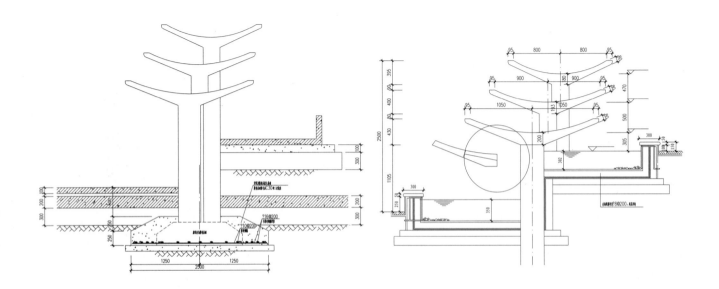

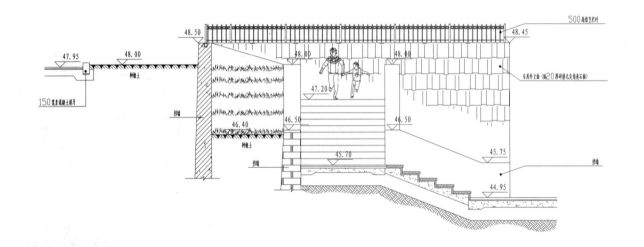

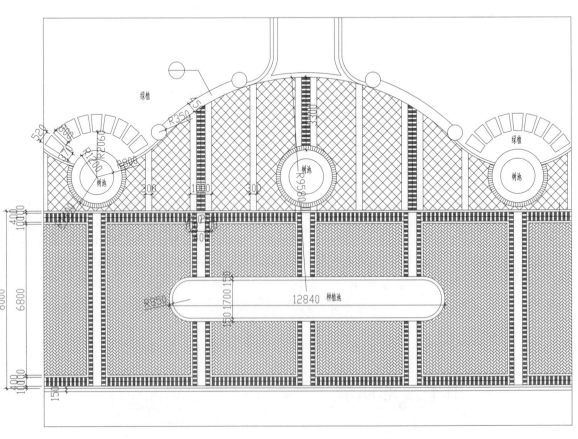

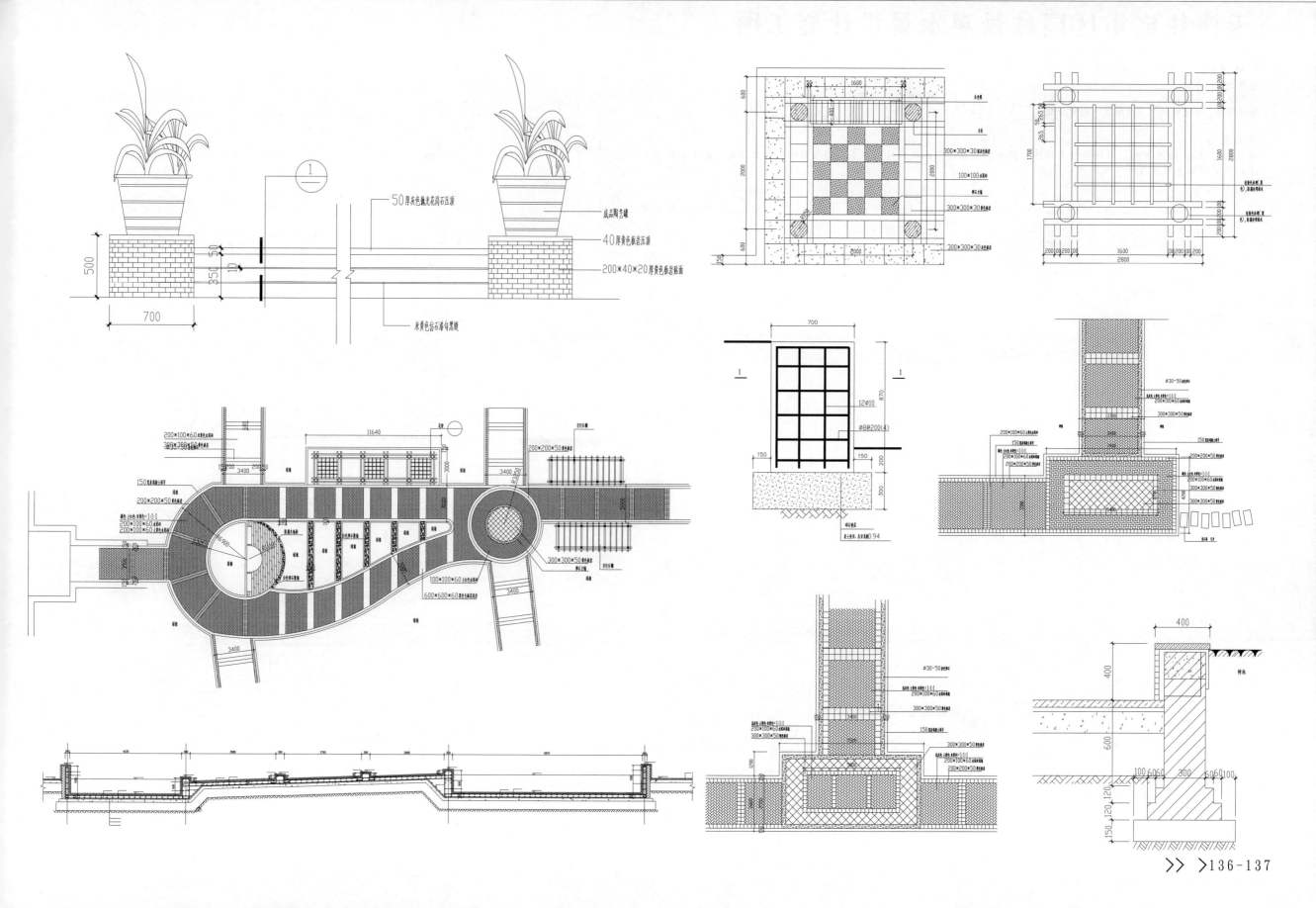

>天津住宅小区园林景观水景设计施工图

设计说明

地形地貌：平地　　　　　　　　　　　　设计风格：现代风格
档次定位：普通住宅　　　　　　　　　　图纸张数：20张
绿地类型：小区游园，宅旁绿地，附属绿地

内容简介

本套图纸包括：灌溉水喉、旱地喷泉大样图、戏水池剖面图、水墙大样图、小瀑布大样图、水池沿边、木平台结构大样图、水景剖面大样图等详

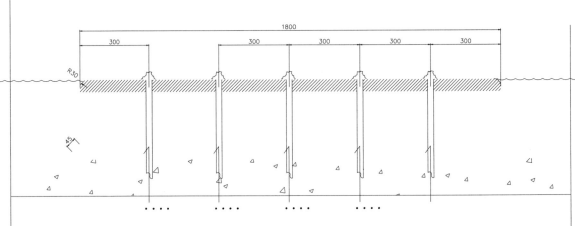

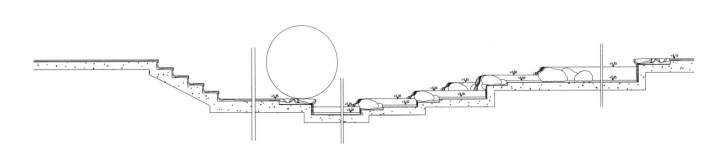

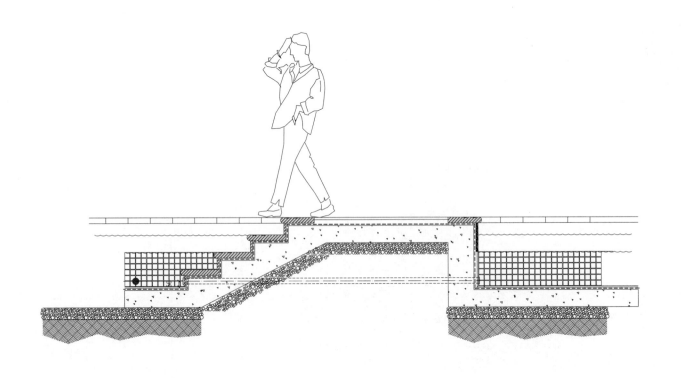

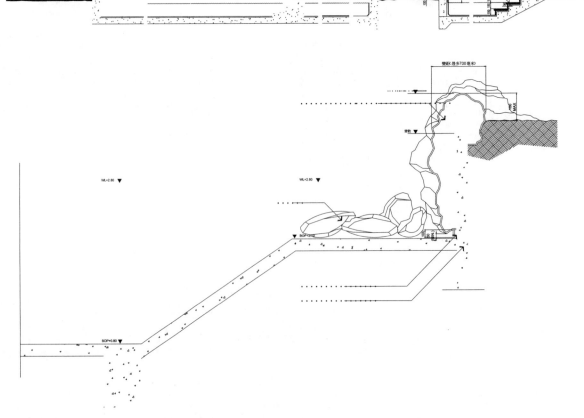

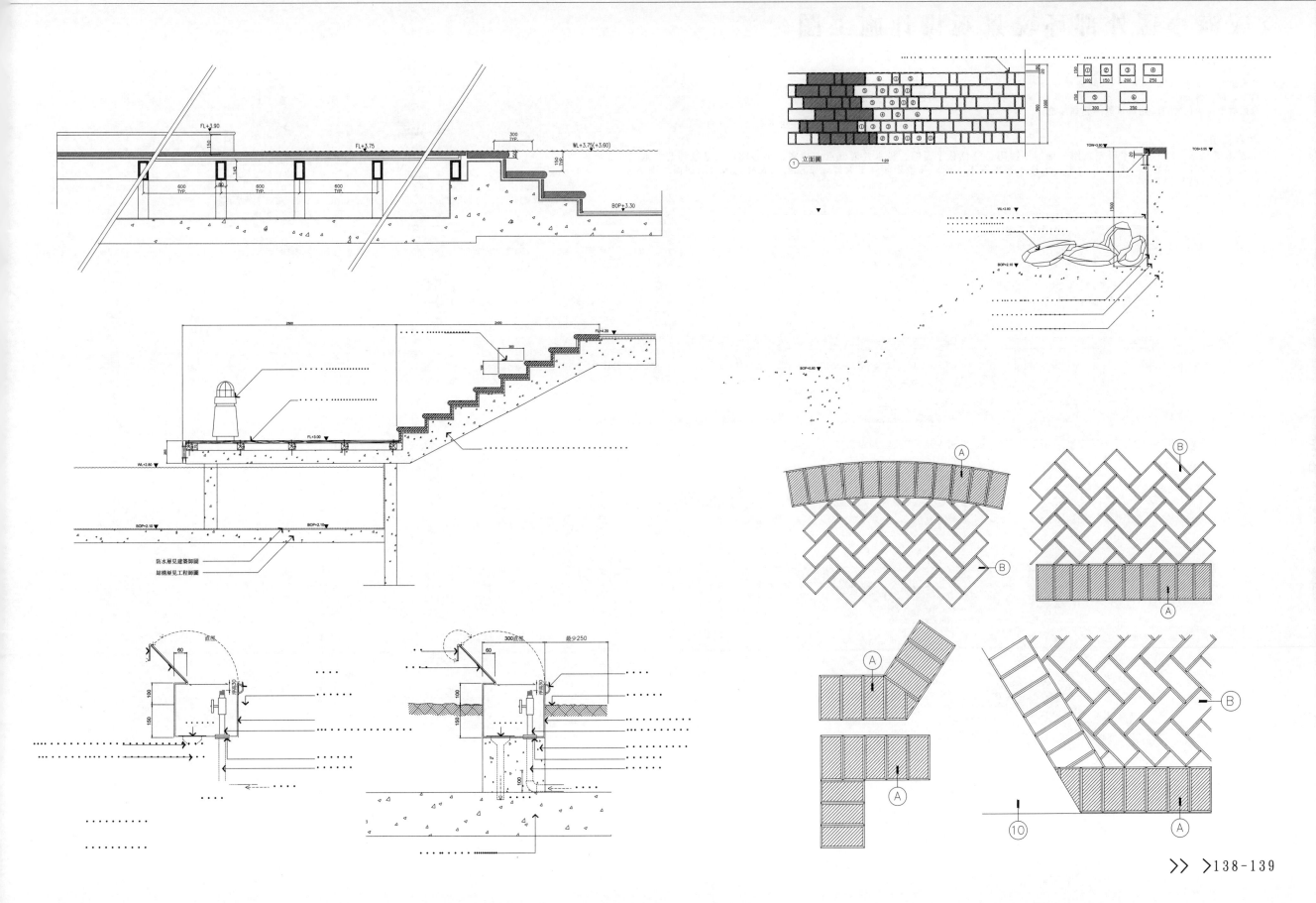

＞威海小区外部环境景观设计施工图

设 计 说 明

地形地貌：平地
档次定位：普通住宅
绿地类型：小区游园，宅旁绿地，附属绿地

设计风格：现代风格
图纸张数：26张

内 容 简 介

本套图纸包括：索引图、平面定位图、地形平面图、灯位总平面图、排水井灌溉点定位图、中心园区尺寸及铺装、木质平台施工大样、亭施工大样、长廊施工大样、园椅施工大样、儿童乐园施工大样、茶亭施工大样、水景墙剖面、围墙立面、木平台结构图等。

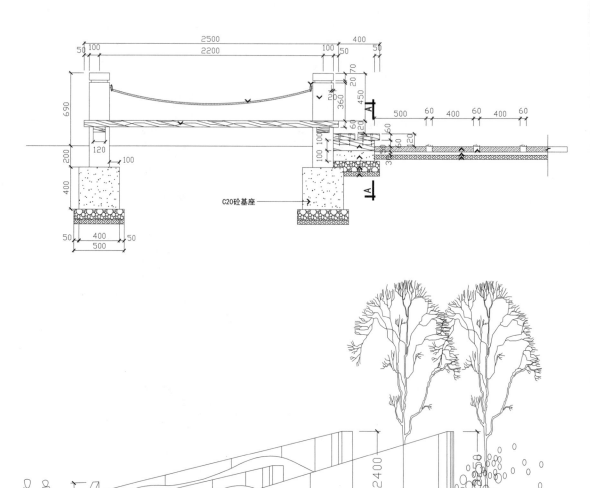

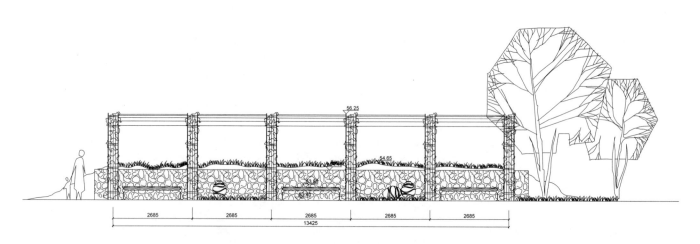

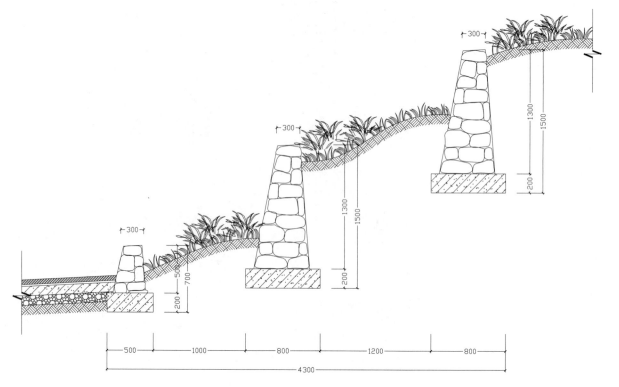

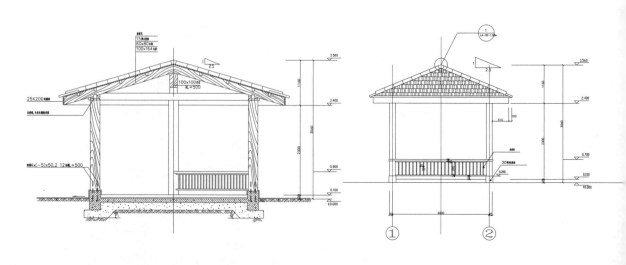

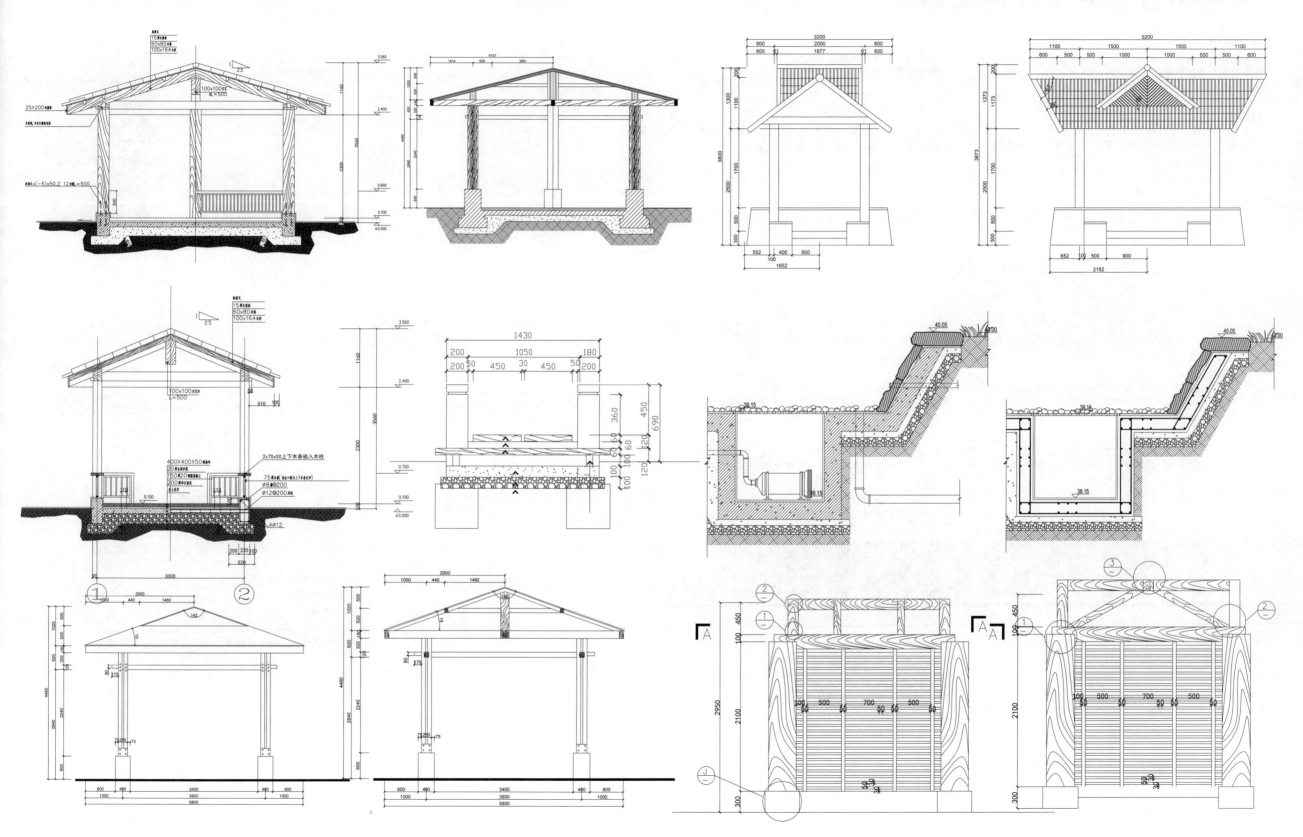

>无锡小区景观工程施工图

设计说明

地形地貌：平地
档次定位：普通住宅
绿地类型：小区游园，宅旁绿地，附属绿地

设计风格：现代风格
图纸张数：20张

内容简介

本套图纸包括：入口特色水景、水景平台、特色景观亭施工图、特色水景景墙、特色跌水详图、临水景观亭、园桥景观坐凳施工大样、亲水树池、架空层平面图、总平面、分区平面、架空层结构、景观构造说明等。

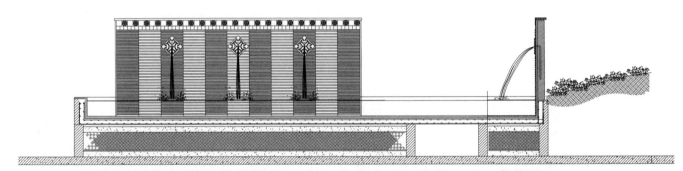

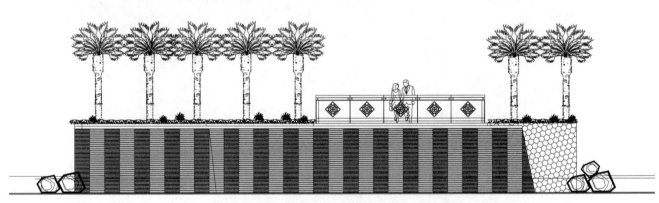

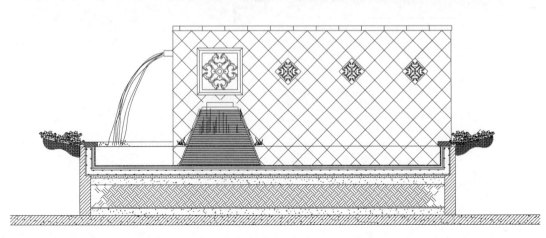

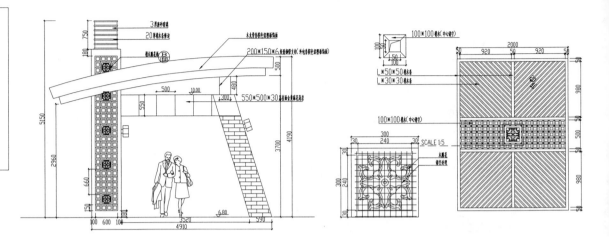

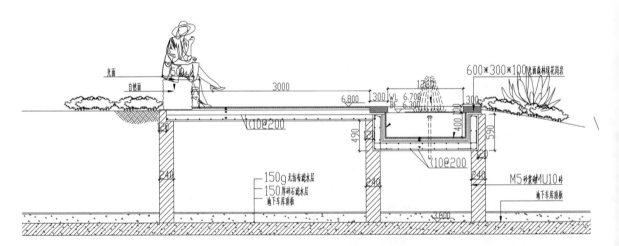

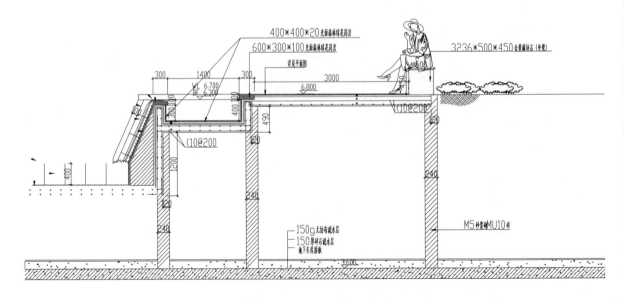

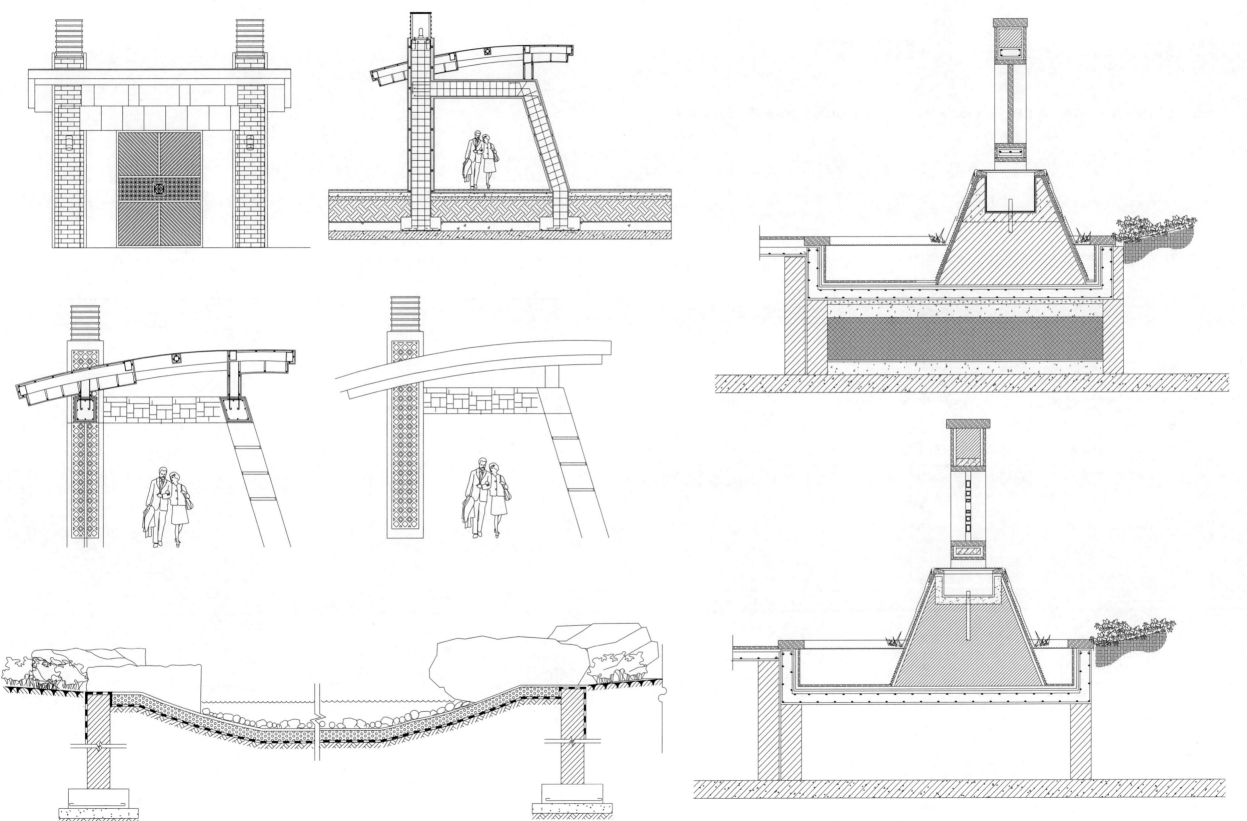

># 武汉滨水花园小区园林景观工程施工图

设计说明

地形地貌：滨水	设计风格：现代风格
档次定位：高档居住区	图纸张数：80张
绿地类型：居住区集中公园	

内容简介

本套图纸包括：台阶式样图、凉亭、木长廊、木座椅、水景详图、特色主入口图、总平面图、节点效果图等。

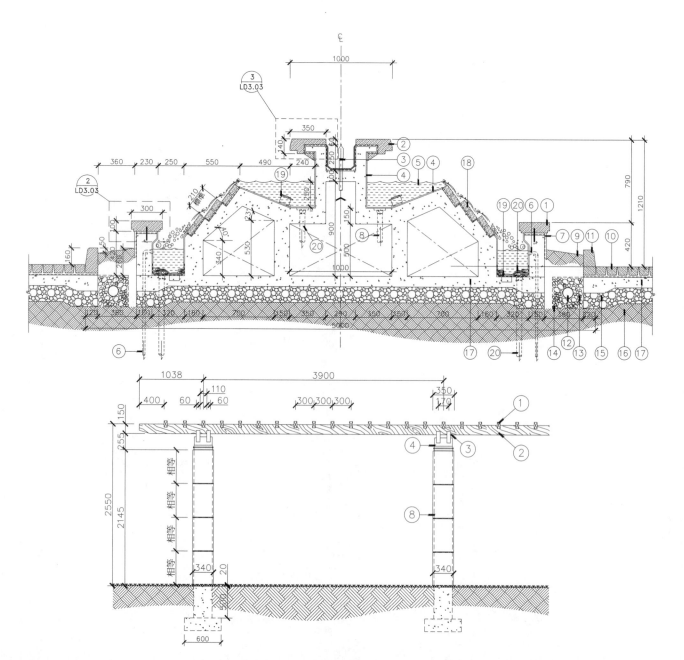

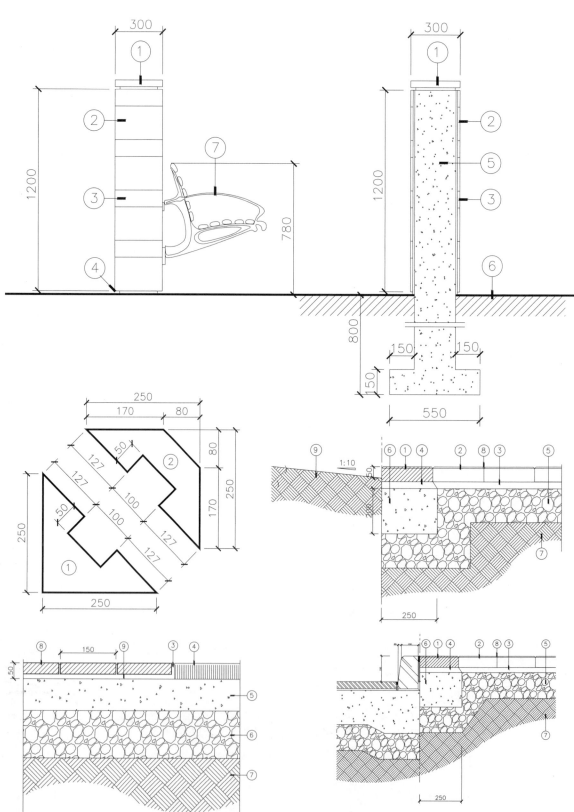

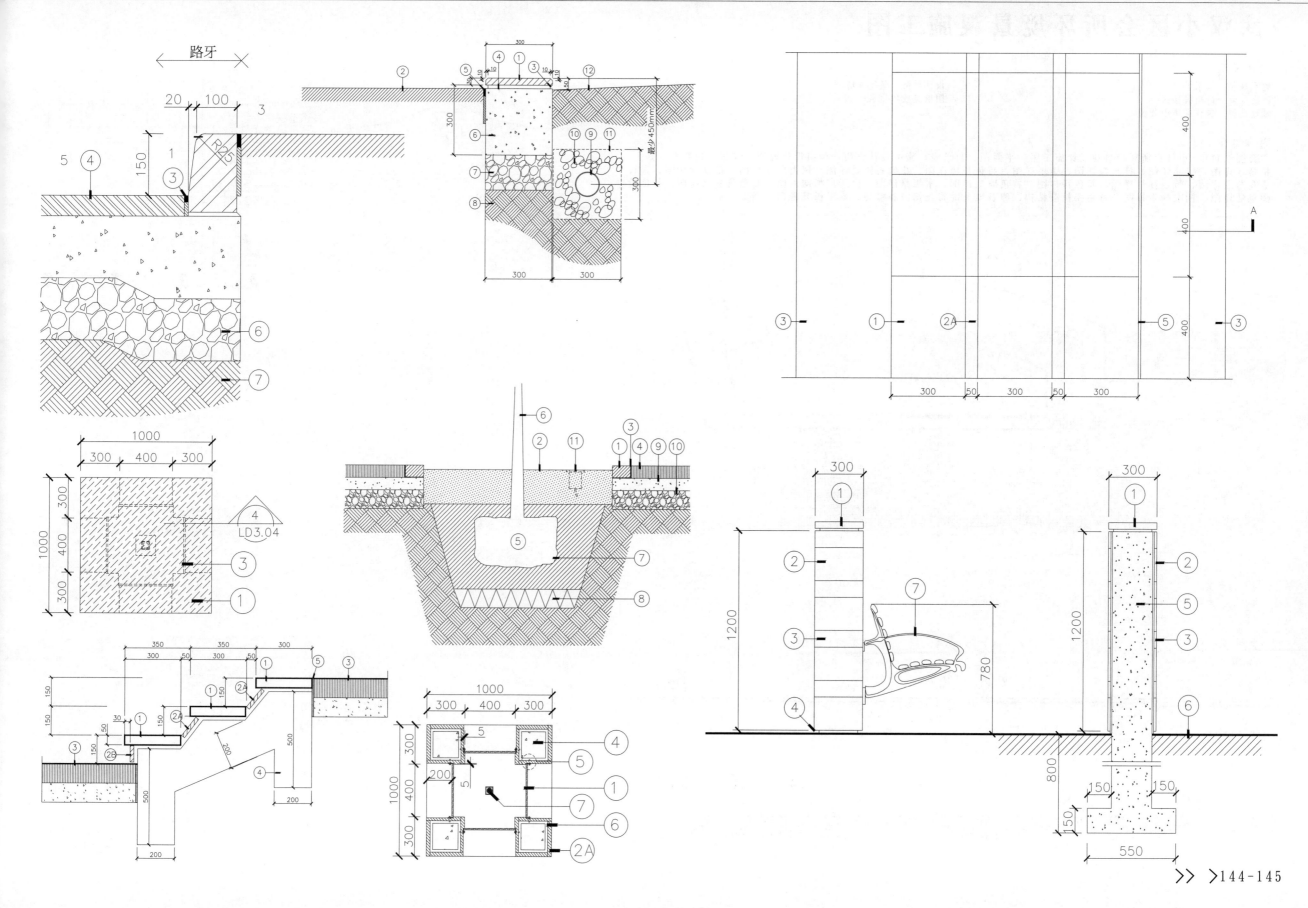

>武汉小区会所环境景观施工图

设计说明

地形地貌：滨水

档次定位：高档居住区

绿地类型：居住区集中公园

设计风格：现代风格

图纸张数：42张

内容简介

本套图纸包括：小区会所环境景观设计施工图，平面图、目录表、施工设计说明、种植设计说明、注解、物料表、路牙植物区详图、树池详图、排水沟详图、铺地详图、特色长椅详图、花岗石座凳详图、棋类区平面图、棋盘桌详图、人行道及车道详图、特色柱灯详图、特色桥详图、特色雕塑详图、木板路详图、会所广场剖面图、特色花盆立面图、特色阶梯坐墙详图、标准扶手详图、特色张拉膜结构、卵石地上的特色花岗石雕塑、木甲板县古田-1等。

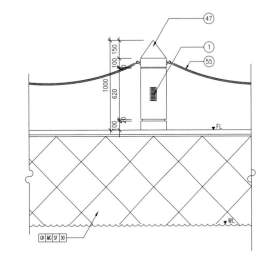

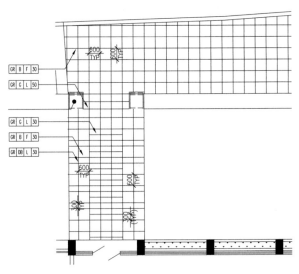

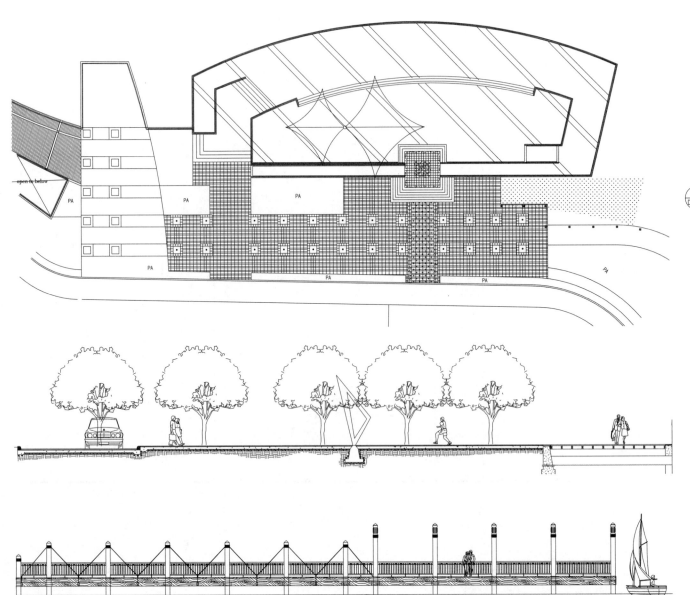

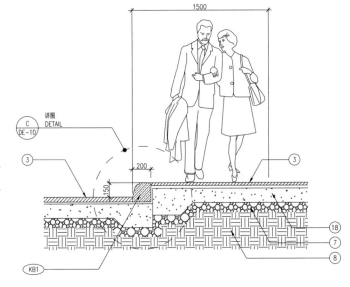

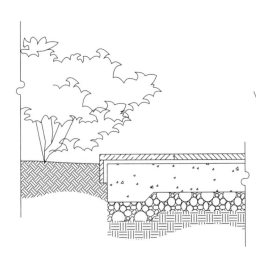

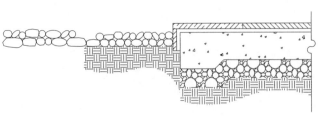

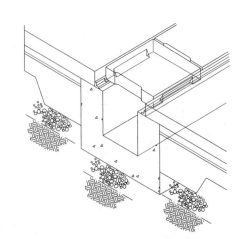

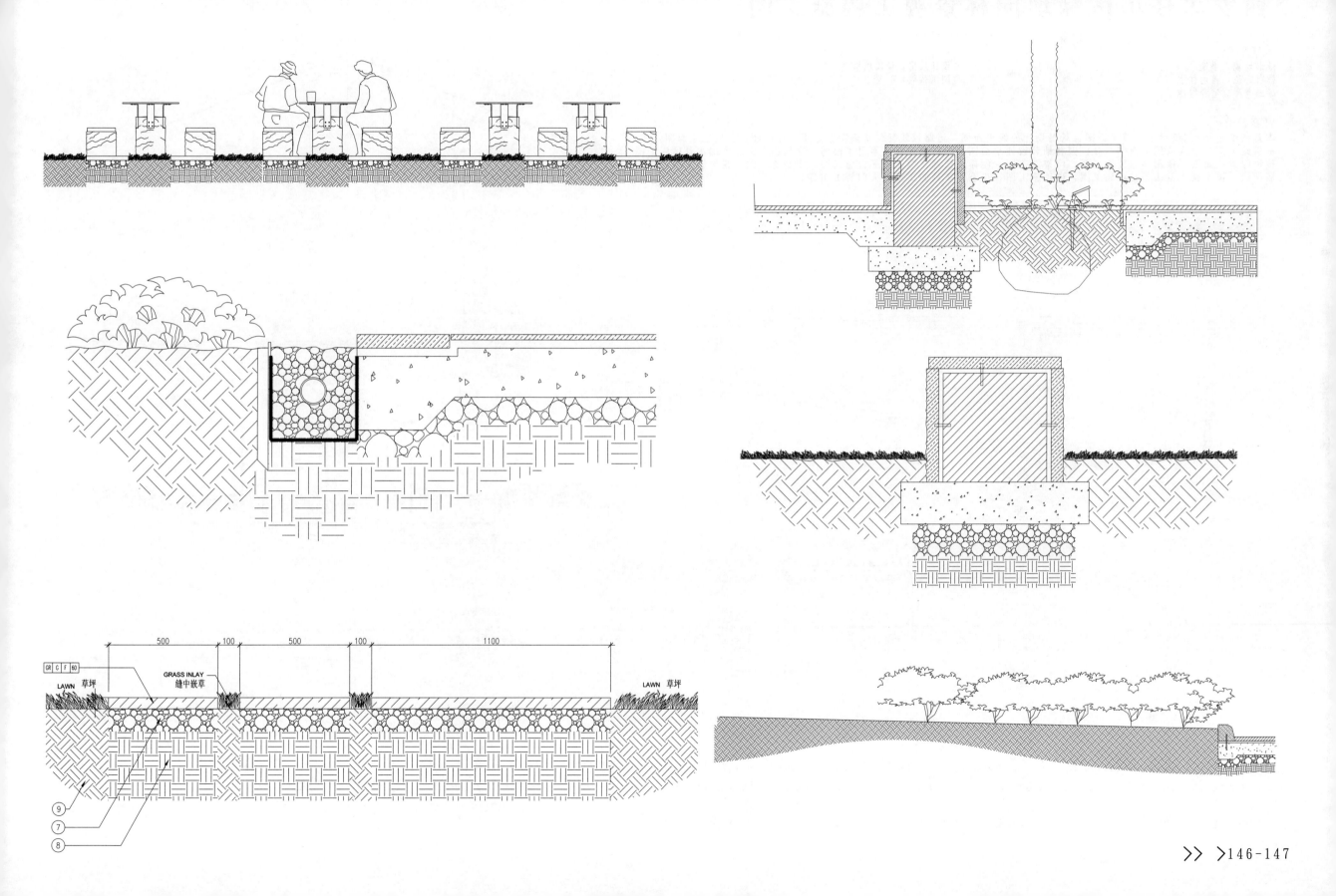

LAWN 草坪
GRASS INLAY 缝中嵌草
LAWN 草坪

GR C F 60

500 100 500 100 1100

>西安居住小区绿地园林景观工程施工图

设计说明

地形地貌：平地　　　　　　　　　　设计风格：现代风格
档次定位：普通住宅　　　　　　　　图纸张数：64张
绿地类型：宅旁绿地

内容简介

本套图纸包括：图纸目录、总平面图、景观设计放线平面图、道路放线标注平面图、总平面竖向图、分区总平面图、主水景施工图、分区放线平面图、分区园林铺装设计平面图、分区标高尺寸索引平面图、座椅施工图、休闲水景区施工图、植物配置平面图、休闲娱乐区施工图、门架施工图、湖岸做法施工图、木平台施工图、木亭施工图、花架施工图、挡土墙做法、树池施工做法、花坛施工图、围墙施工图、生态停车场施工图、大门施工图等。

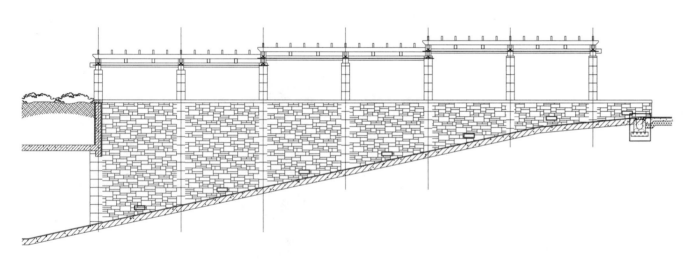

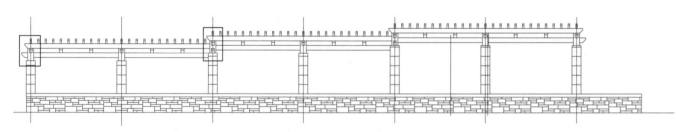

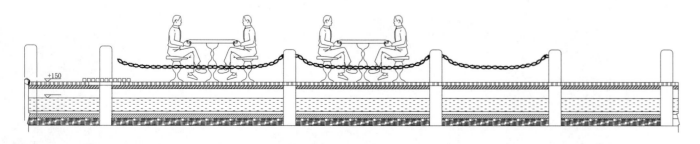

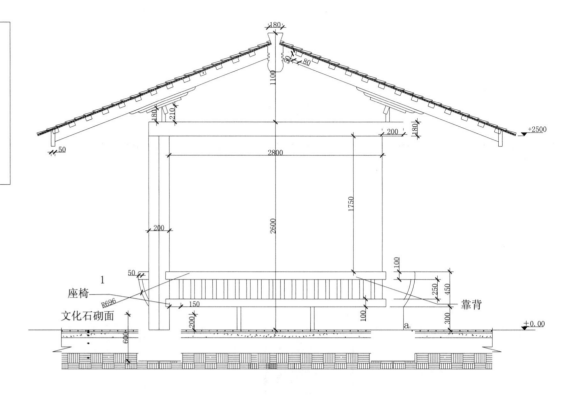

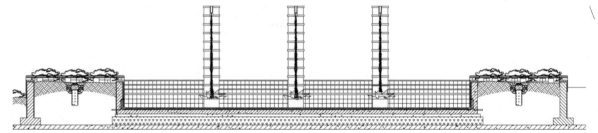

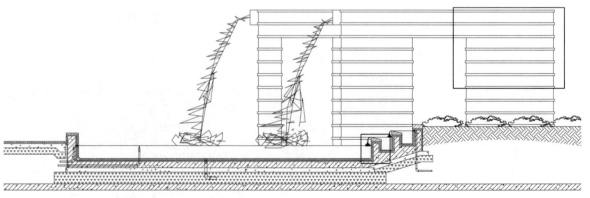

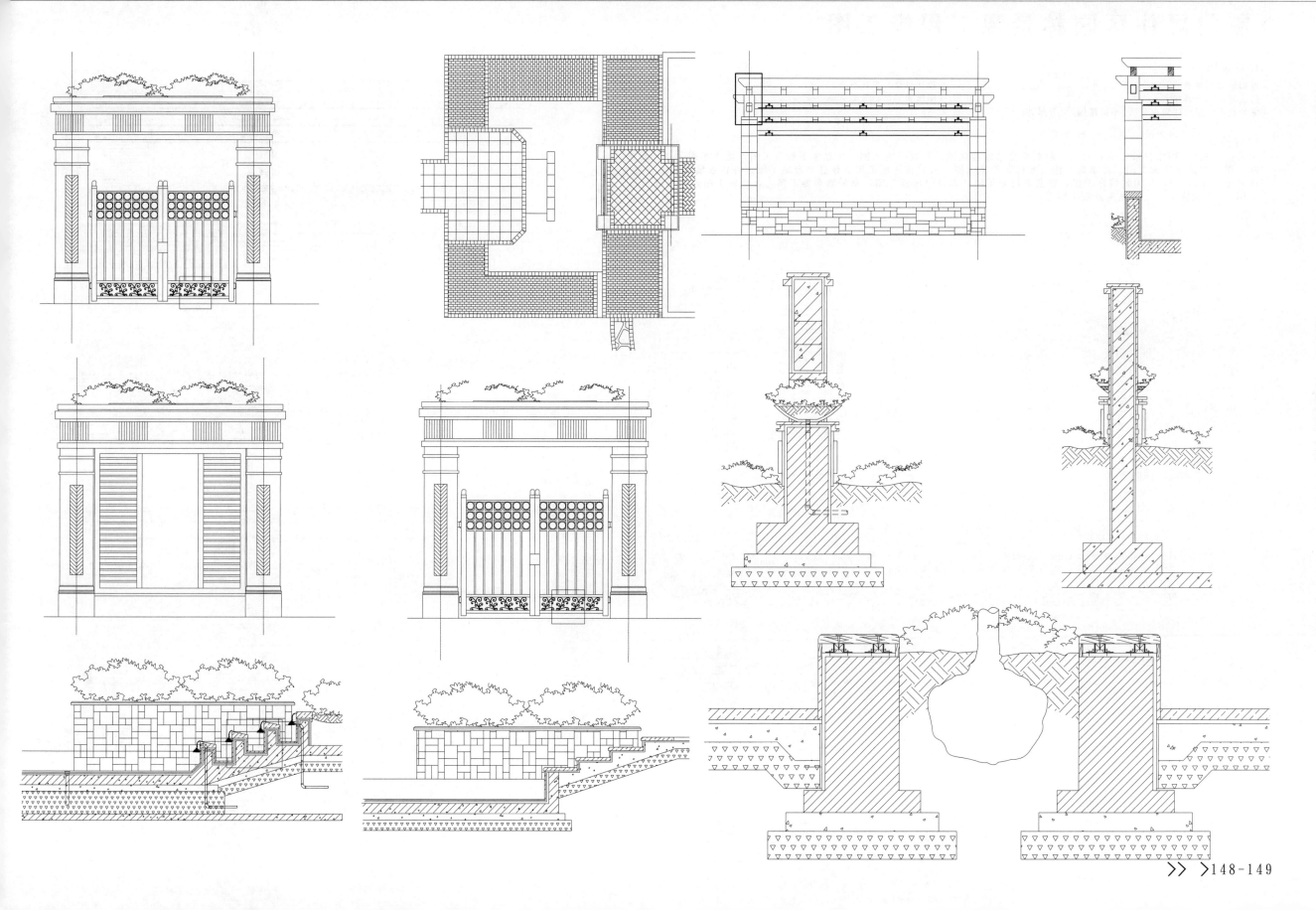

>厦门居住区园林景观工程施工图

设计说明

地形地貌：平地
档次定位：普通住宅
绿地类型：居住区集中公园,小区游园,宅旁绿地

设计风格：现代风格
图纸张数：103张

内容简介

本套图纸包括:图纸目录、设计说明、特色造型景墙施工图、景观亭施工图、休息木平台施工图、地下车库入口处廊架施工图、六角景亭施工图、花架施工图、车库花架施工图、入户花钵施工图、休息平台施工图、特色景墙施工图、羽毛球场施工图、入口LOGO景墙施工图、铁艺大门施工图、入口门房施工图、双层廊架施工图、花池施工图、休闲廊架施工图、 景墙施工图、特色水景施工图等。

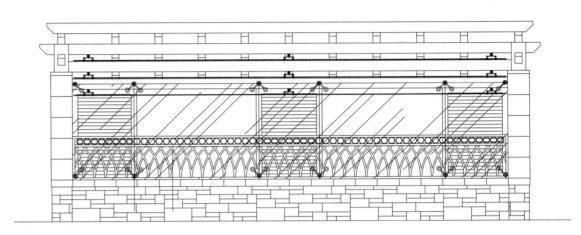

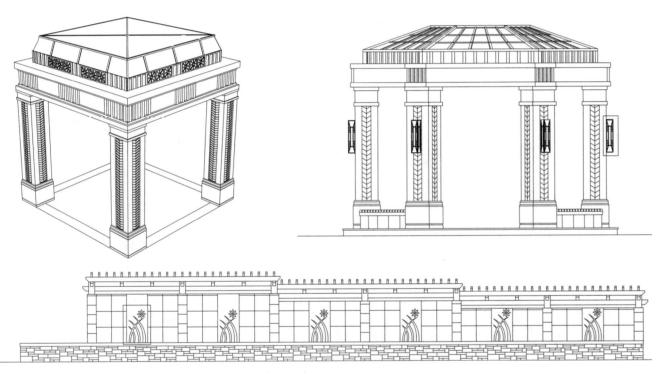

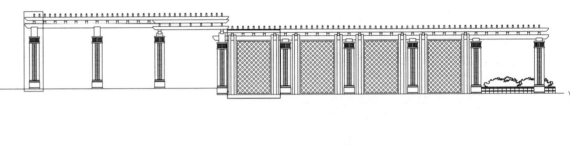

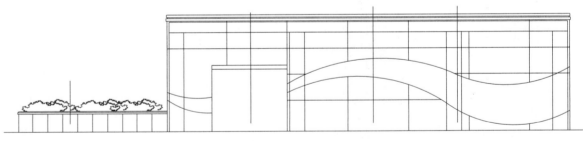

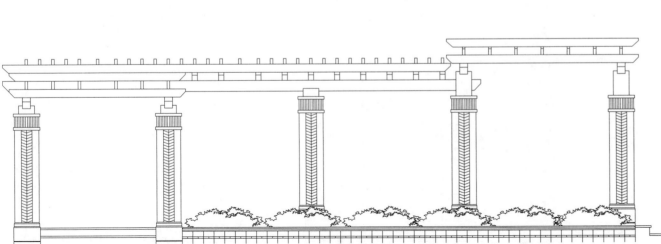

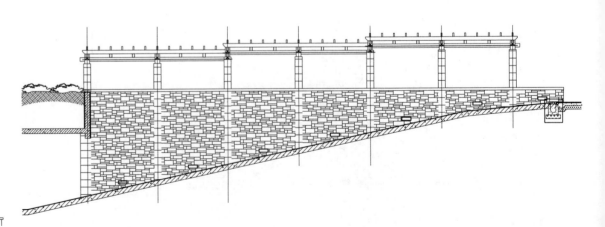

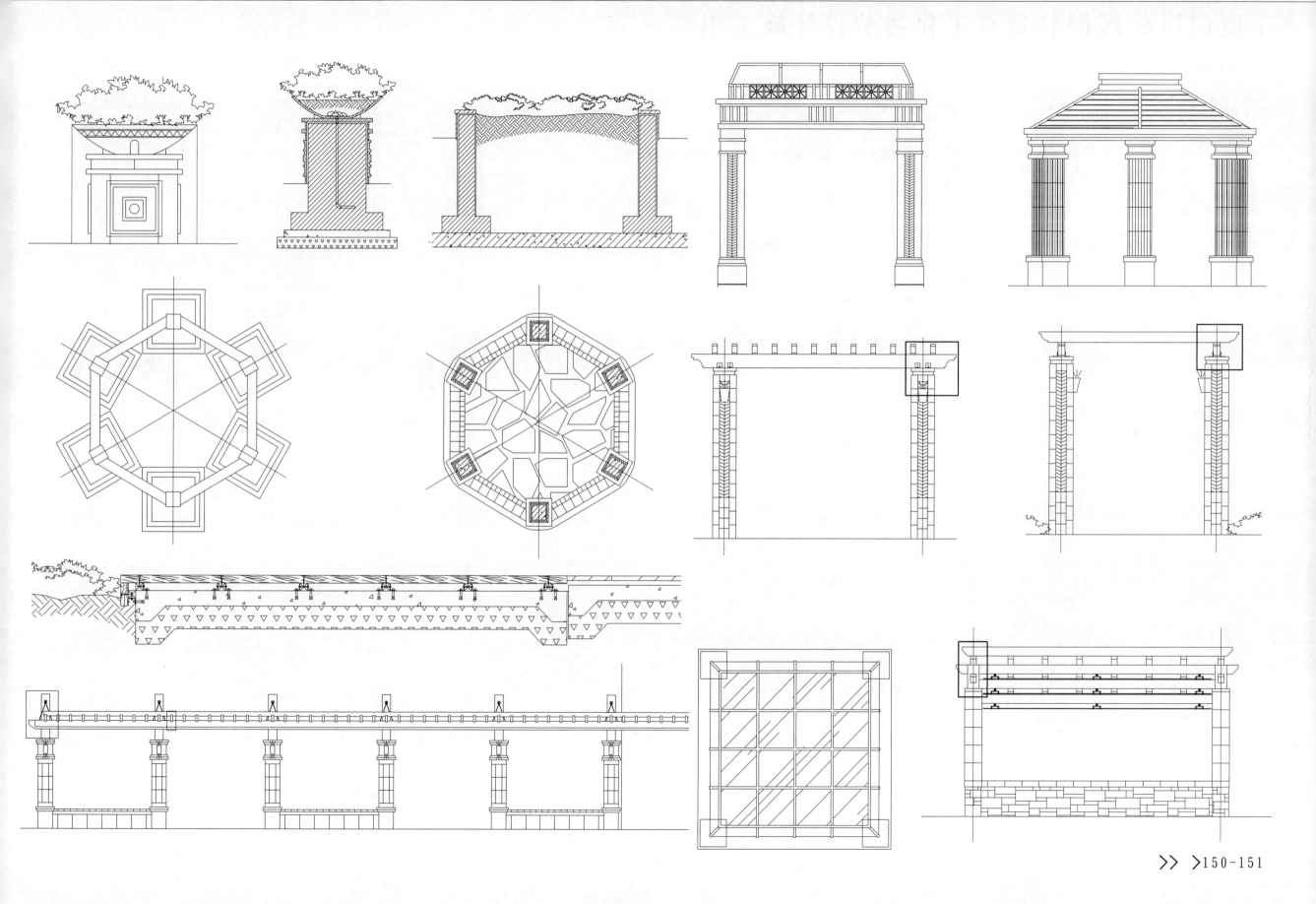

>厦门居住区园林景观工程铺装设计施工图

设计说明

地形地貌：平地　　　　　　　　设计风格：现代风格
档次定位：普通住宅　　　　　　图纸张数：1张
绿地类型：小区游园

内容简介

本套图纸包括：图纸目录、施工设计说明、入口雕塑铺装设计、亭子铺装设计、廊架铺装设计施工图、健身广场铺装设计、木平台铺装设计、树池座椅、休闲花架、迷宫、雕塑、花池等。

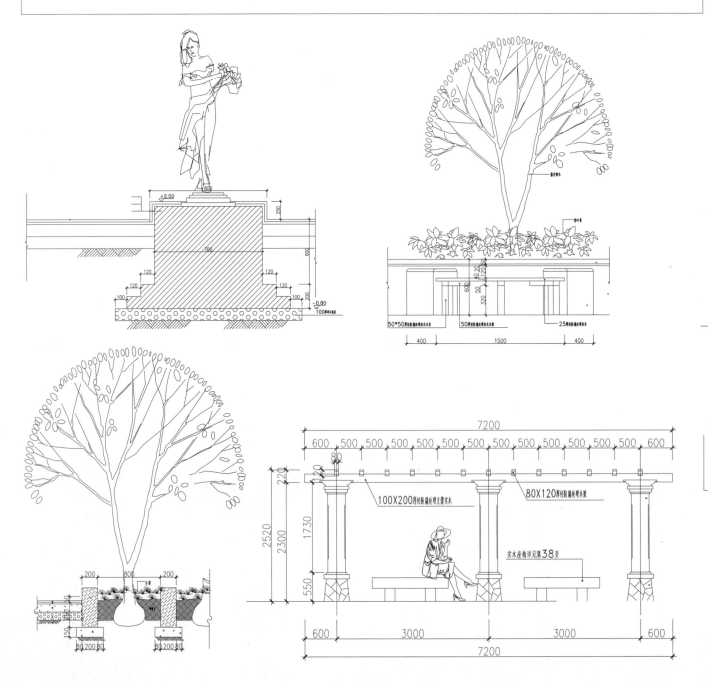

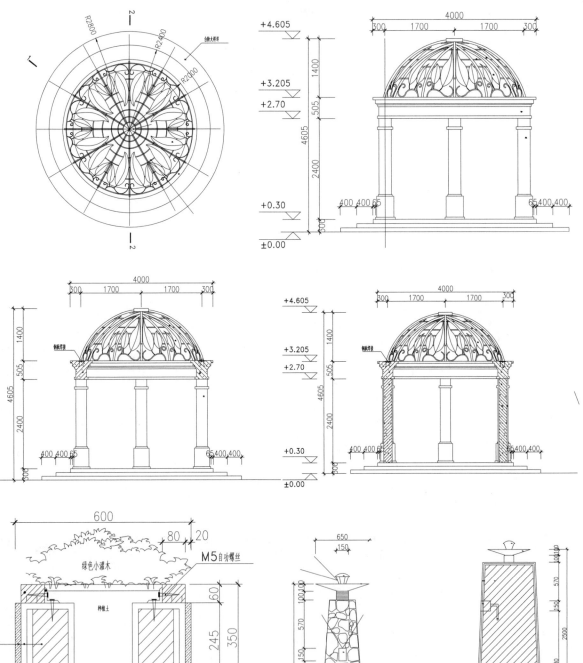

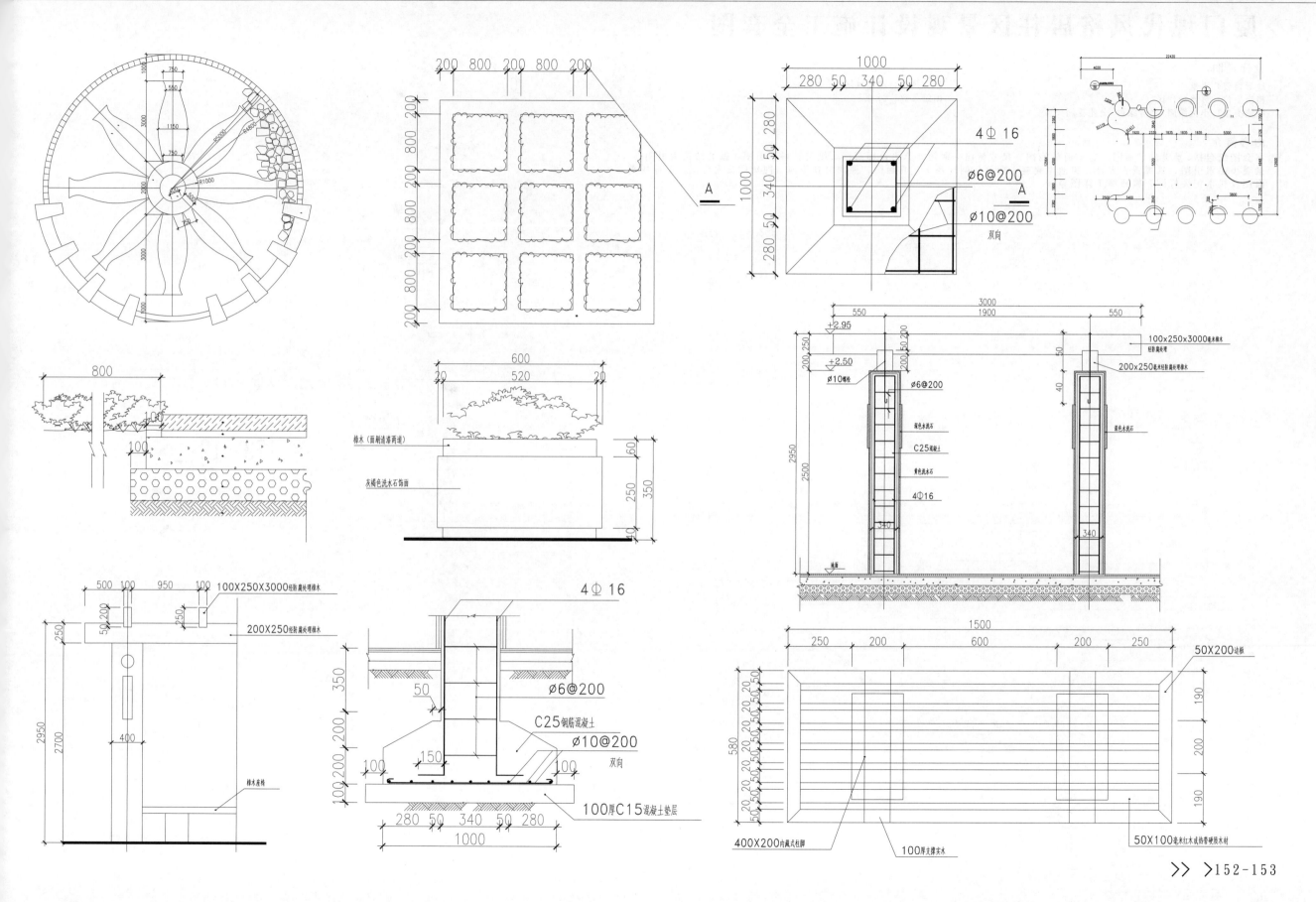

>厦门现代风格居住区景观设计施工全套图

设计说明

地形地貌：平地	设计风格：现代风格
档次定位：高档居住区	图纸张数：59张
绿地类型：小区游园,宅旁绿地,公建花园	

内容简介

本套图纸包括:景观总平面图、总平面放线图、尺寸标注平面图、总平面标高图、铺装材料索引图、铺装结构索引图、景观小品索引图、景观置石大样、树池坐凳施工图样、网球场平、立面图、照明灯杆里面、网球做法大样图、篮球场平面图及排水沟大样图、旗杆施工详图等.

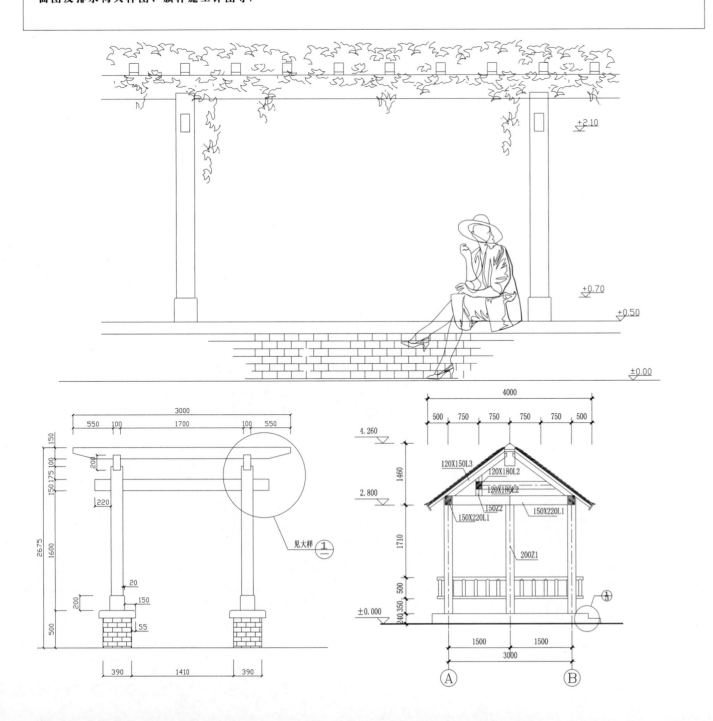

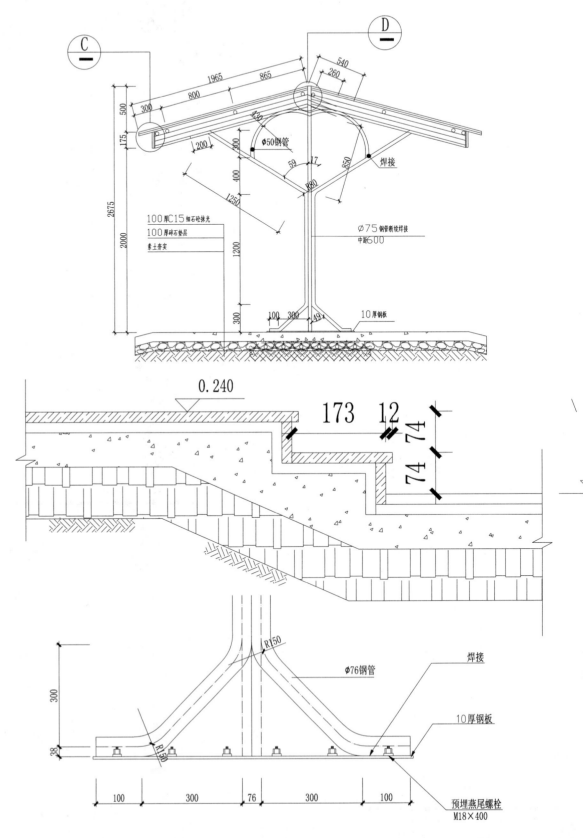

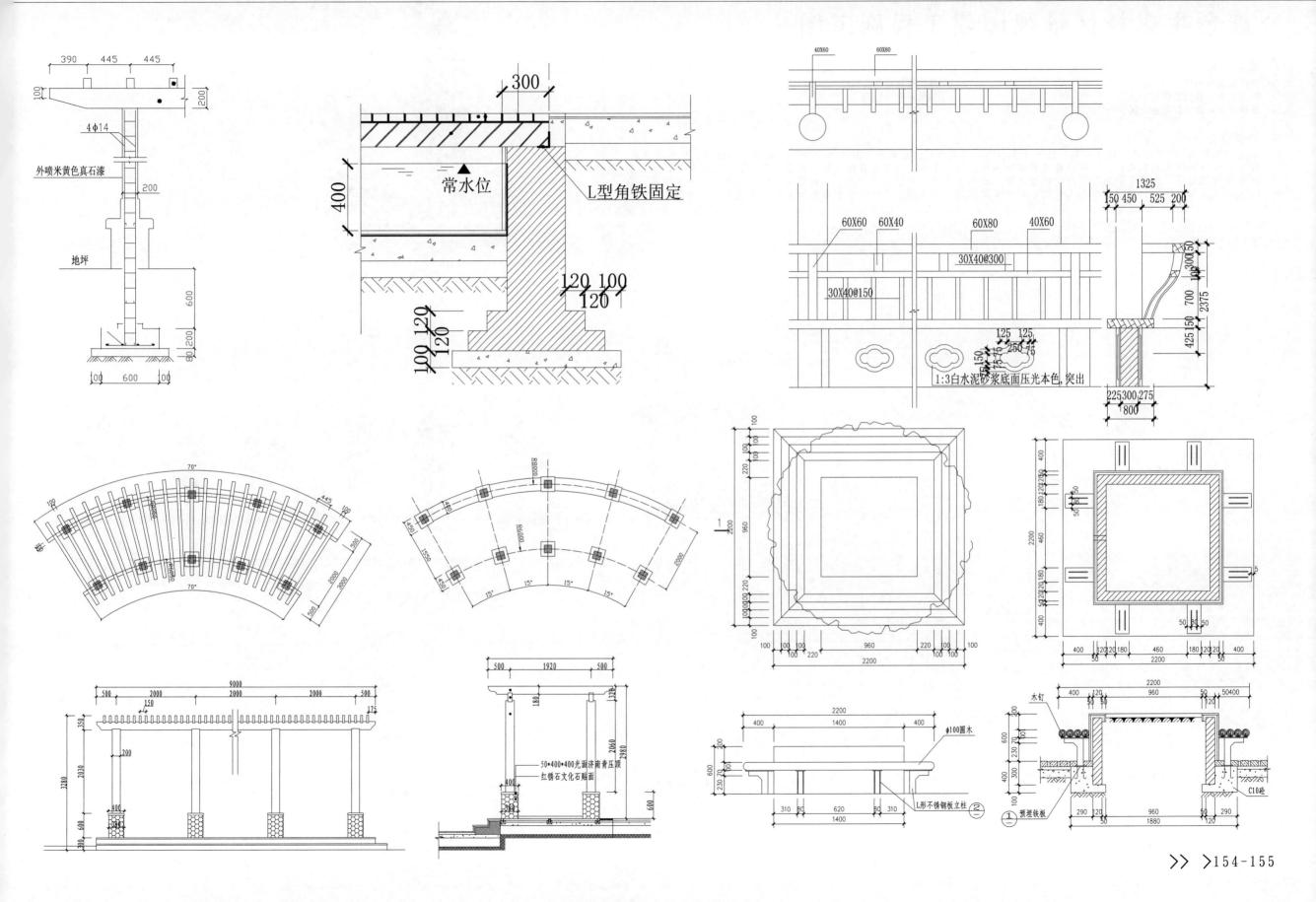

外喷米黄色真石漆

地坪

4 φ14

常水位

L型角铁固定

60X60   60X40   60X80   40X60

30X40@300

30X40@150

1:3白水泥砂浆底面压光本色, 突出

50*400*400光面济南青压顶

红锈石文化石贴面

φ100圆木

L形不锈钢板立柱

木钉

预埋铁板

C10砼

> 新余生态社区景观园建工程施工图

设计说明

地形地貌：平地
档次定位：高档居住区
绿地类型：居住区集中公园

设计风格：北美风格
图纸张数：52张

内容简介

本套图纸包括：图纸目录、设计说明、总平面索引图、竖向设计总平面图、总平面定位图、铺装总平面图、标准木铺地详图、标准齐地式种植槽详图、标准花岗岩铺地做法详图、室外台阶做法详图、安全地垫标准做法、水岸护栏详图、水岸标准池边做法、标准车道道牙详图、树池详图、截水沟详图、花架施工详图、花钵施工详图、水中树池施工详图、会所入口水景施工详图、喷水景墙施工详图、特色喷泉详图、拱桥施工大样、跌水水景施工图、欧式花钵大样图等。

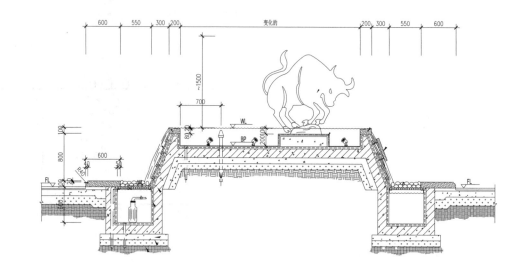

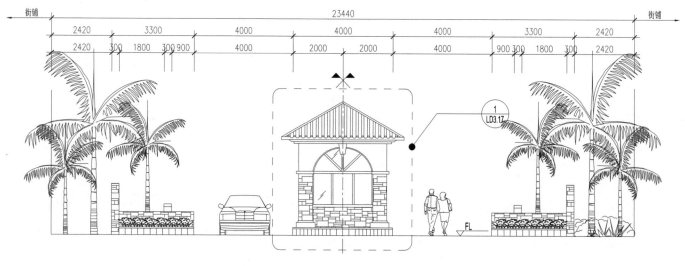

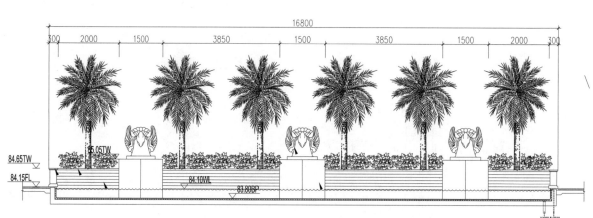

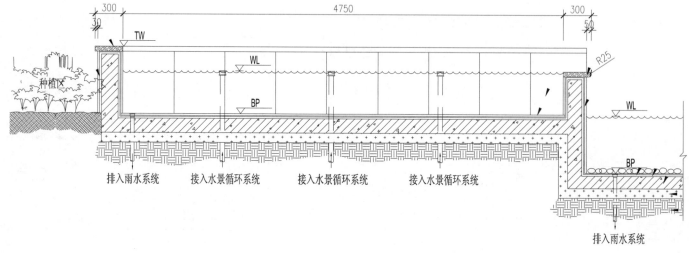

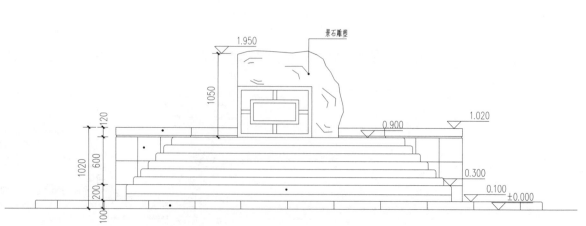

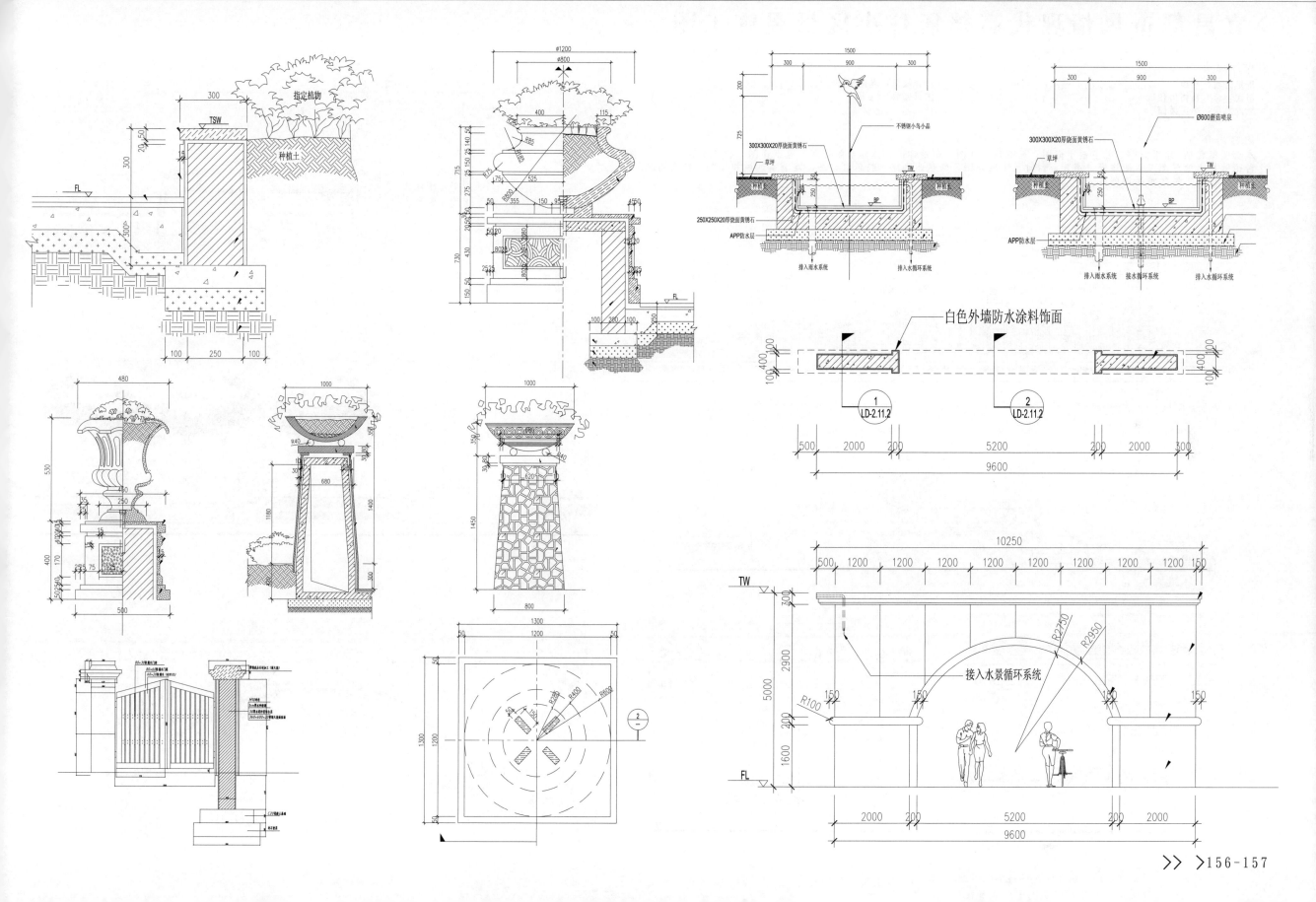

>宜昌都市风情现代高档居住小区景观施工图

设计说明

地形地貌：平地
档次定位：高档居住区
绿地类型：小区游园

设计风格：现代风格
图纸张数：99张

内容简介

本套图纸包括：总平面图、儿童池平面图、局部花架详图、树池详图、泳池台阶详图、凉亭详图、特色水景、木桥详图、种植池及水池详图、水池边界、路牙、台阶及座墙详图、带基座陶罐、特色灯详图、地下室通风井详图、挡土墙剖面、特色墙详图、特色喷泉详图等。

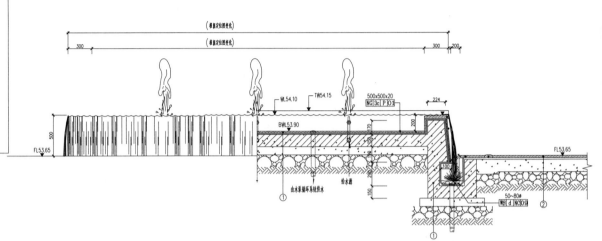

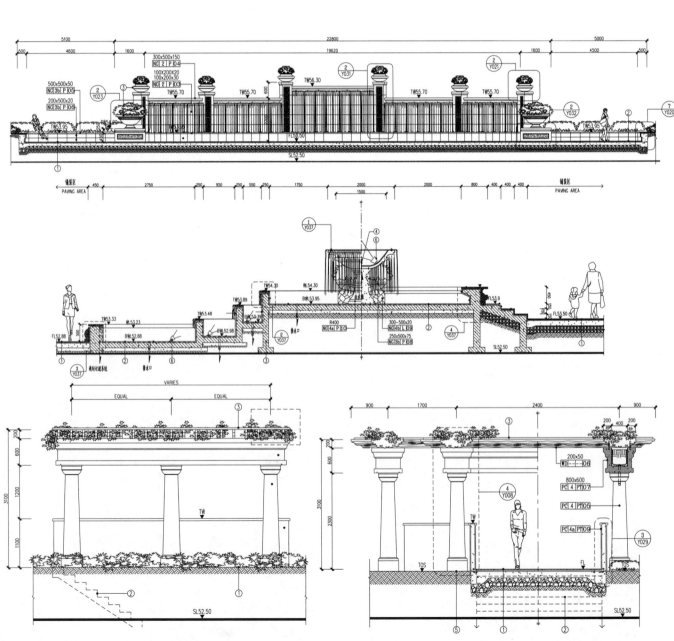

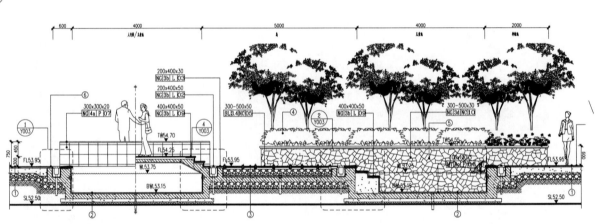

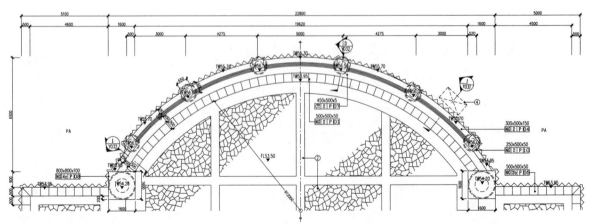

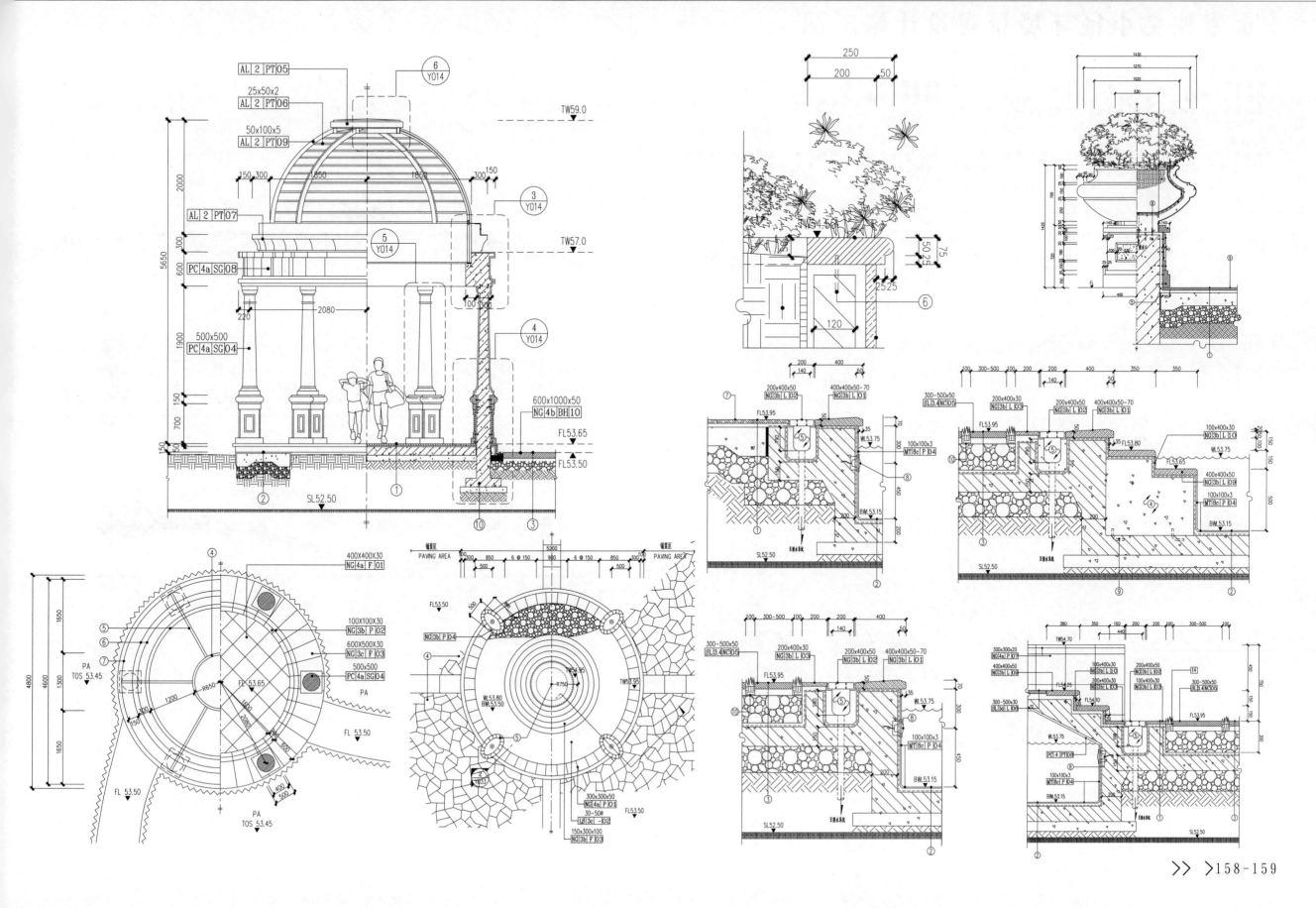

> 永康住宅小区环境景观设计施工图

设计说明

地形地貌：平地,滨水　　　　　　　　　　设计风格：现代风格
档次定位：普通住宅　　　　　　　　　　　图纸张数：39张
绿地类型：居住区集中公园,小区游园,宅旁绿地,附属绿地

内容简介

本套图纸包括:剖面图、木桥剖面图、道路与建筑间堆土示意图、室外停车位平面剖面图、造型混凝土侧石排水沟详图、机动车道剖面图、造型混凝土侧石、宅间2.5米宽园路平面剖面图、室外停车位平面剖面图等.

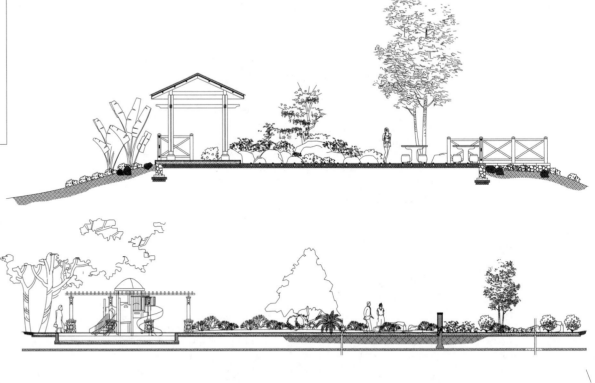

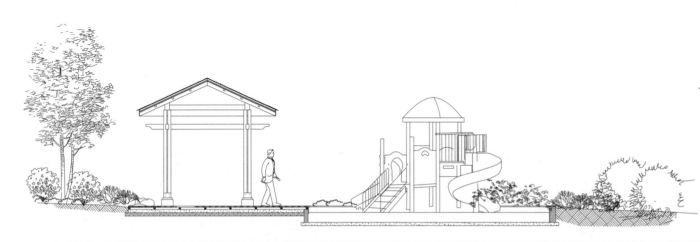

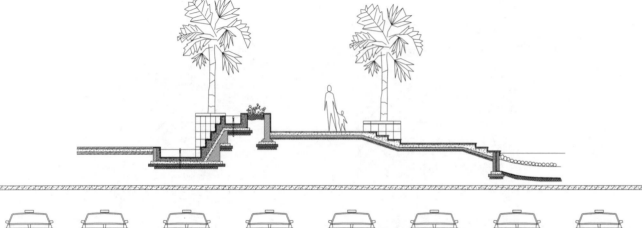

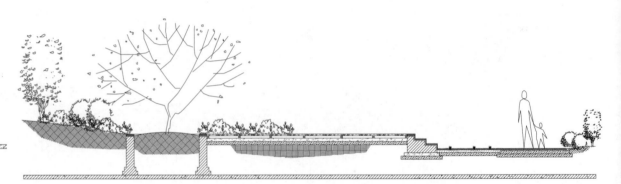

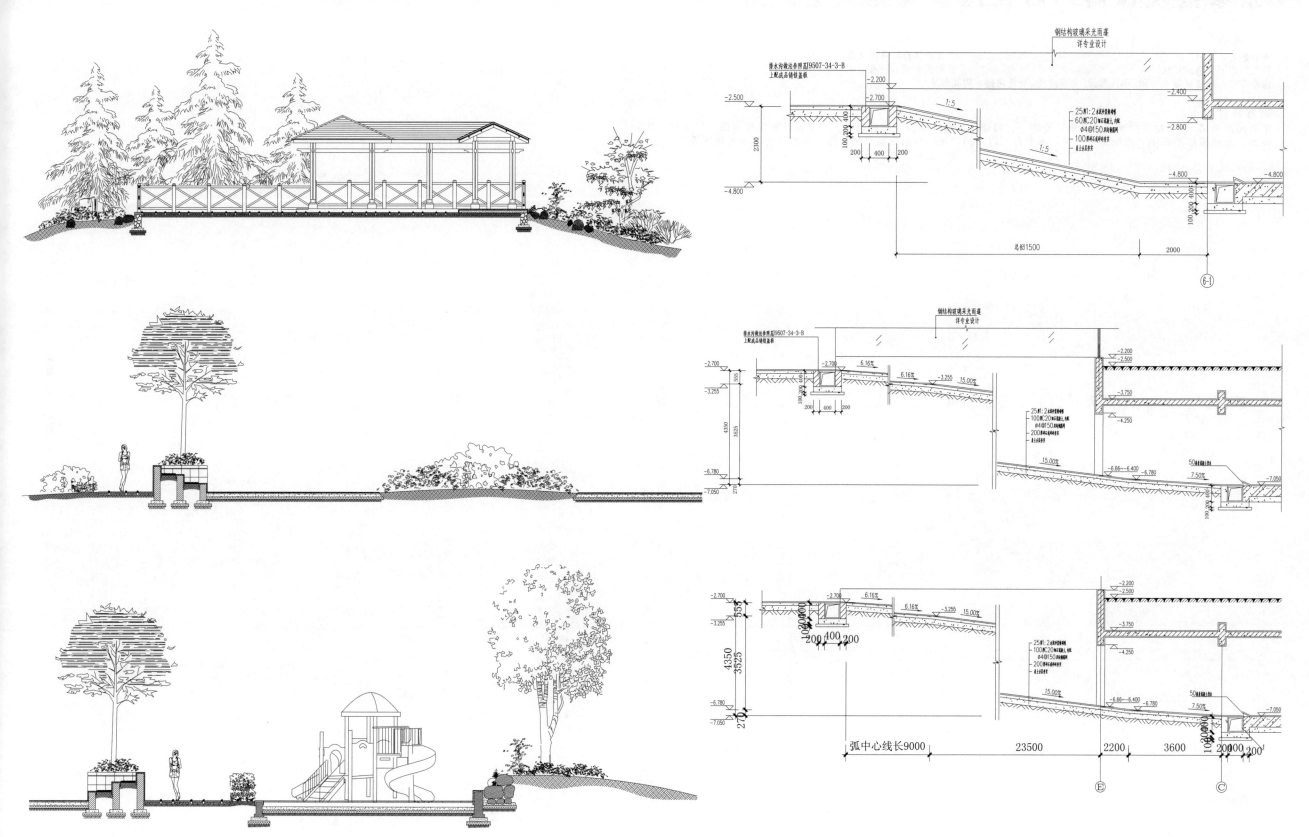

>张家港现代简约居住区景观施工全套图

设计说明

地形地貌：平地

档次定位：高档居住区

绿地类型：居住区集中公园，小区游园，宅旁绿地，公建花园，附属绿地

设计风格：现代风格

图纸张数：22张

内容简介

本套图纸包括：凳详图、广场入口景墙、景墙一、树池、景观墙结构做法通用图、总平面及标注牵引图、尺寸标注总平面图、总铺装总平面图、花坛、停车位、木平台、通用图详图、竖向标高总平面图、节点尺寸标注平面图等。

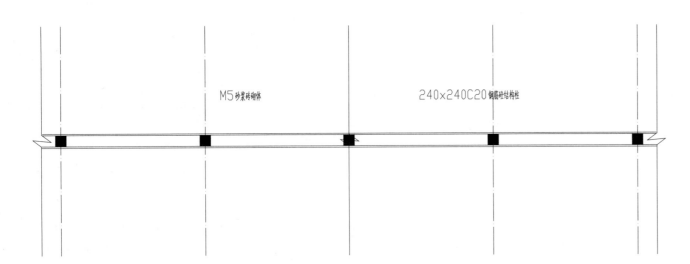

M5砂浆砖砌体　　　　240×240C20钢筋砼结构柱

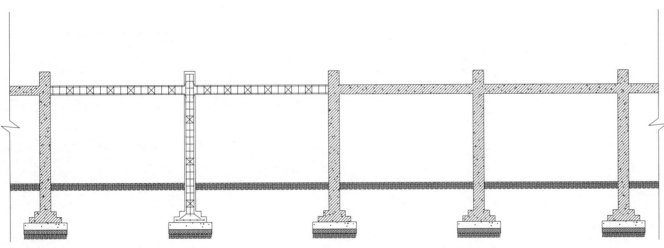

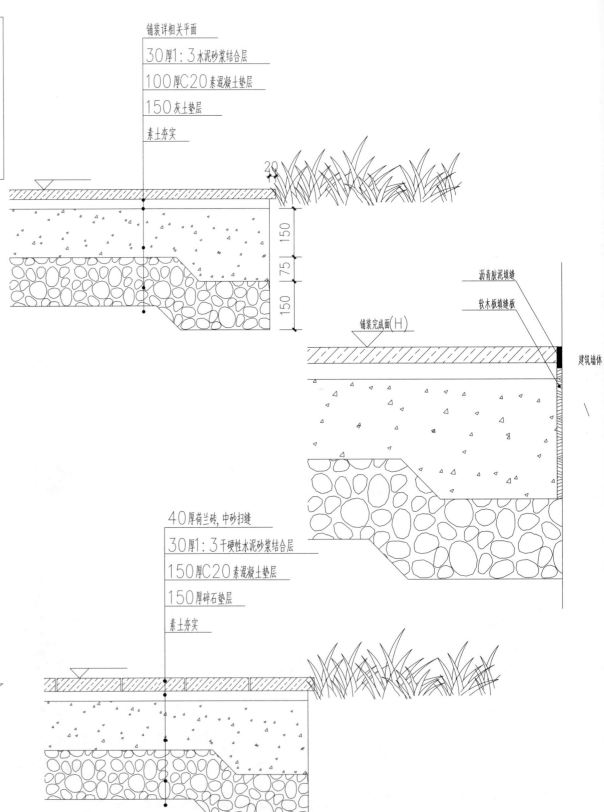

铺装详相关平面

30厚1:3水泥砂浆结合层

100厚C20素混凝土垫层

150灰土垫层

素土夯实

20

沥青胶泥填缝

软木板填缝板

铺装完成面(H)

建筑墙体

40厚荷兰砖，中砂扫缝

30厚1:3干硬性水泥砂浆结合层

150厚C20素混凝土垫层

150厚碎石垫层

素土夯实

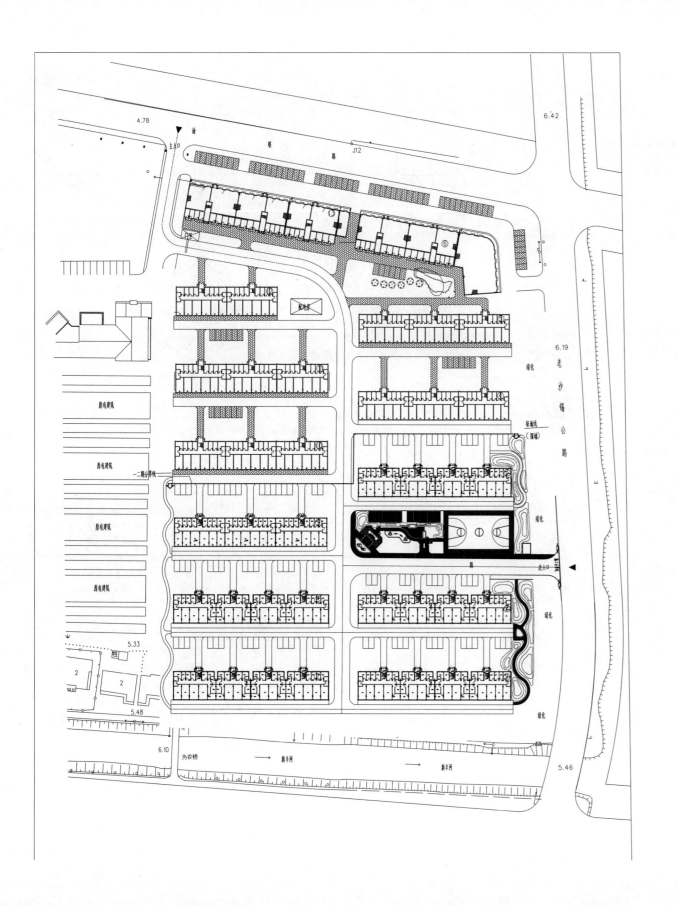

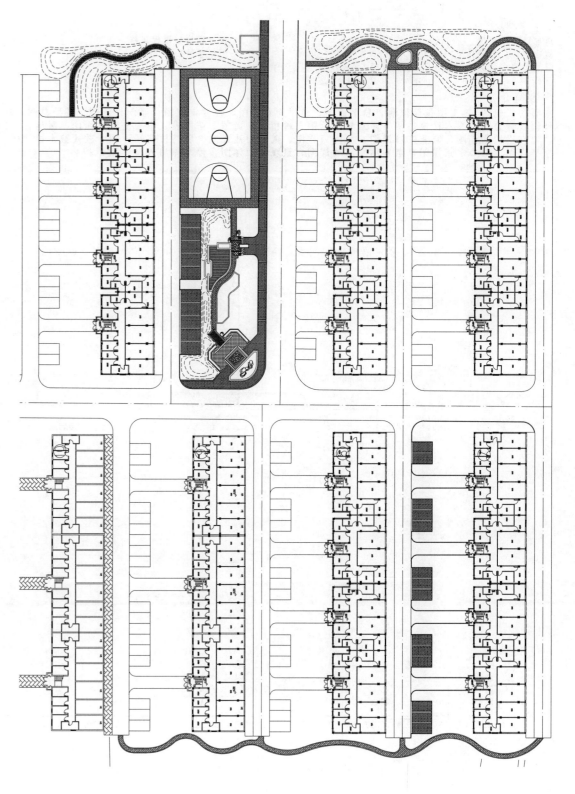

> 浙江都市春天居住区园林景观设计施工图

设计说明

地形地貌：平地
档次定位：普通住宅
绿地类型：居住区集中公园，小区游园，公建花园

设计风格：现代风格
图纸张数：26张

内容简介

本套图纸包括：施工图设计说明、总平面图、总平面索引图、尺寸定位图、竖向设计图、铺装总图、环艺设施布置图、种植放样总图、乔木种植总图、灌木种植总图、种植总平面图、苗木表、中心庭院立面图、绿地计算图、铺装放大图、架空层做法详图、商业广场详图、主入口详图、入口树池详图、罗马柱广场详图、欧式叠水池详图、凉亭广场详图、凉亭详图、中心水景详图、老人休息广场详图、景观廊架详图、停车库出入口详图等。

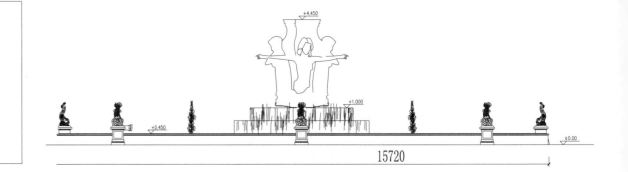

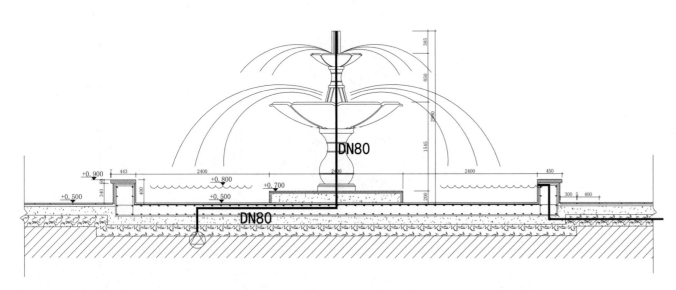

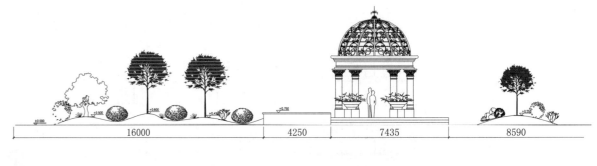

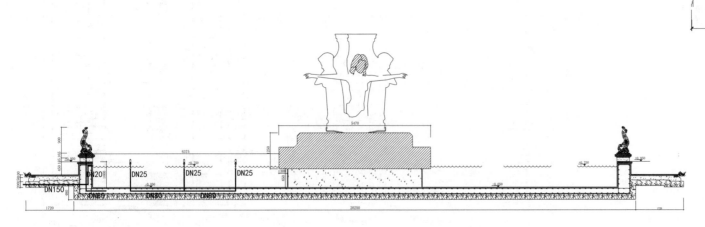

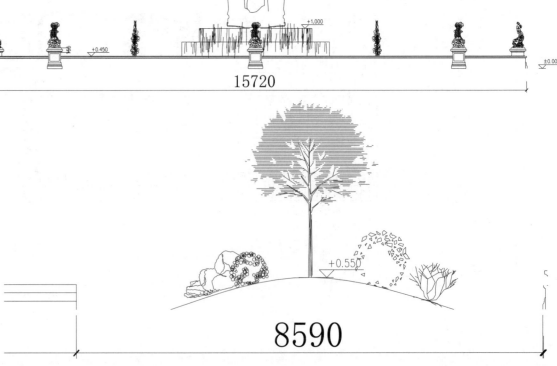

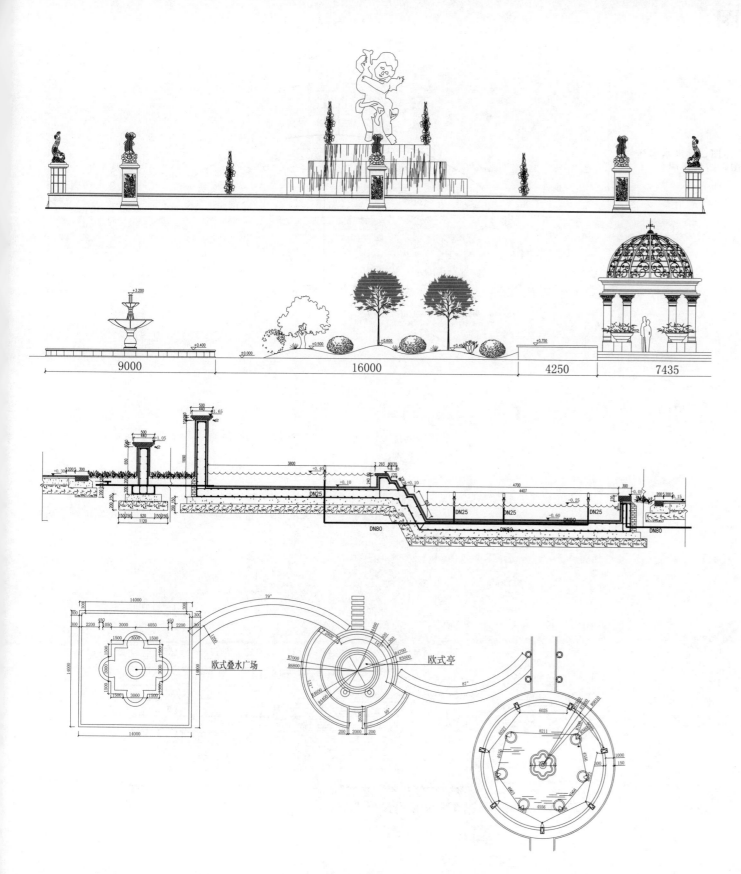

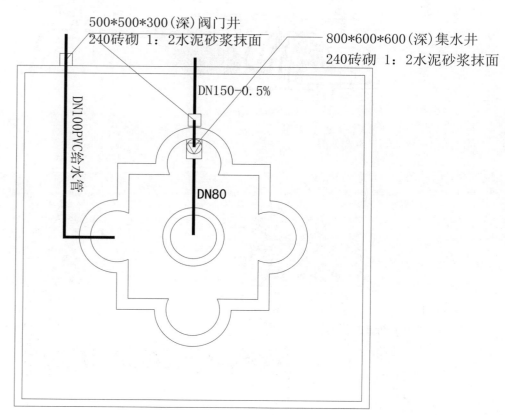

500*500*300（深）阀门井
240砖砌 1：2水泥砂浆抹面

800*600*600（深）集水井
240砖砌 1：2水泥砂浆抹面

DN150-0.5%

DN100PVC给水管

DN80

欧式叠水广场

欧式亭

>浙江高档居住区景观设计方案全套施工图

设计说明

地形地貌：平地
档次定位：高档居住区
绿地类型：宅旁绿地

设计风格：现代风格
图纸张数：193张

内容简介

本套图纸包括：图纸目录：索引图、竖向图、物料图、北入口特色水景、特色水景、泳池、标准树坑详图、标准水沟详图、台阶详图、标准踏步石详图、架桥、闸门、凉亭、围墙、花架、特色盆、灯具、家具、种植详图、结构详图等。

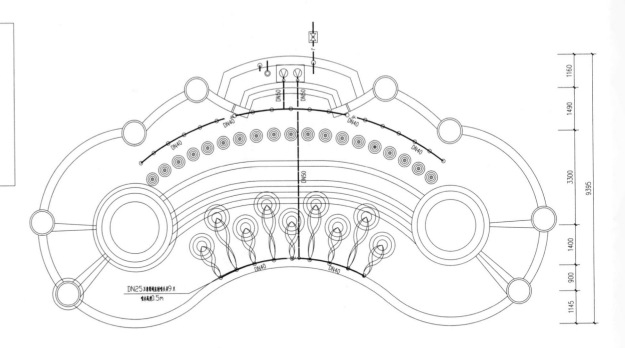

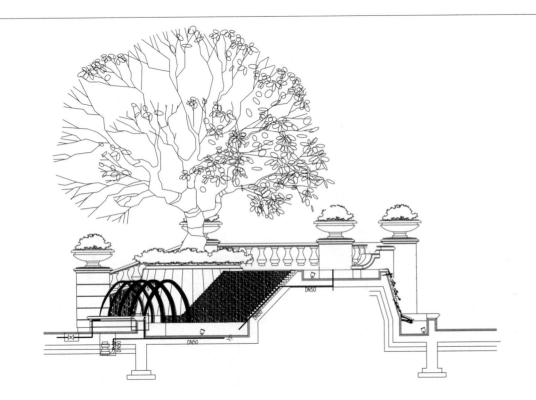

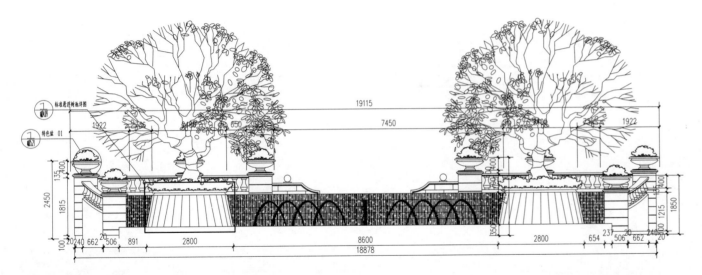

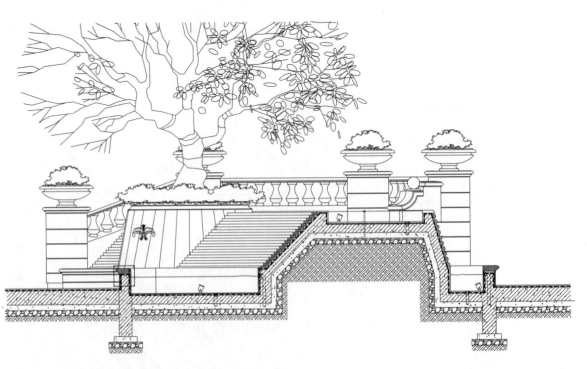

>浙江高档住宅小区园林景观全套施工图纸

设计说明

地形地貌：平地
档次定位：高档居住区
绿地类型：小区游园,宅旁绿地

设计风格：现代风格
图纸张数：193张

内容简介

本套图纸包括:高档住宅小区园林景观全套施工图纸 目录：一、总图部分（设计说明、总平面图、标高图）二、详图部分（索引平面图、定位平面图、入口铺地详图、花坛详图、行人铺地图案详图、台阶挡墙详图、特色花架详图、平面铺装索引图、平面标高定位图、剖面图、特色花盆详图、自行车入口铺地详图等）三、标准做法（标准树坛详图、标准座墙详图、铺地详图、花架详图、车库入口详图、剖面图等）.

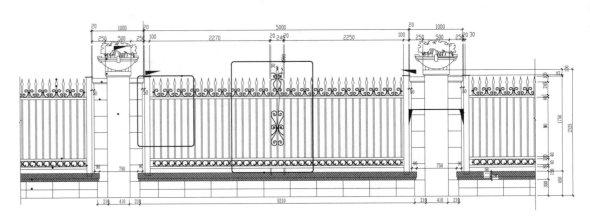

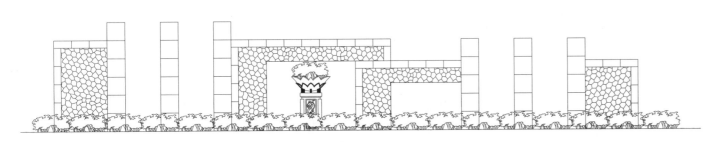

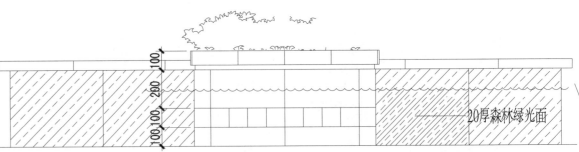

20厚森林绿光面

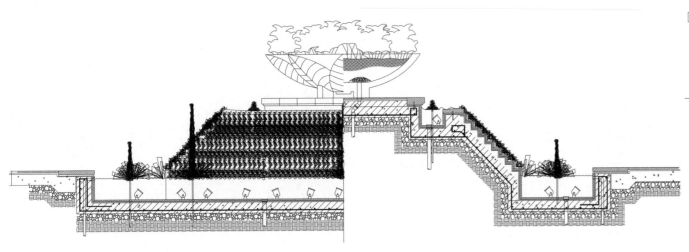

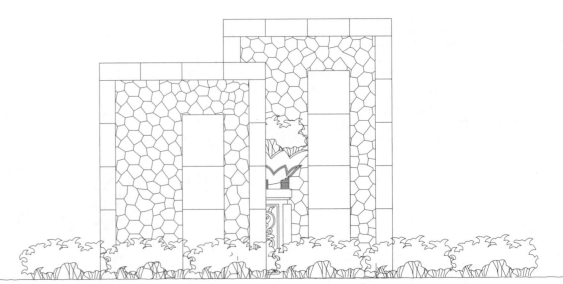

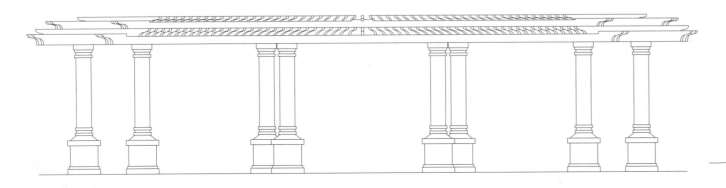

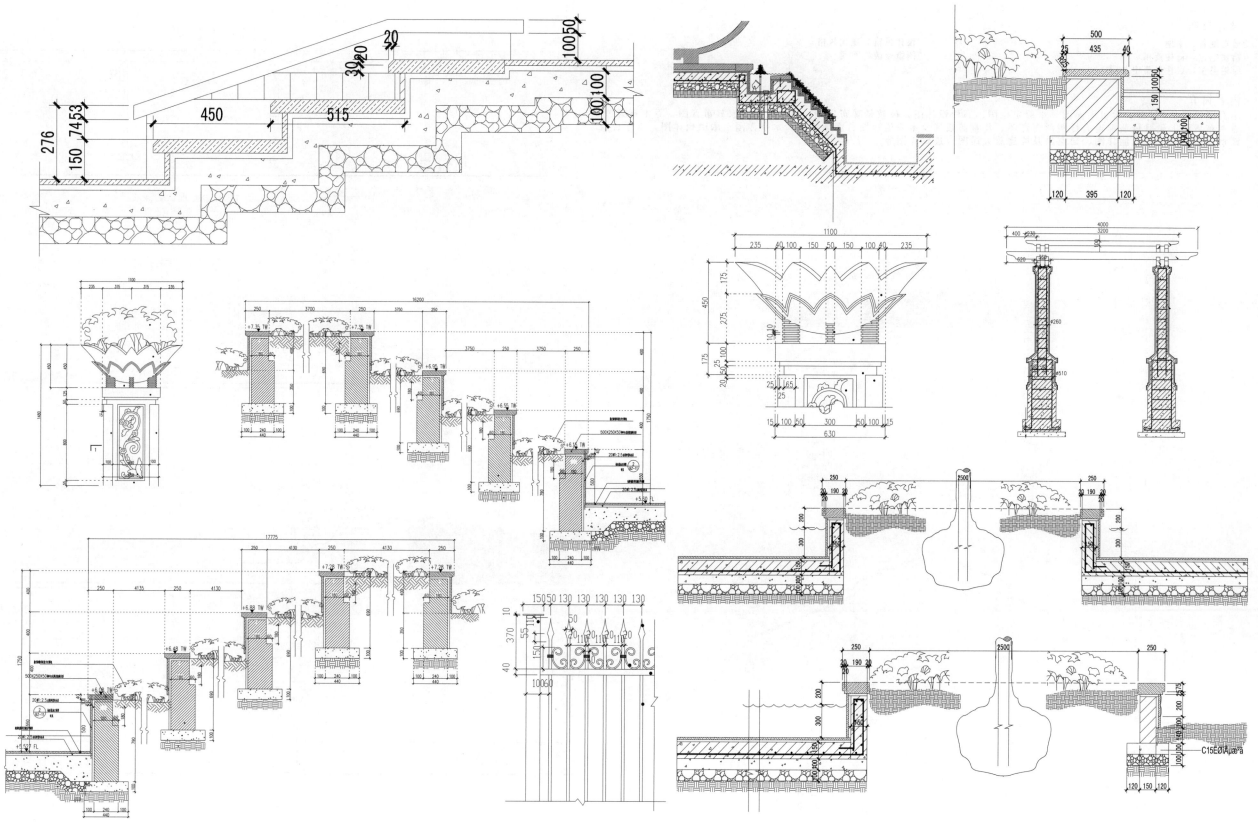

>浙江国际商务中心住宅区景观设计施工图

设计说明

地形地貌：平地
档次定位：商住两用
绿地类型：居住区集中公园

设计风格：现代风格
图纸张数：20张

内容简介

本套图纸包括：封面、索引平面图、平面定位图、高程设计图、硬质景观布置图、灯具及景观家具布置图、乔木布置图、灌木布置图、硬质铺装铺地大样图剖面详图、儿童游戏场及木栈道详图、藤架详图、木亭详图、木甲板详图、木平台及跌水详图、儿童戏水池详图、架空层及连廊放大详图、连廊详图等.

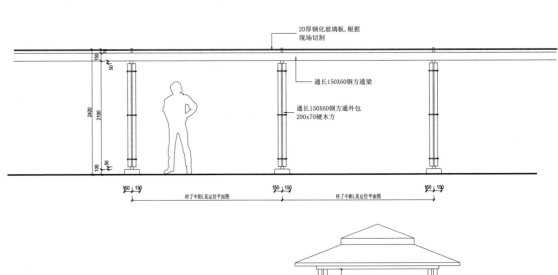

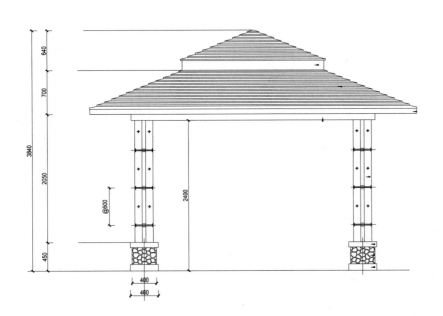

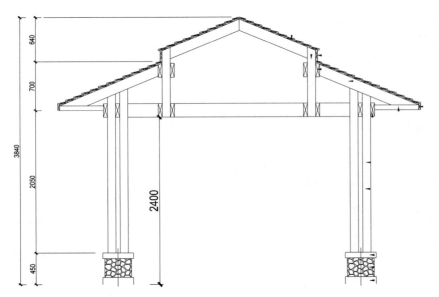

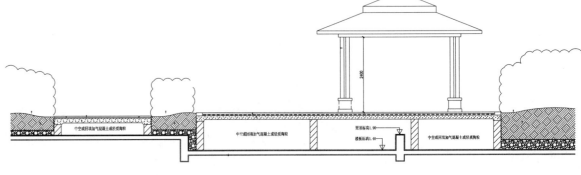

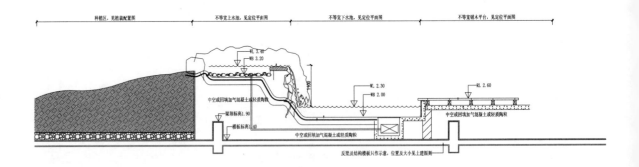

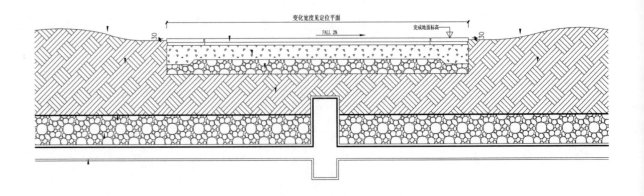

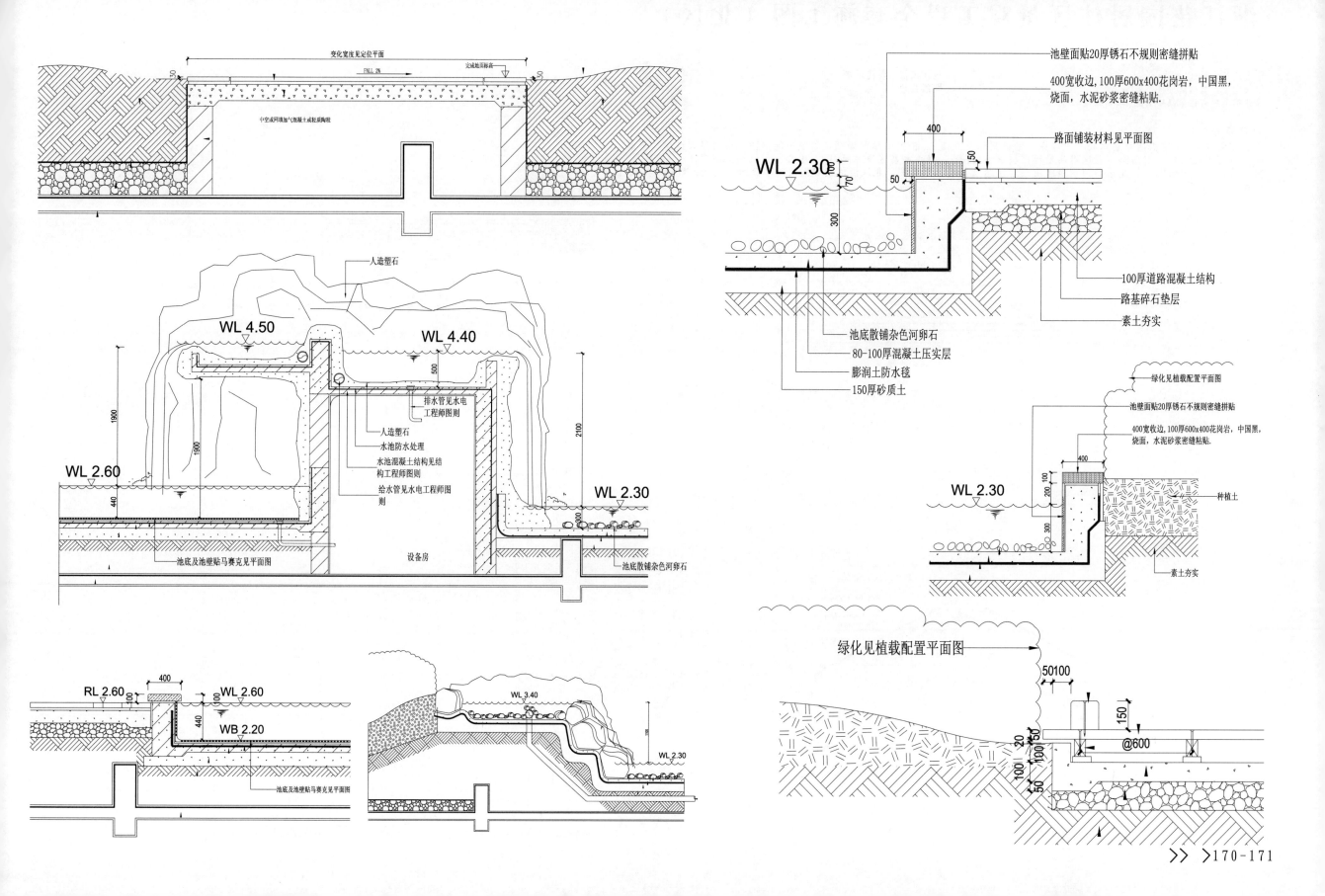

变化宽度见定位平面

FALL 2%

完成地面标高

中空或网填加气混凝土或轻质陶粒

人造塑石

WL 4.50

WL 4.40

排水管见水电工程师图则

人造塑石

水池防水处理

水池混凝土结构见结构工程师图则

给水管见水电工程师图则

500

2100

1900

WL 2.60

1900

440

WL 2.30

设备房

300

池底及池壁贴马赛克见平面图

池底散铺杂色河卵石

RL 2.60

400

WL 2.60

WB 2.20

440

WL 3.40

WL 2.30

池底及池壁贴马赛克见平面图

池壁面贴20厚锈石不规则密缝拼贴

400宽收边,100厚600x400花岗岩,中国黑,烧面,水泥砂浆密缝粘贴.

400

路面铺装材料见平面图

WL 2.30

70

50

50

300

100厚道路混凝土结构

路基碎石垫层

素土夯实

池底散铺杂色河卵石

80-100厚混凝土压实层

膨润土防水毯

150厚砂质土

绿化见植载配置平面图

池壁面贴20厚锈石不规则密缝拼贴

400宽收边,100厚600x400花岗岩,中国黑,烧面,水泥砂浆密缝粘贴.

400

100

200

WL 2.30

300

种植土

素土夯实

绿化见植载配置平面图

50100

150

@600

100 | 100

50

> 浙江花园居住区景观工程全套施工图（北区）

设计说明

地形地貌：平地　　　　　　　　　　设计风格：现代风格
档次定位：高档居住区　　　　　　　图纸张数：67张
绿地类型：居住区集中公园,附属绿地

内容简介

本套图纸包括：北区沿河景观区块一平面图、沿河景墙平立面 、沿河景墙剖面图、景观树池详图、沿河景观区块二平面图、沿河景观区块二剖面图、北区沿河景观区块三平面图 、中心水景区块平面图 、中心水景区块立剖面图 、北区沿河景观区块三剖面图一、北区沿河景观区块三剖面图二及竣工透视图、北区沿河景观区块四平面图、北区入口区块平面图等。

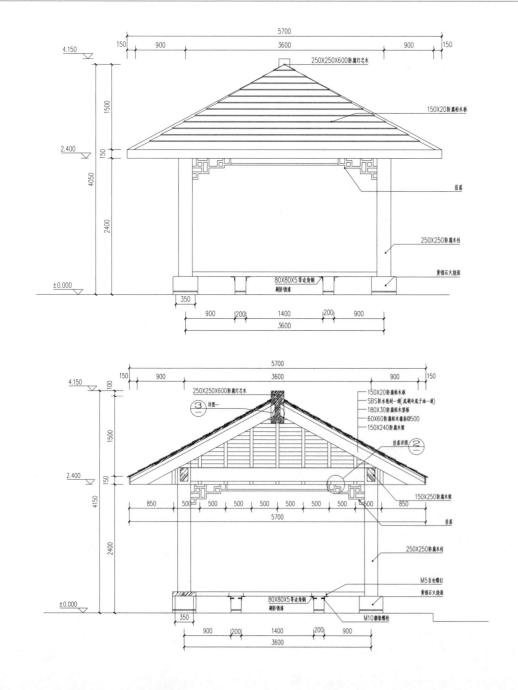

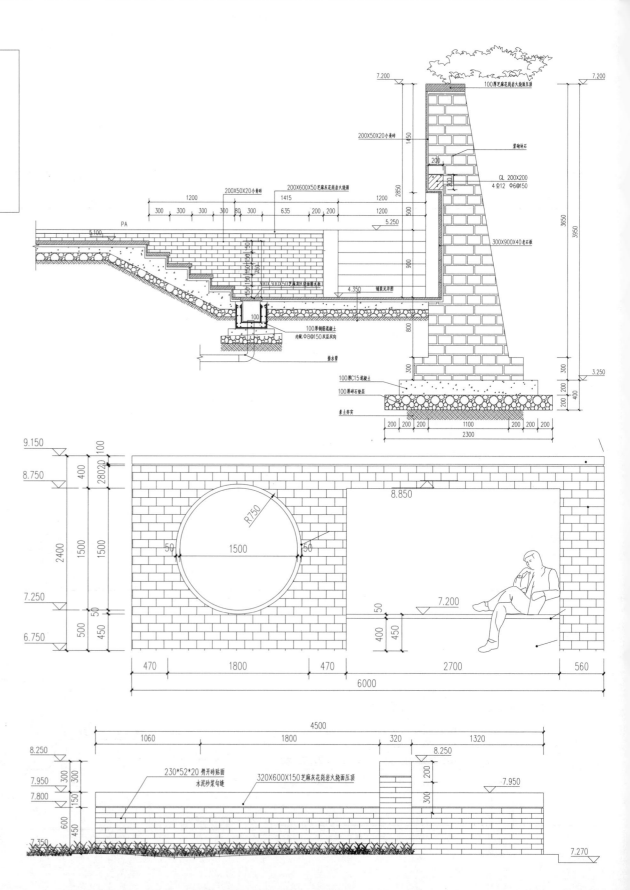

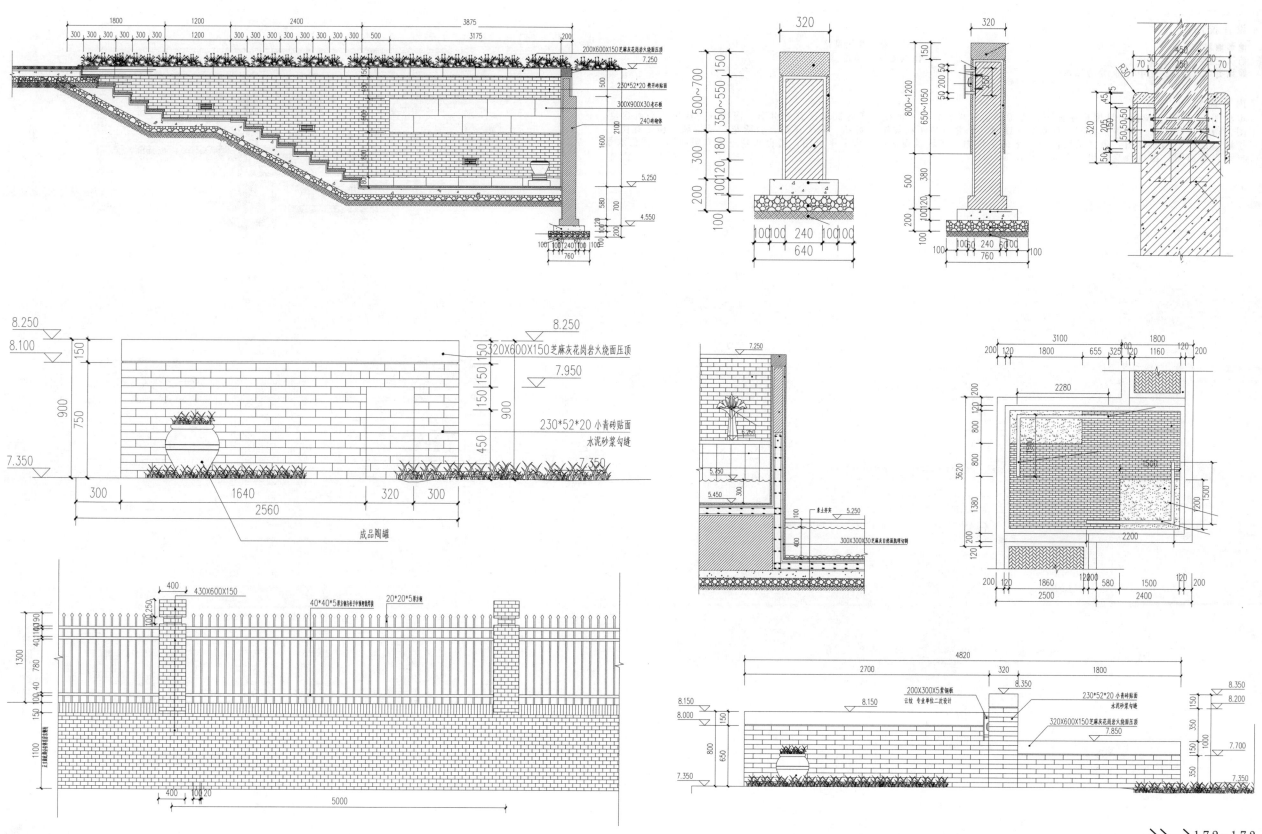

>浙江花园居住区景观工程全套施工图（南区）

设计说明

地形地貌：平地
档次定位：高档居住区
绿地类型：居住区集中公园,宅旁绿地

设计风格：现代风格
图纸张数：70张

内容简介

本套图纸包括:香樟园南区网格平面图、香樟园南区坐标定位平面图、香樟园南区总索引图、南区景观区块一平面定位图、南区景观区块一索引平面图、区块1-1详图、坐凳景墙平面详图、景墙一施工详图、台阶花坛及景墙二施工详图、景墙二剖面及园路详图、南区景观区块二平面定位图、南区景观区块二索引平面图、特色水景三平立断面图、特色水景一平立断面图、南区景观区块三平面定位图等。

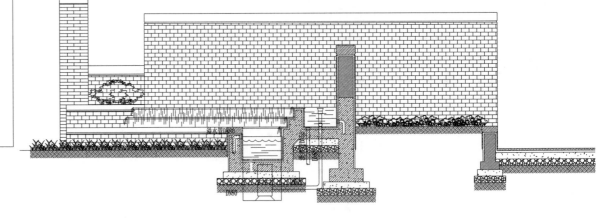

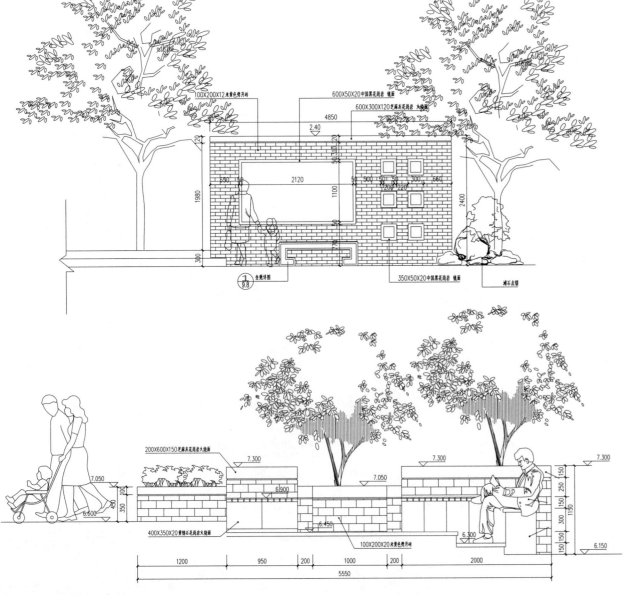

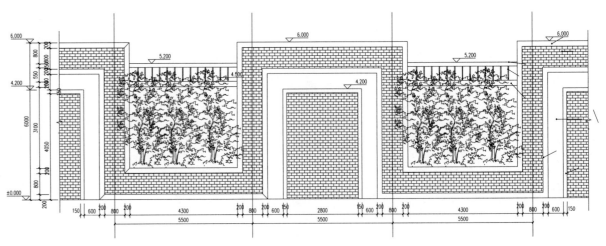

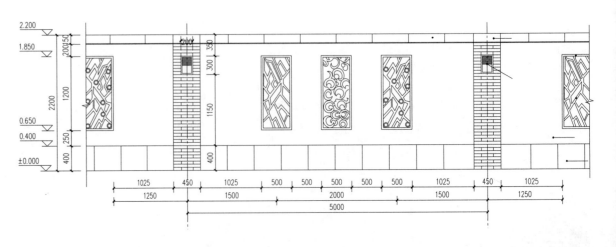

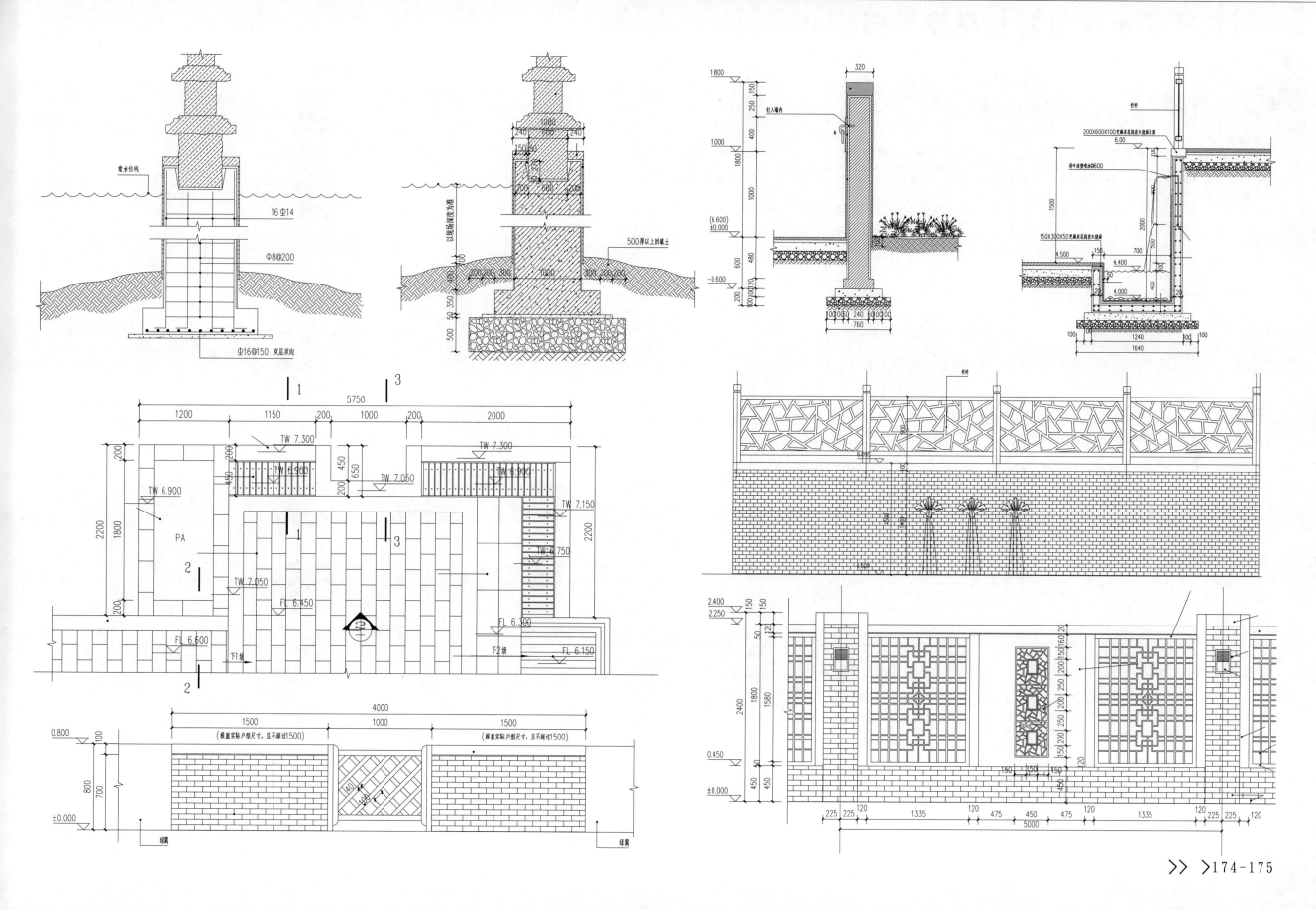

>浙江欧式小区整套景观施工图

设计说明

地形地貌：平地
档次定位：普通住宅
绿地类型：居住区集中公园,小区游园,宅旁绿地,附属绿地

设计风格：欧陆风格
图纸张数：40张

内容简介

本套图纸包括：设施总平面图、网格定位总平面图、索引总平面图、竖向总平面图、主入口设施平面图、主入口平台网格尺寸定位平面图、主入口平台竖向平面图、主入口花坛详图、景石详图、特色花坛、花钵平面图、剖面图、平台花池平面图、剖面图、亲水平台双亭详图、水上平台设施平面图、景墙跌水详图、围墙详图、酒店后花园设施平面图、特色水景平面等.

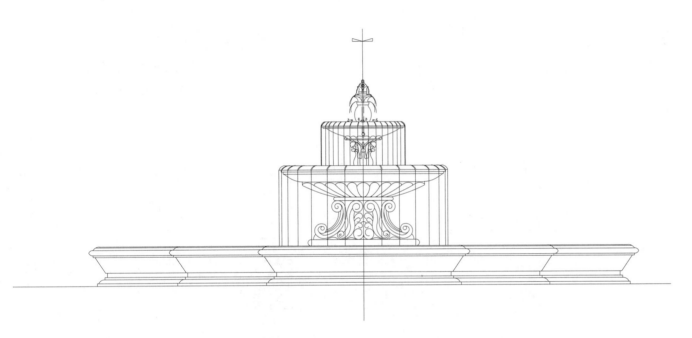

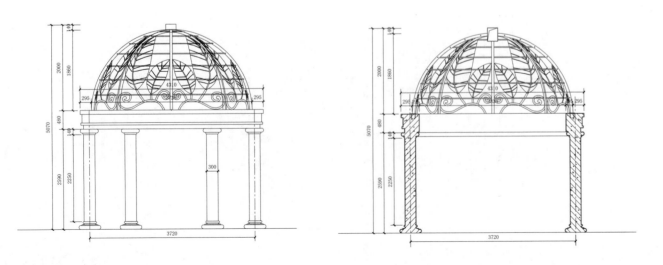

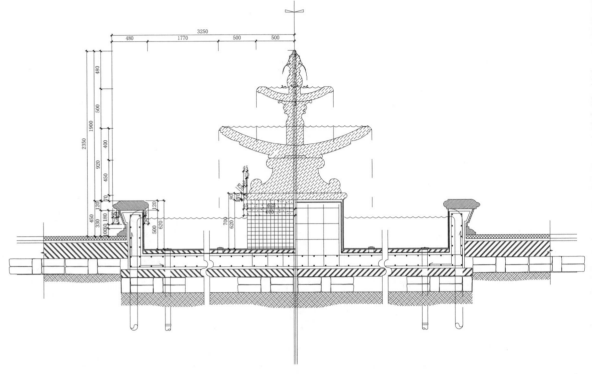

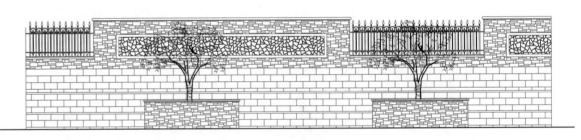

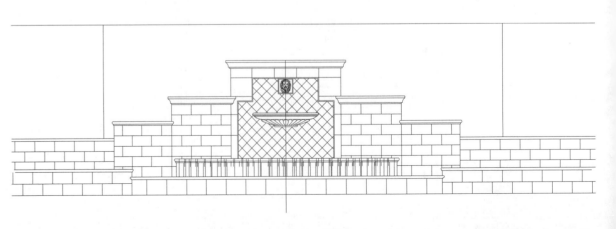

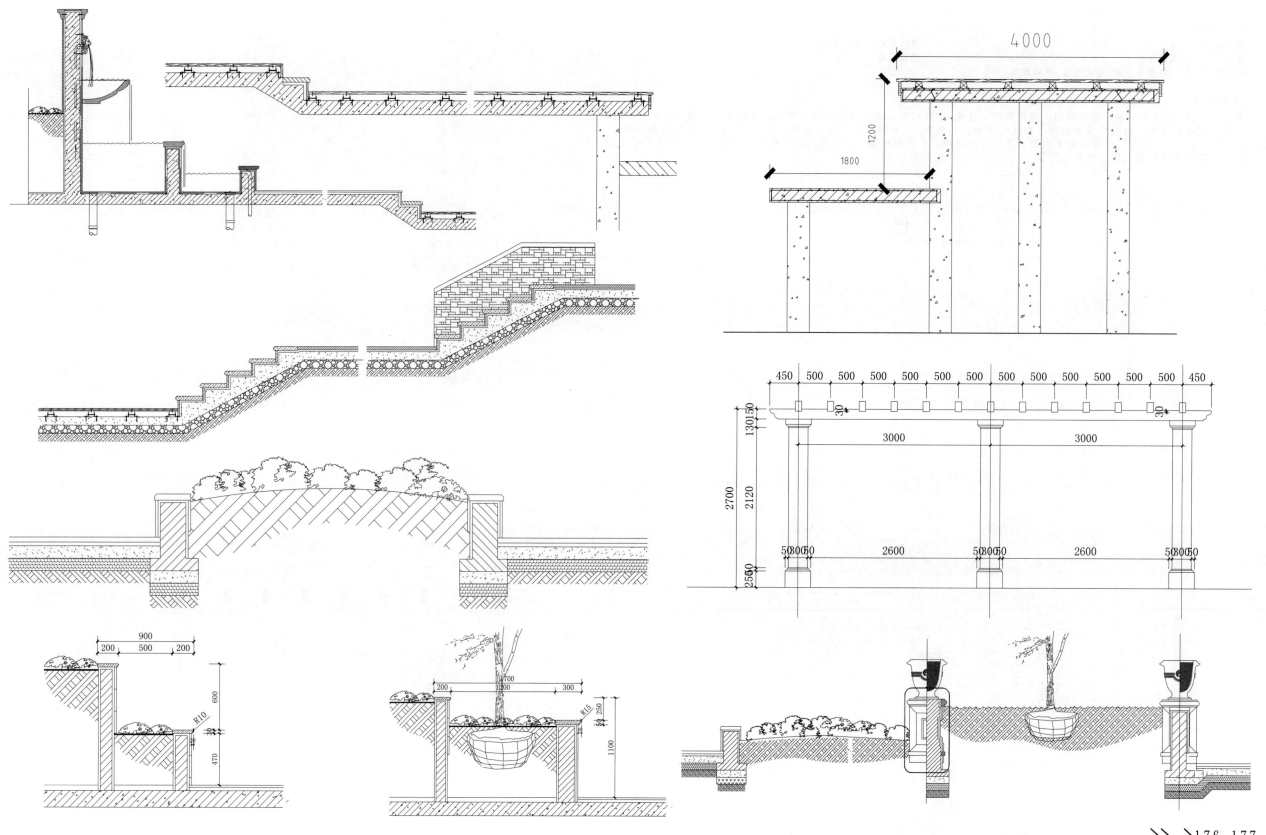

>浙江人居住区景观工程全套施工图

设计说明

地形地貌：平地
档次定位：高档居住区
绿地类型：居住区集中公园,宅旁绿地,附属绿地

设计风格：现代风格
图纸张数：106张

内容简介

本套图纸包括:总平面图、围墙总图、绿化总图、连廊、A区桥补、庭院平面分图、厕所总平面图、建筑设计施工图说明、公共厕所平面图、公共厕所屋面图、长廊-1平面图、长廊-立面图、剖面图、长廊基础标准平面、G区灌木布置图、铺草格平面图、剖面图、 游泳池平面图、游泳池剖面图、台阶剖面图、驳岸剖面图、跌水剖面图、组合树池平面、剖面图,亲水木平台剖面图、庭院详图等.

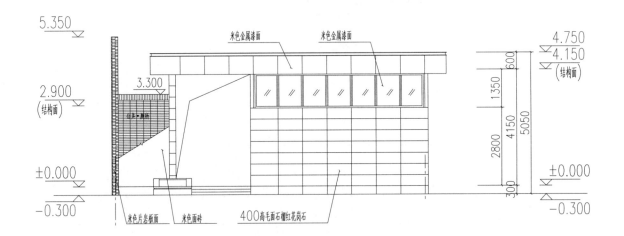

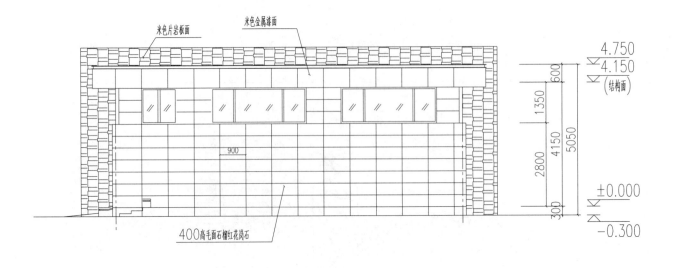

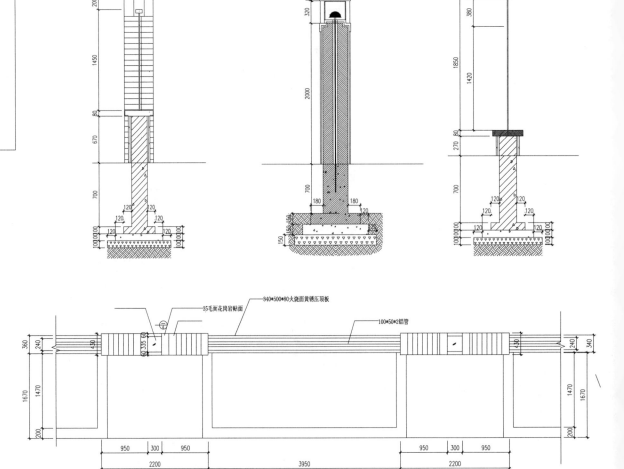

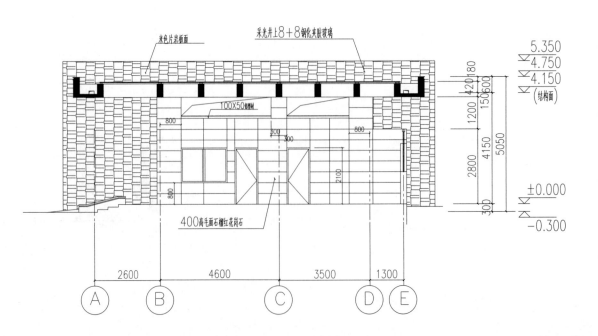

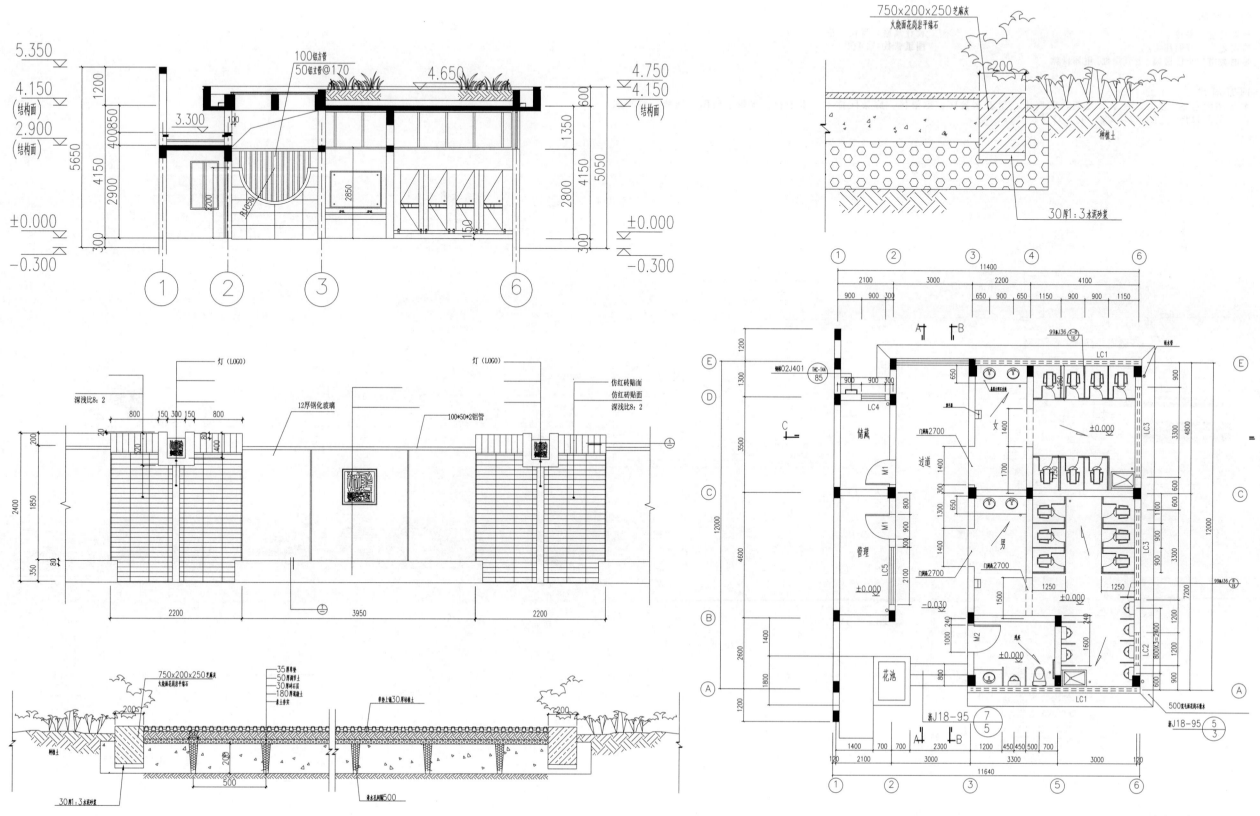

>浙江住宅区景观设计施工图

设计说明

地形地貌：平地
档次定位：普通住宅
绿地类型：小区游园,宅旁绿地,附属绿地

设计风格：现代风格
图纸张数：14张

内容简介

本套图纸包括:总图、目录、说明、防腐木、景石水景区、廊架区、廊架区排水、木平台、排屋小门图、围墙、植物配置、主入口区、主入口区t3、主入口区recover等。

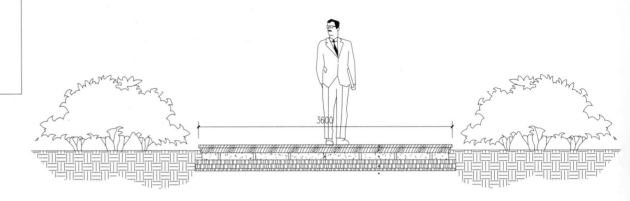

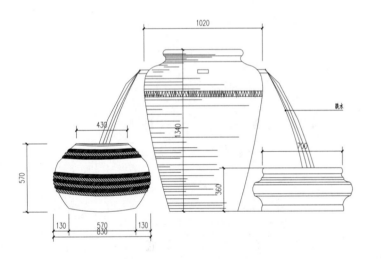

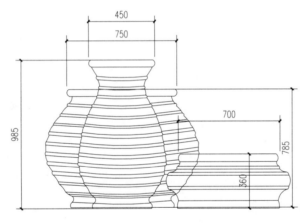

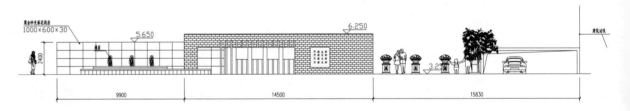

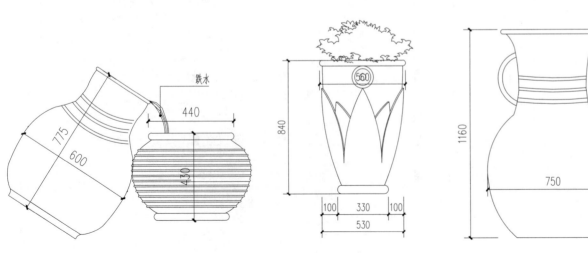

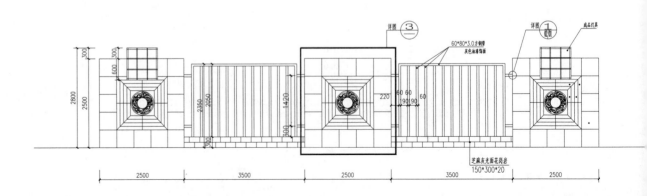

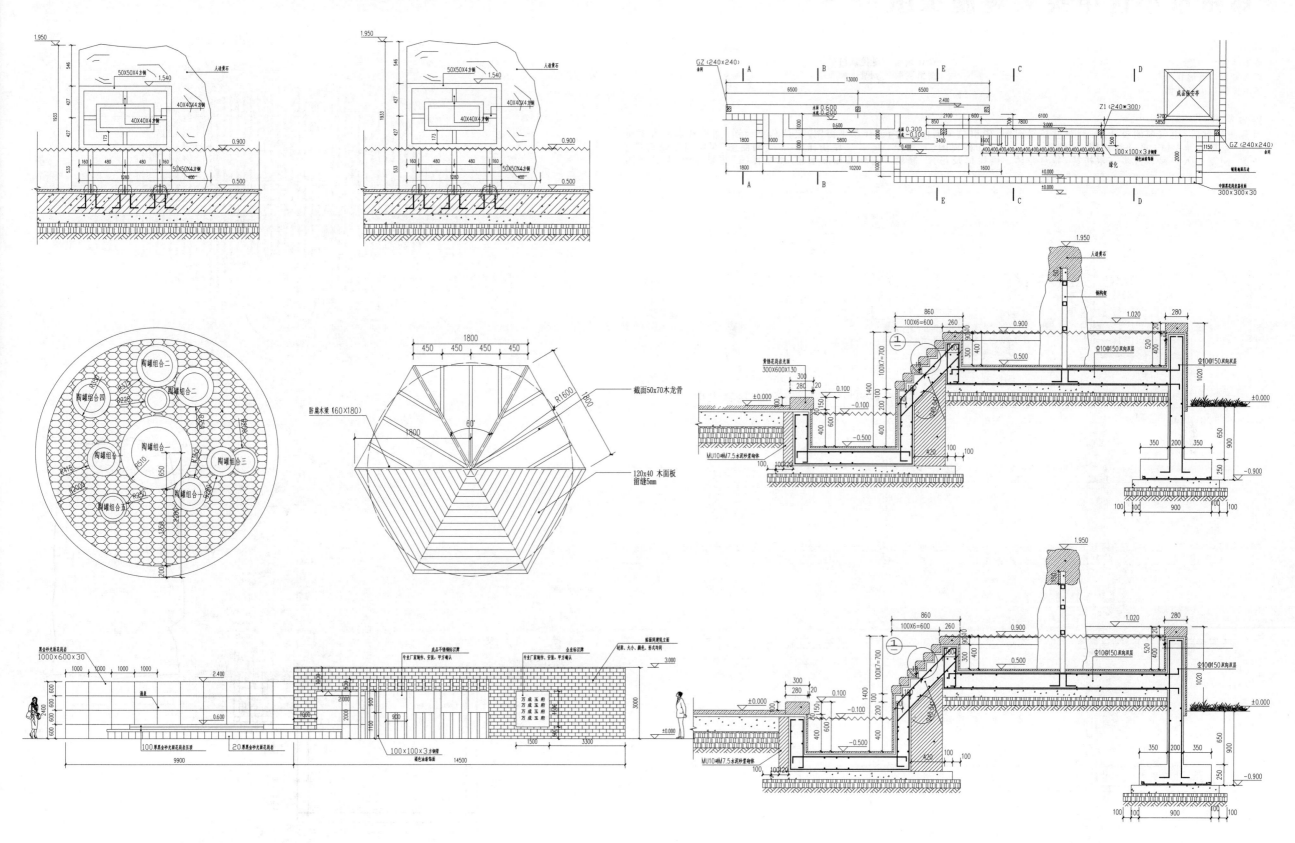

> 郑州市小区中央景观施工图

设计说明

地形地貌：平地

档次定位：普通住宅

绿地类型：小区游园

设计风格：现代风格

图纸张数：34张

内容简介

本套图纸包括：电气照明设计图 背景音乐平面图 索引总平面图 竖向设计总平面图 定位总平面图 景墙跌水放大平面图及 景墙跌水A-A、B-B剖面图 景墙跌水C-C、D-D剖面图 景墙一、二、三做法详图 A-A剖面图 旱喷泉不锈钢箅子井盖 园路、入户路、汀步、木栈桥 特色花钵、围树椅及花台 矮墙、花坛及标准坐凳 木亭详图 花架详图 景桥详图等。

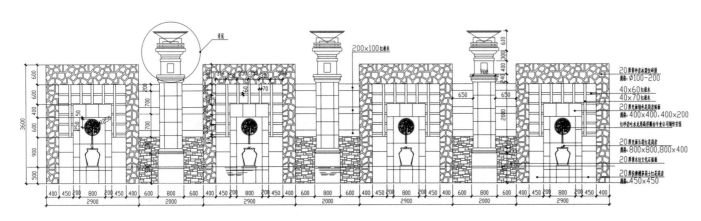

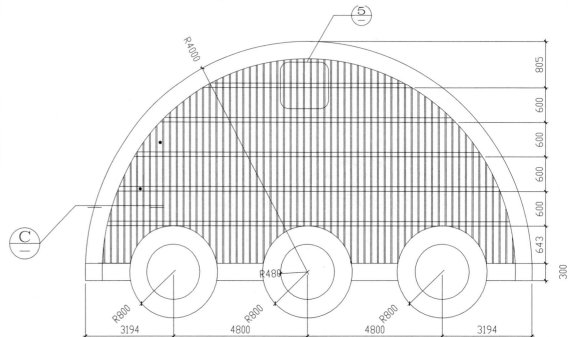

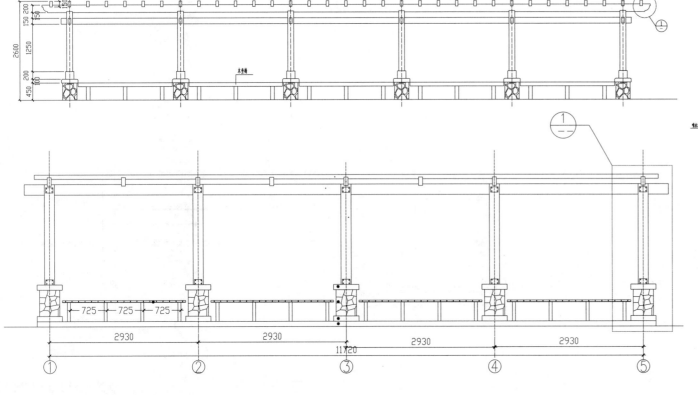

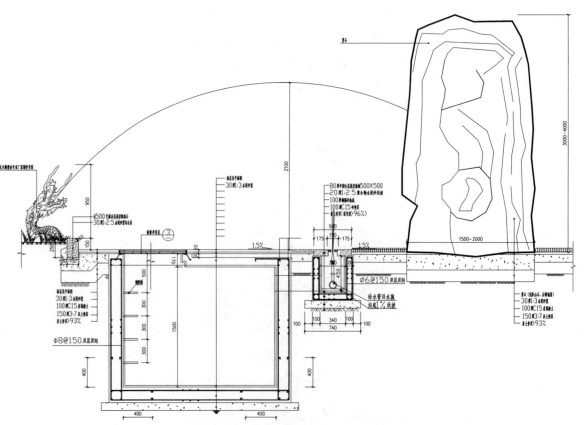

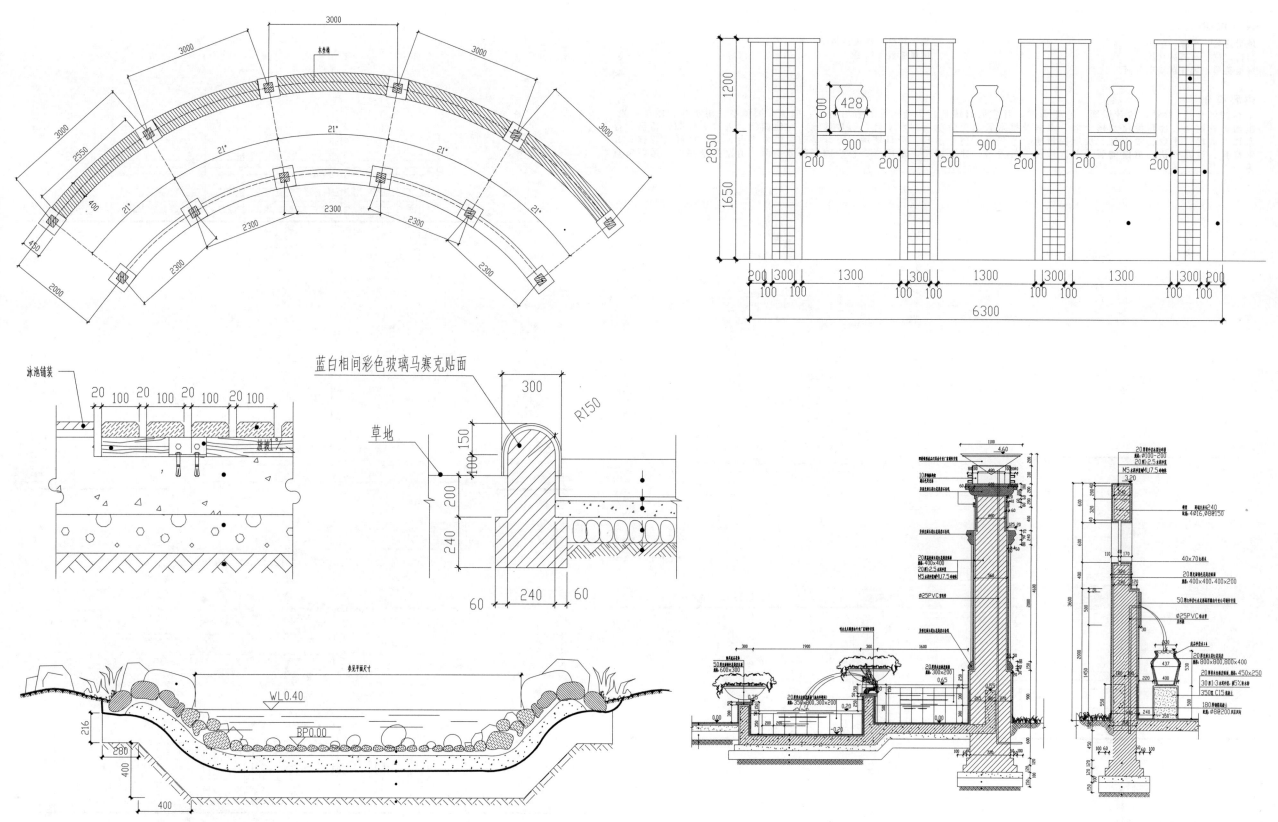

木壁橱

蓝白相间彩色玻璃马赛克贴面

草地

冰池铺装

WL0.40

BP0.00

> 重庆居住区园林景观工程施工图

设计说明

地形地貌：平地
档次定位：高档居住区
绿地类型：居住区集中公园

设计风格：现代风格
图纸张数：93张

内容简介

本套图纸包括：目录、设计说明、总平面图、住宅入口铺装、中心图案、直射灯头、园椅、圆顶亭、雨水井、围墙、别墅雨污管网图、梯形绿化及挡土墙、水池及排水管、台阶剖面、水下灯、石片铺地、树池做法、入口大样图、桥洞、瀑布铺装大样、平台、喷水盘、坡地种植池、木栈道、门厅铺装、门口铺地、路牙基础、临水平台、廊、栏杆、花钵、跌水灯具、道路作法、道路铺装、车行道及人行关系、冲水厕所、草坪灯、标志牌、部分平面、道路全景剖面、道路节点等。

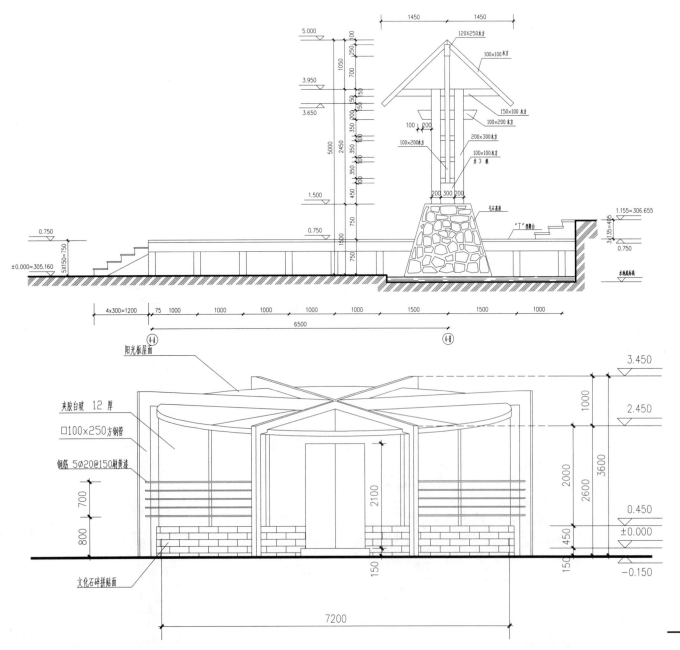

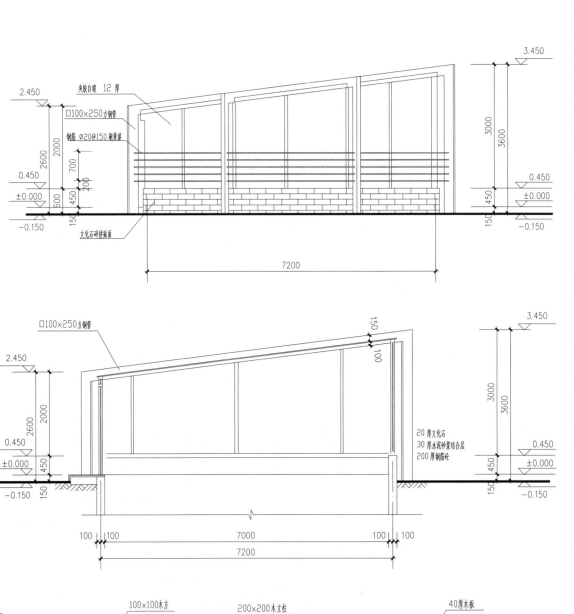

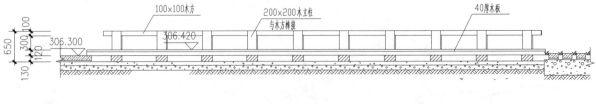

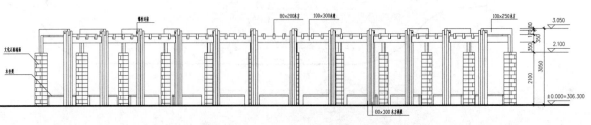

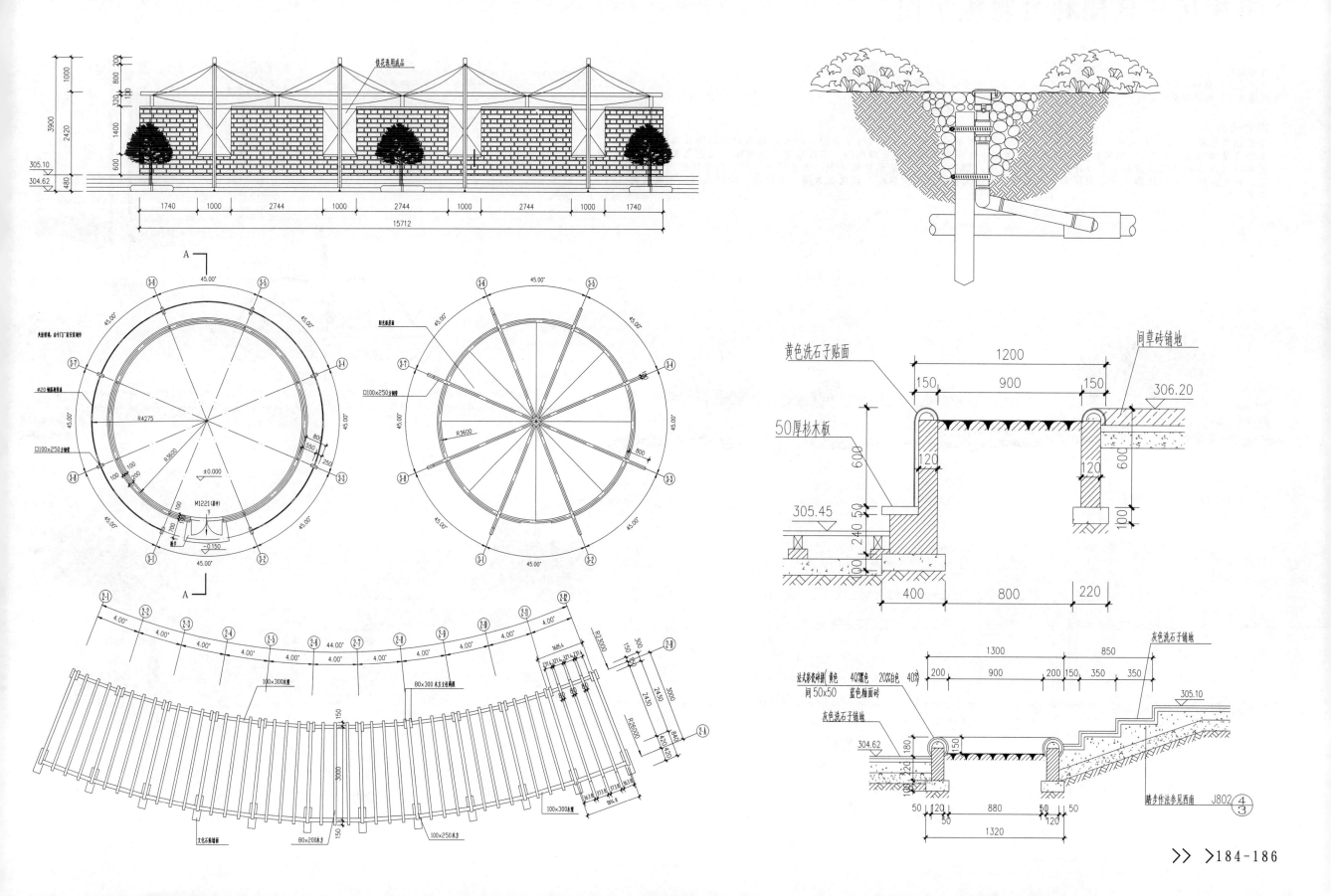

> 重庆居住区园林景观施工图

设计说明

地形地貌：平地
档次定位：高档居住区
绿地类型：居住区集中公园

设计风格：现代风格
图纸张数：35张

内容简介

本套图纸包括：目录、总说明、总平面布置图、中心区景观平面图、中心广场平面图、中心广场看台剖面图及铺地详图、木坐凳及雏形花盆详图、T型舞台平立剖面图、观演木廊平面及铺地平立剖面图、果汁房平立剖面图、文化之帆详图、玻璃棚详图、水景墙及景观木平台详图、水景墙详图、踏步、栈桥、玻璃景箱详图、听水广场详图、树池详图、休闲帐篷、铺地详图、护栏详图、中心景区水景平面图、小品大样、驳岸大样图、绿化配置图、结构图、园区电气工程设计说明等

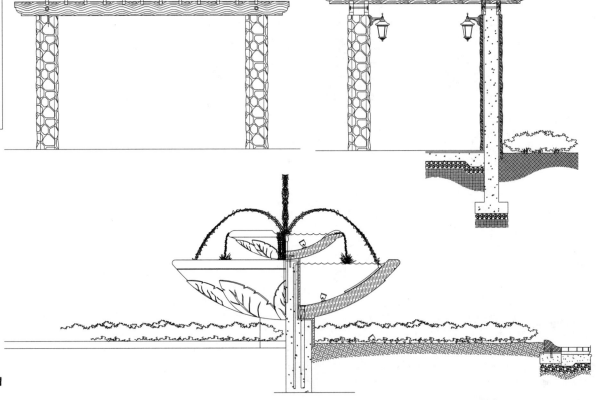

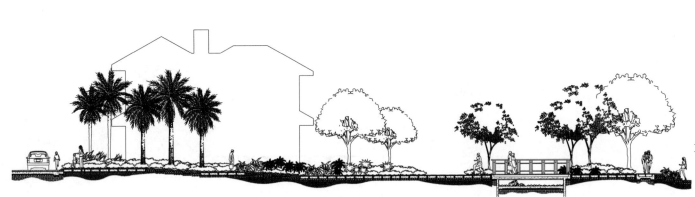

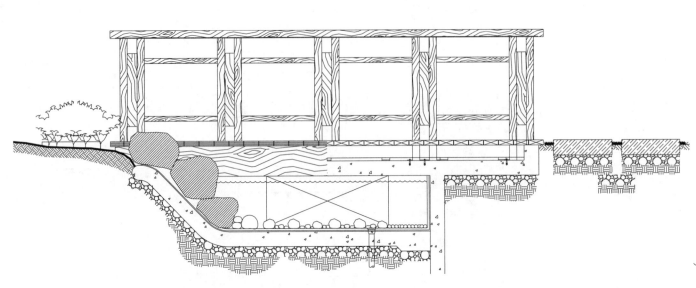

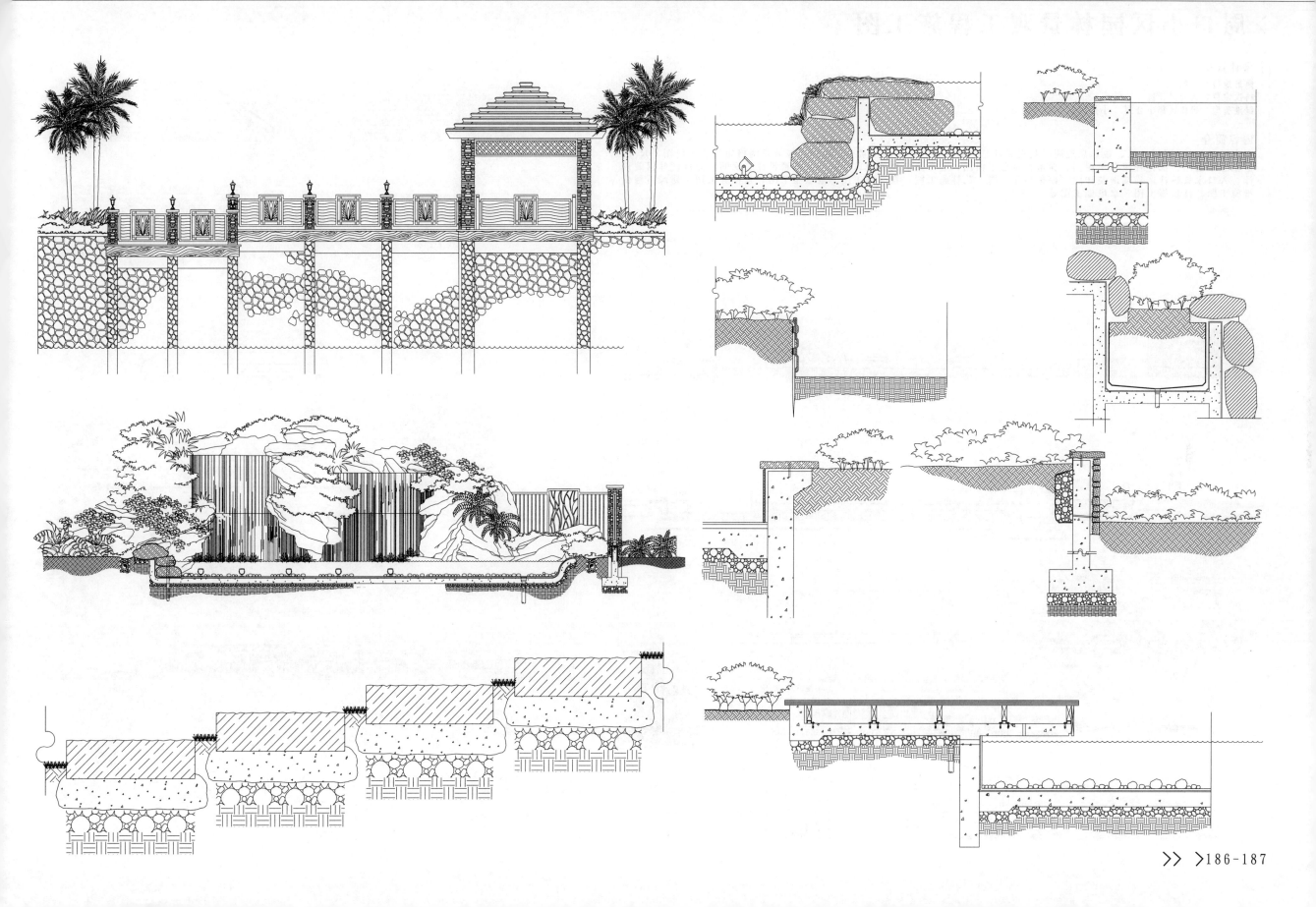

>周口小区园林景观工程施工图

设计说明

地形地貌：平地
档次定位：普通居住区
绿地类型：居住区集中公园，小区游园，宅旁绿地

设计风格：现代风格
图纸张数：12张

内容简介

本套图纸包括：图纸目录、设计总说明、景观设计总平面图、景观分区及索引平面图、竖向及网格定位总平面图、尺寸定位总平面图、绿化种植总平面图、乔木种植总平面图、灌木及地被种植总平面图、种植设计总说明、分区园林铺装设计、入口水景设计、局部铺装详图、停车场施工图、花钵施工图、景亭施工图、景墙施工图、景桥施工图、路缘石种植槽施工图、汀步施工图、水电施工图等。

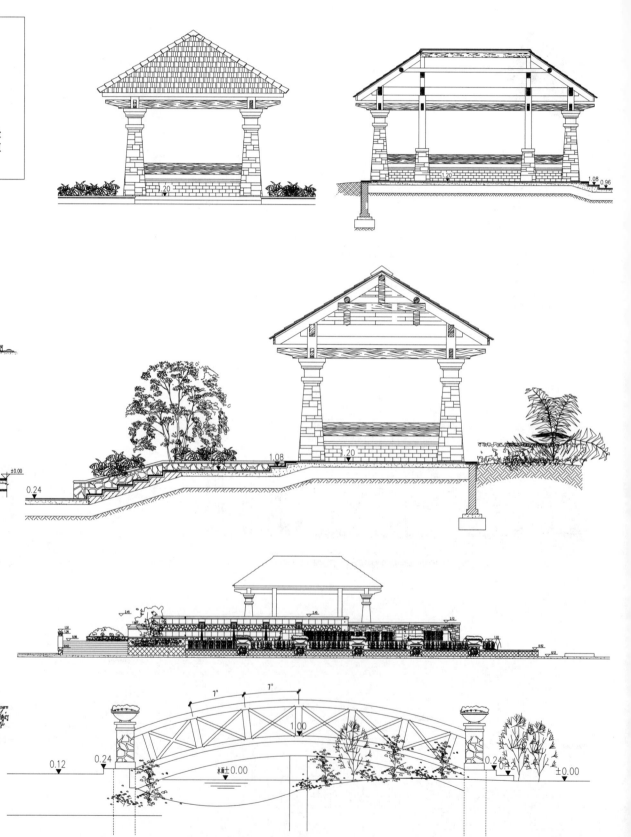

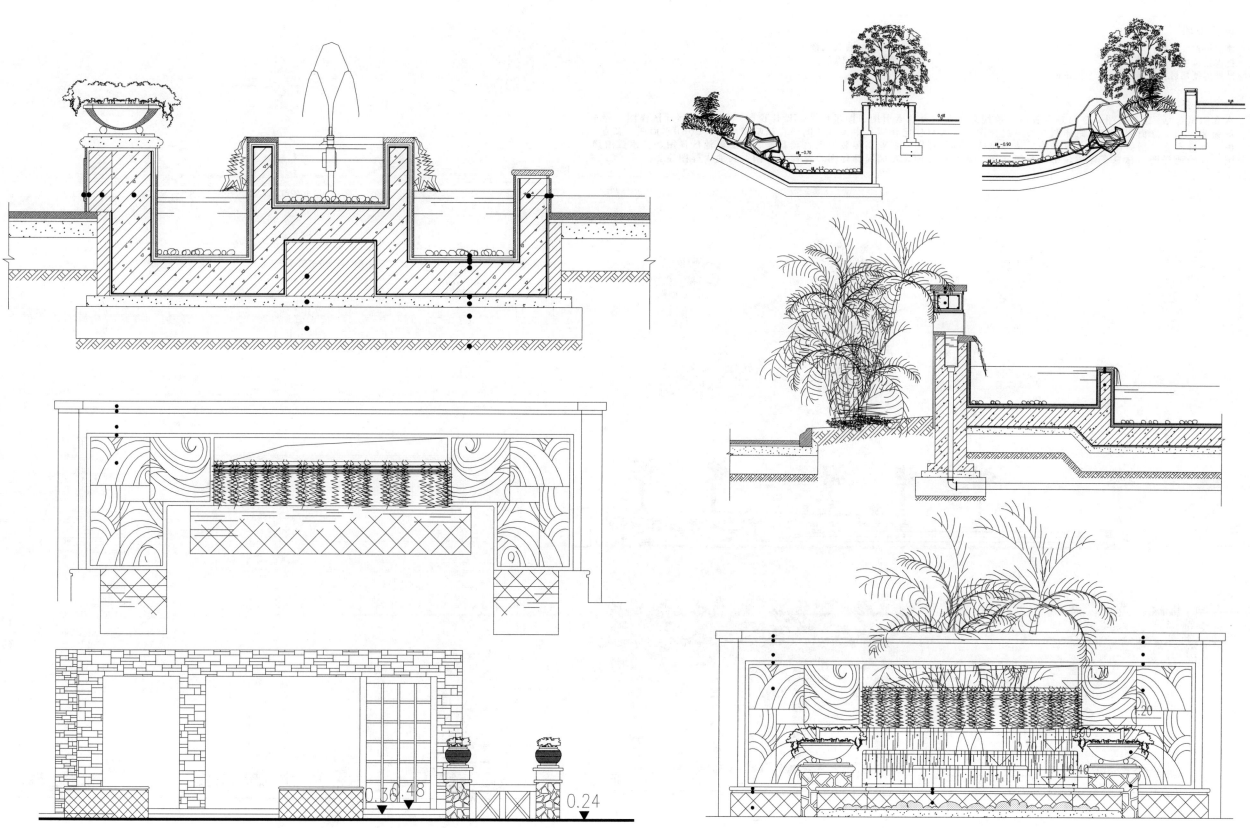

>珠海亚热带风情商住社区园林景观工程施工图

设计说明

地形地貌：平地

档次定位：商住两用

绿地类型：居住区集中公园,小区游园

设计风格：现代风格

图纸张数：120张

内容简介

本套图纸包括:总平面图、竖向总布置图、放线总平面图及总索引图、图纸目录、设计说明.材料表、回迁区详图、停车场铺装详图、立面图、滨海路详图、架空层详图、次入口住宅详图、主入口详图、音乐喷泉平面、LOGO平面图、商业街广场叠水立、剖面图、主入口景墙、休息座椅、廊架详图、商业街铺装详图、莲花池、中心泳池区详图、叠水假山详图、按摩池详图、休息亭详图、中心花园详图、架空层详图、花园局部详图、花钵大样图、树池大样图等。

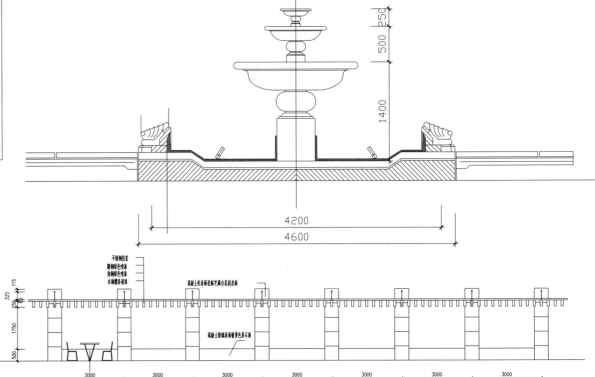

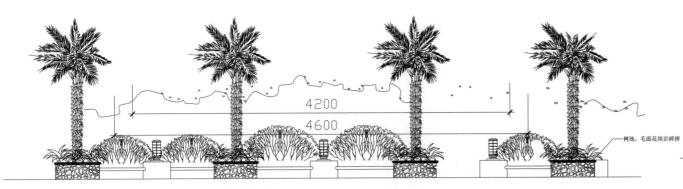

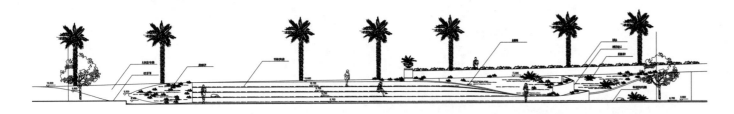

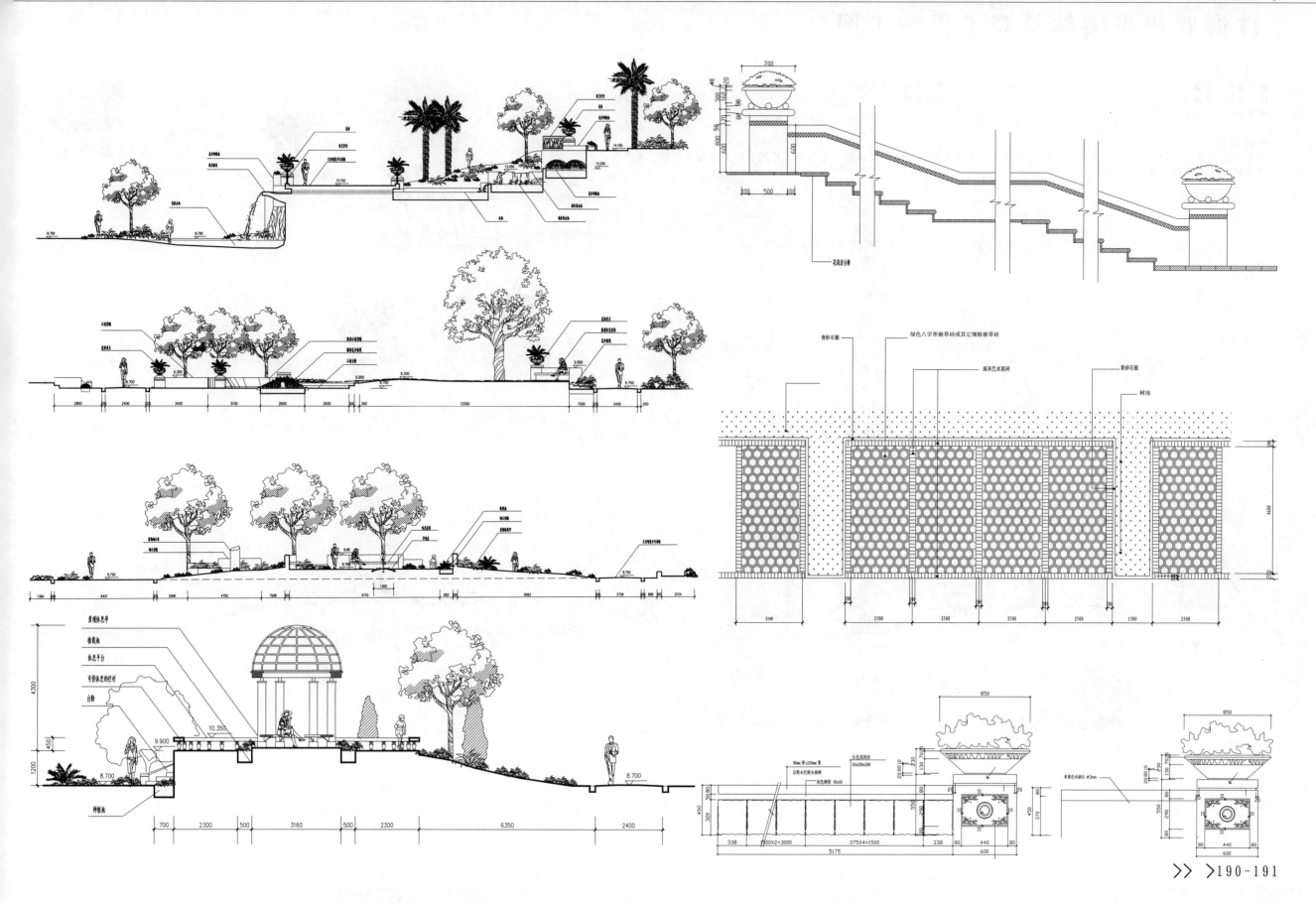

>珠海亚热带园林景观工程施工图

设计说明

地形地貌：平地

档次定位：商住两用

绿地类型：居住区集中公园

设计风格：现代风格

图纸张数：26张

内容简介

本套图纸包括：平面图、架空层详图、花园局部详图、花钵大样图、树池大样图、观景亭大样图、中心花园种植图、泳池详图、花园立面图等.

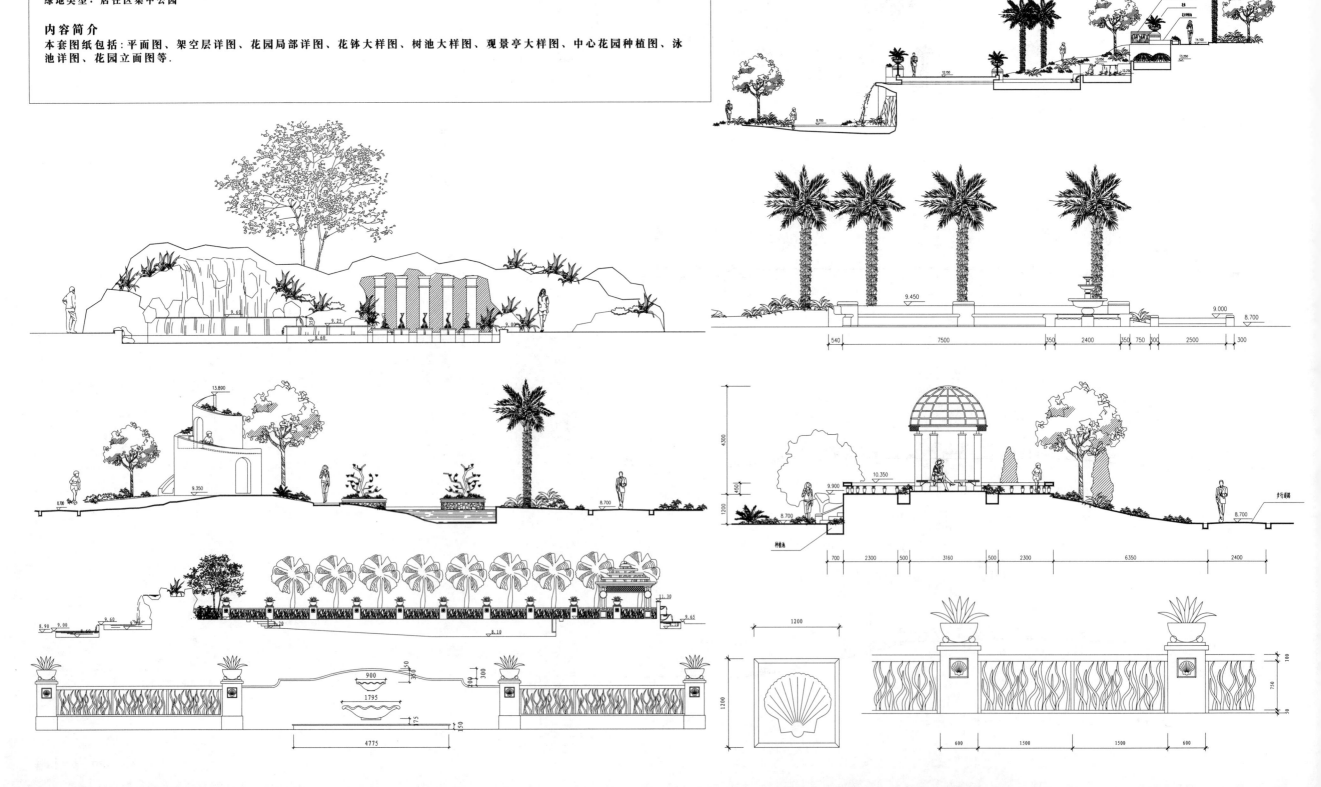

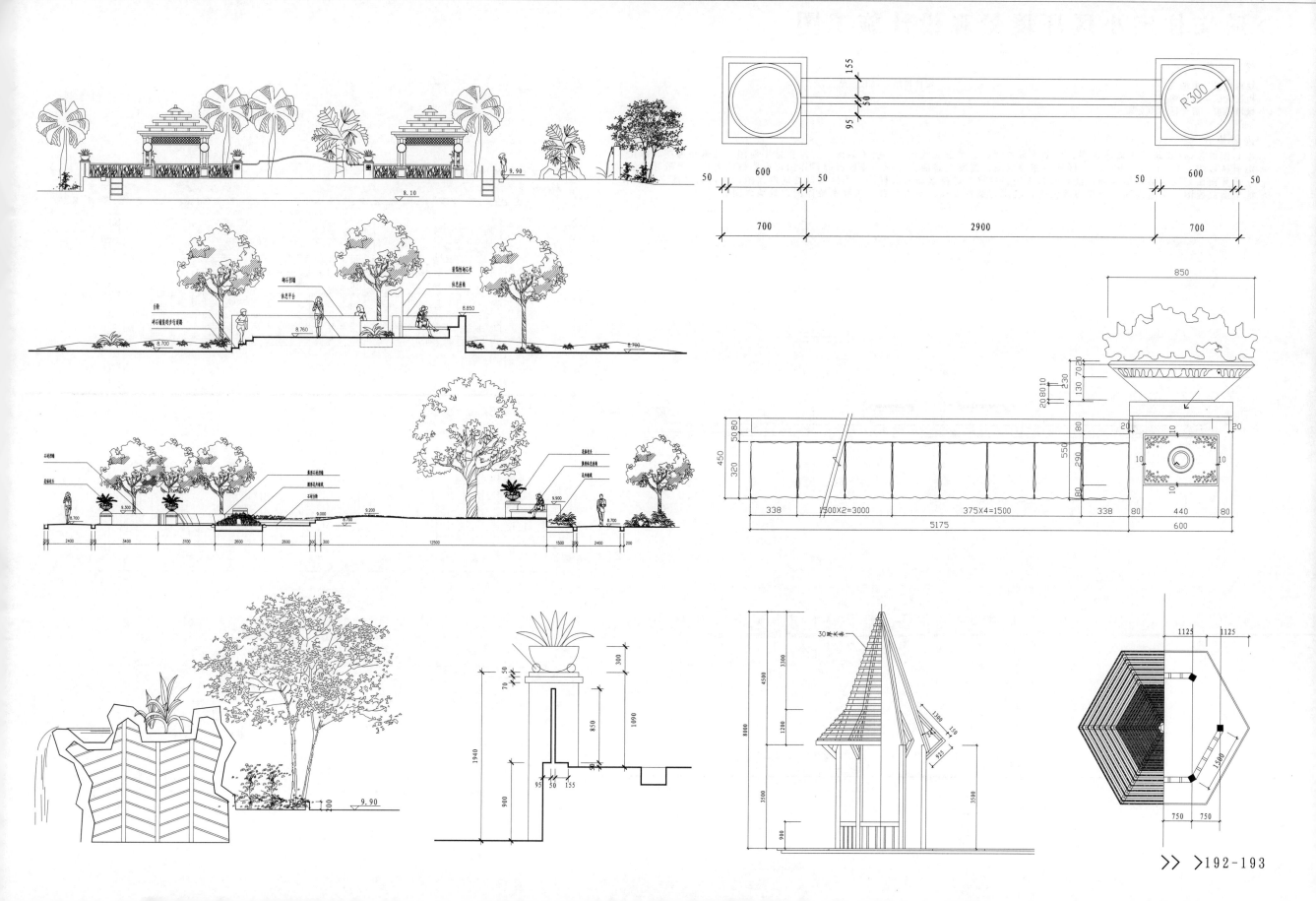

>遵义住宅小区环境景观设计施工图

设计说明

地形地貌：平地　　　　　　　　　　设计风格：现代风格

档次定位：商住两用

绿地类型：居住区集中公园

内容简介

本套图纸包括：建筑总平面布置图、总平面布置图、总平面放线图、索引平面图、、绿化总平面图、灌木平面图、绿化地面植被图、A、B、C、D、E、F区放线图铺地图、混凝土路面大样图、虎皮石碎拼详图、道路做法大样、平道牙做法立道牙做法、滤水砖铺地详图、红石板路详图、虎皮石碎拼嵌卵石大样图、小区入口处铺地详图、大门入口侧立面、水池平面放线图、水池剖面、驳岸浅滩大样、驳岸石池壁大样、亲水平台、防腐木桥详图、景墙详图等

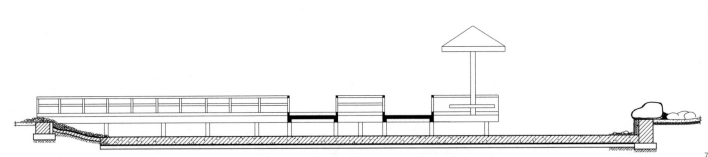

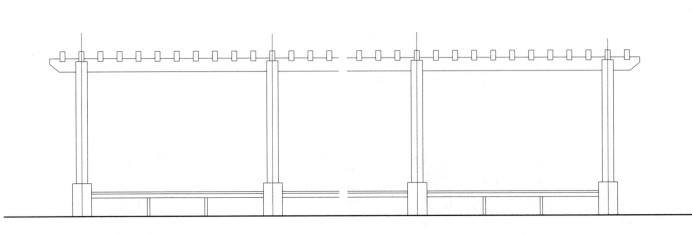

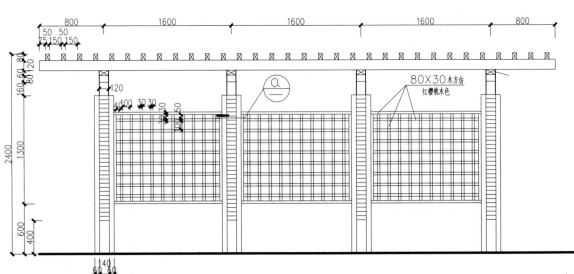

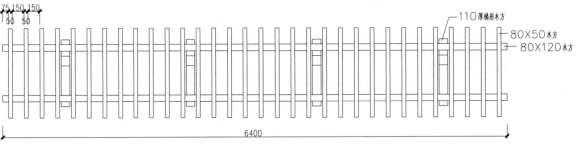

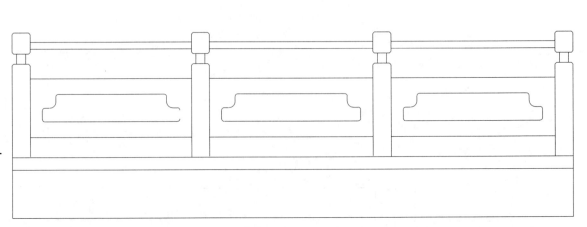

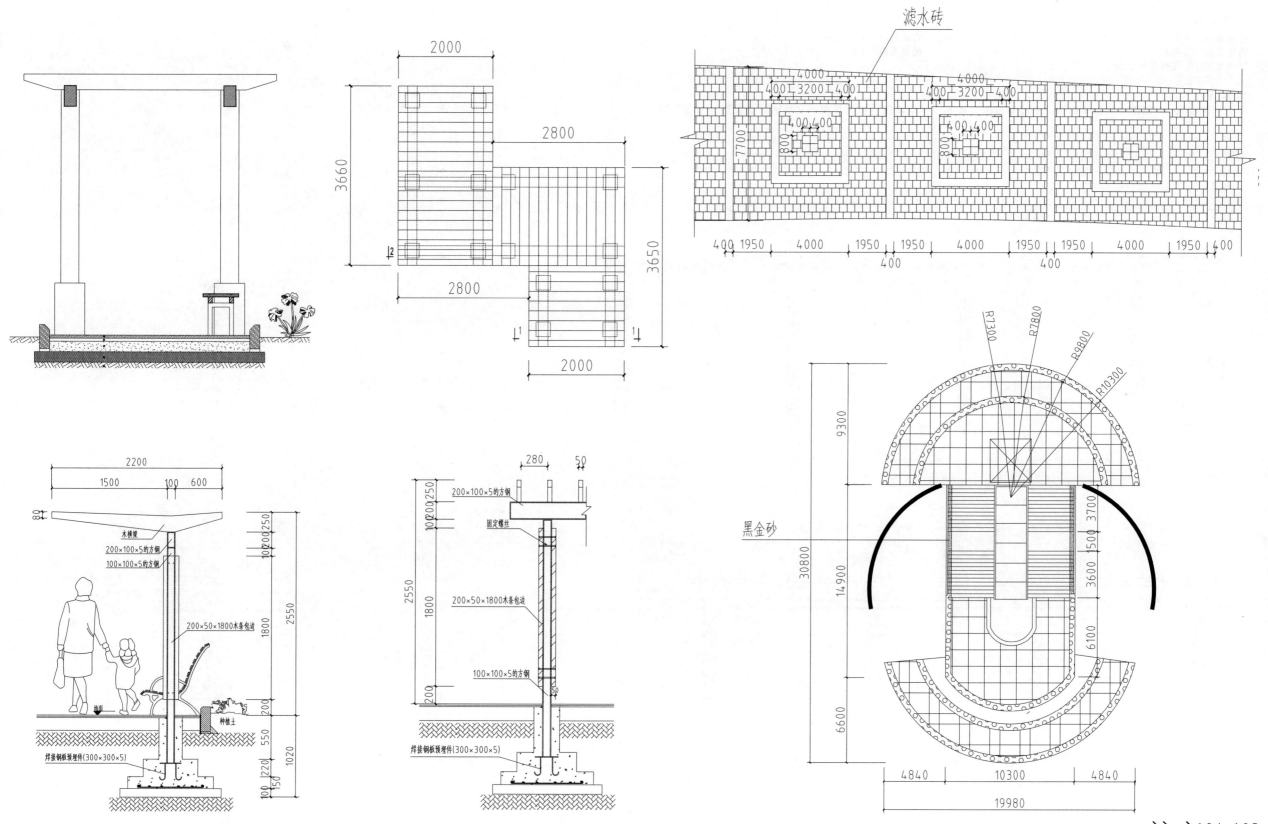

滤水砖

黑金砂

木横梁
200×100×5的方钢
100×100×5的方钢
200×50×1800木条包边
选顶
种植土
焊接钢板预埋件(300×300×5)

200×100×5的方钢
固定螺丝
200×50×1800木条包边
100×100×5的方钢
焊接钢板预埋件(300×300×5)

>居住小区园林景观工程施工图

设计说明

地形地貌：平地
档次定位：普通住宅
绿地类型：居住区集中公园

设计风格：现代风格
图纸张数：9张

内容简介

本套图纸包括：平面图、绿化平面图、水施平面图、苗木表、电施图、花架详图、立面图、剖面图、节点详图

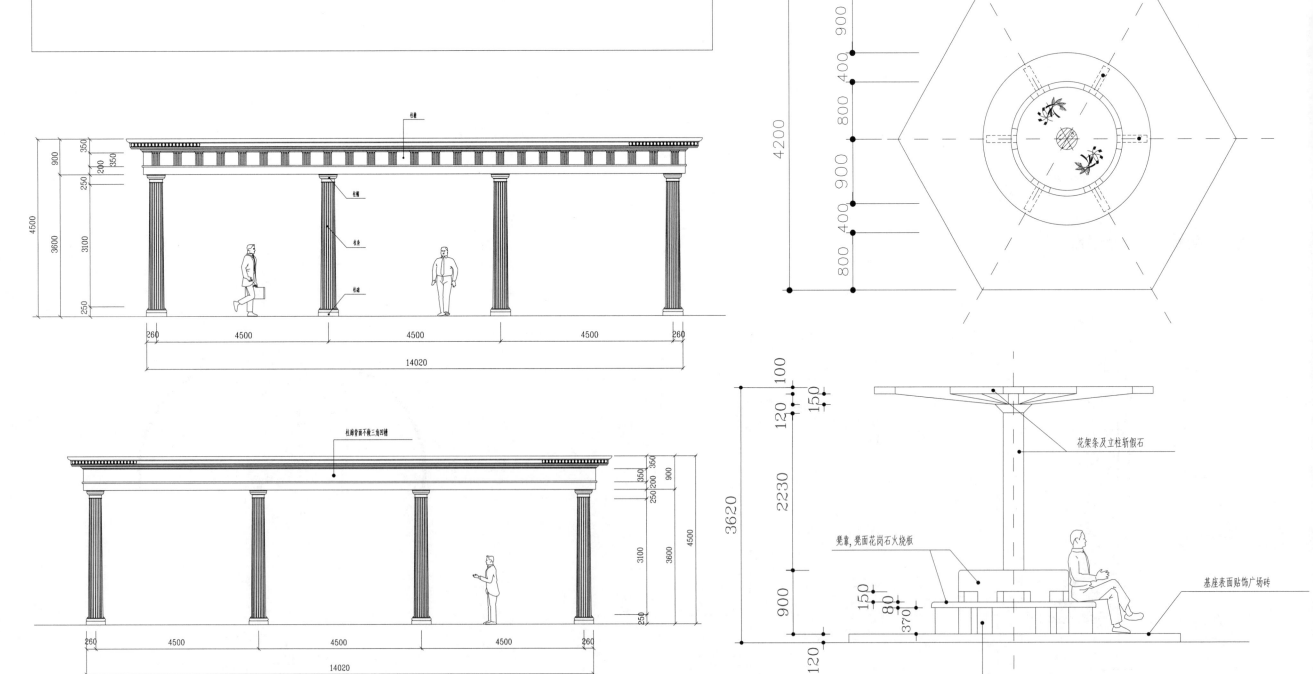

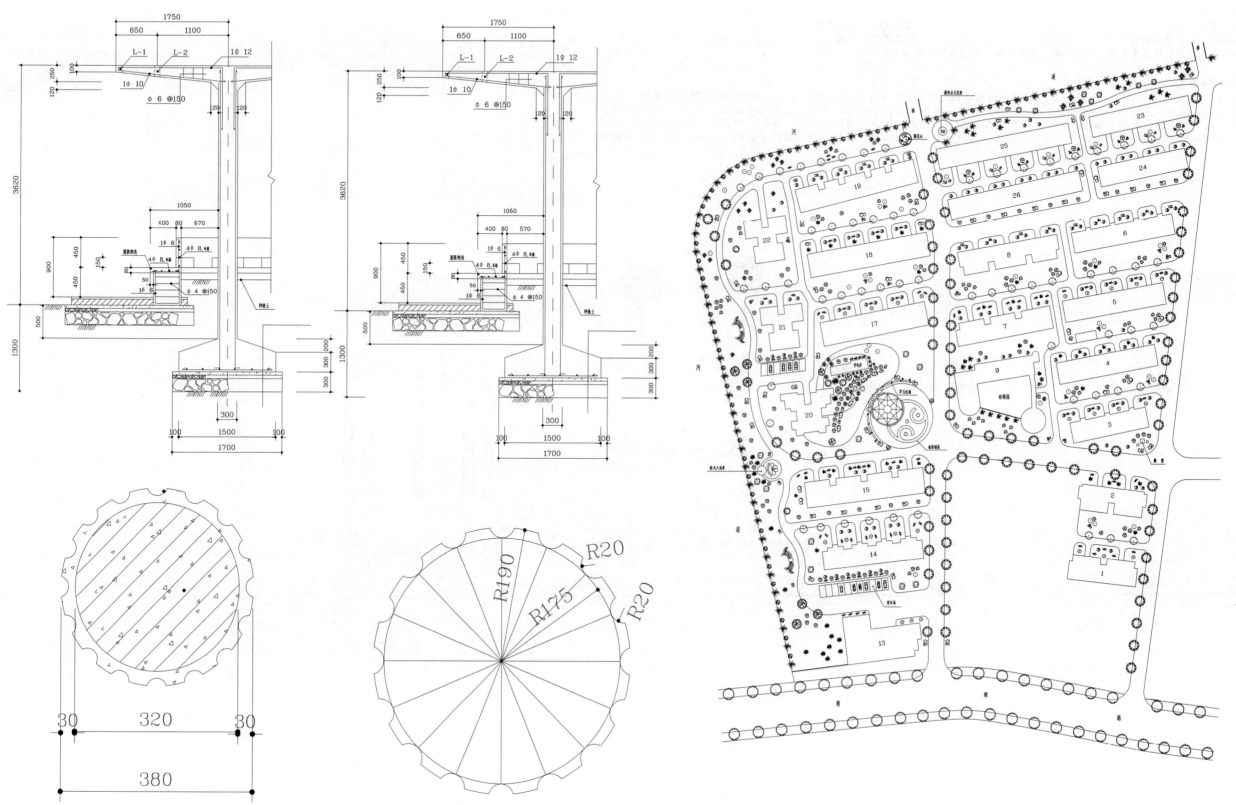

>现代居住区花园景观施工全套图纸

设计说明

地形地貌：平地
档次定位：高档居住区
绿地类型：居住区集中公园，小区游园，宅旁绿地，公建花园，附属绿地

设计风格：现代风格
图纸张数：39张

内容简介

本套图纸包括：装总平面图、指引总平面图、网格放线总平面图、标高总平面图、坐标定位图、标准段铺装大样、铺地平面图、清风亭立面图、清风亭平面图、园亭平面图、特色水景区平面图、大门入口铺装平面图、大门入口区平面图、通道铺装平面图、通道平面图、花池剖面图、标准铺装大样图、休息广场区平面图、休息广场区尺寸定位平面图、休息广场区铺装平面图、花钵平面图、花池剖面图、入口水景平面图、入口水景索引及标高平面图、入口水景铺装平面图等

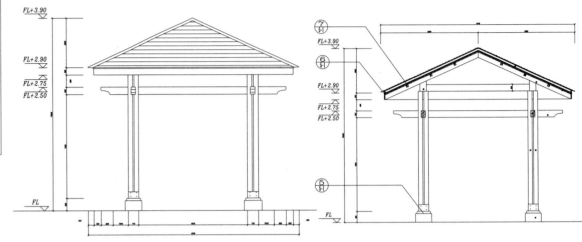

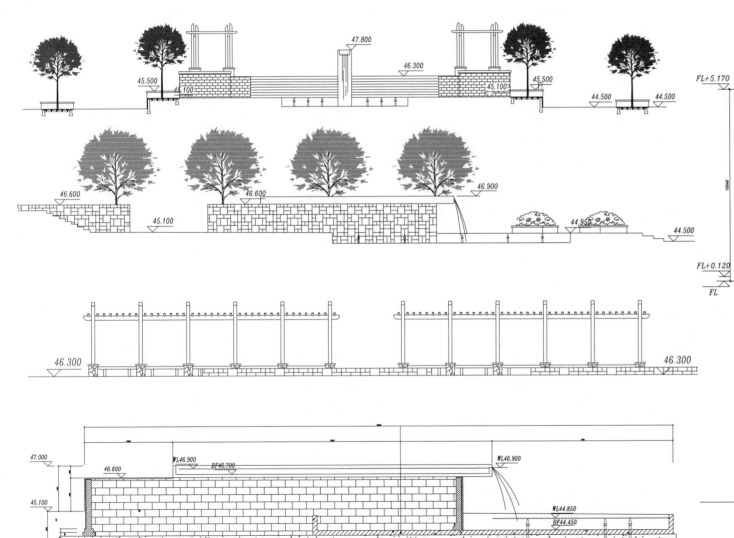

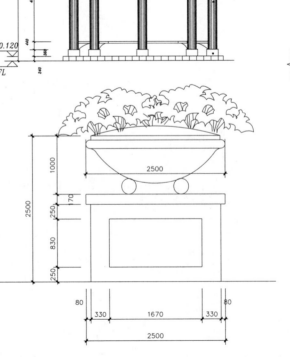

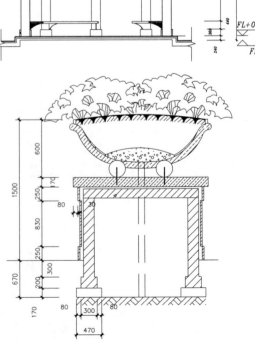

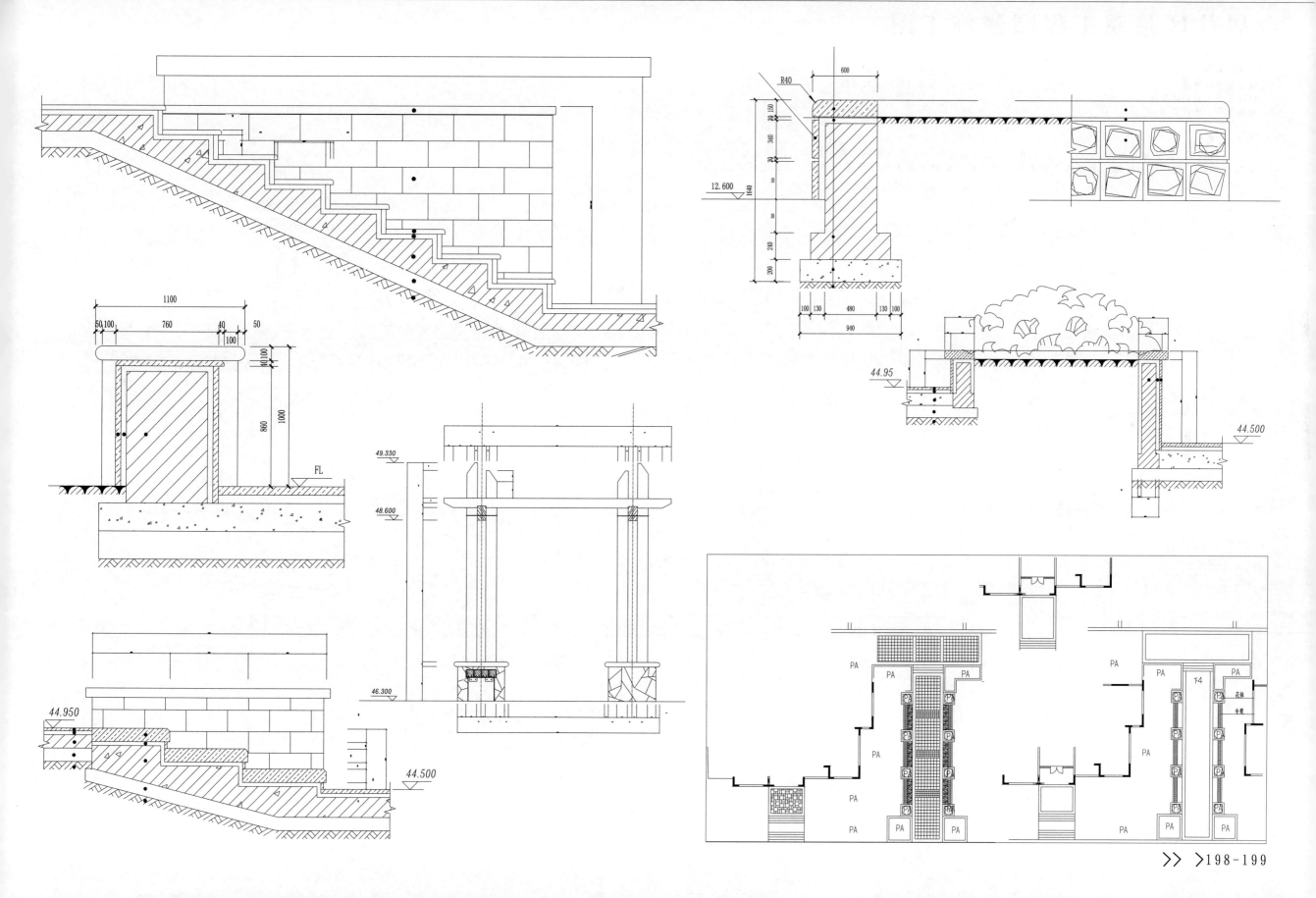

>居住区景观工程园建施工图

设计说明

地形地貌：平地　　　　　　　　　设计风格：现代风格
档次定位：高档居住区　　　　　　图纸张数：16张
绿地类型：小区游园

内容简介

本套图纸包括：总平面参照图、中心水景详图、水景设计详图、水景立面图、廊架详图、中心水景汀步详图、驳岸详图、
景墙平面图、户外活动场地、老年人活动中心、休息区、灯柱平面大样、景观亭详图、道路剖面图.

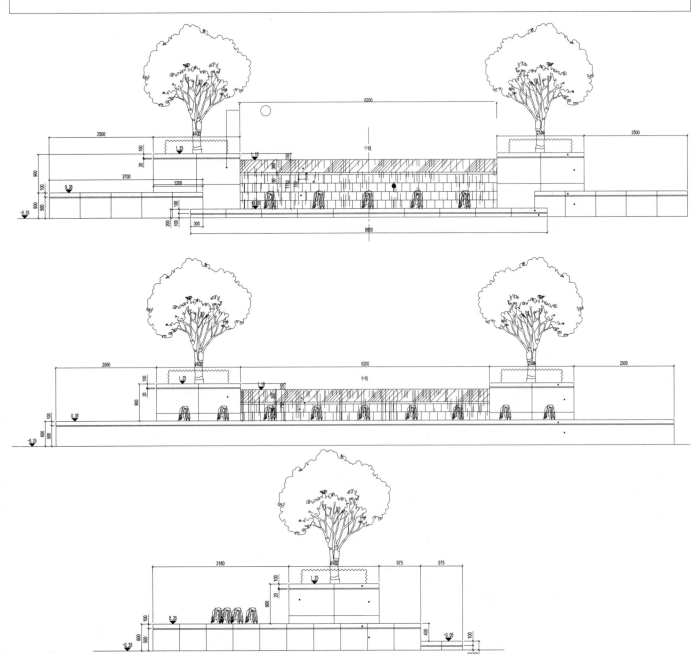

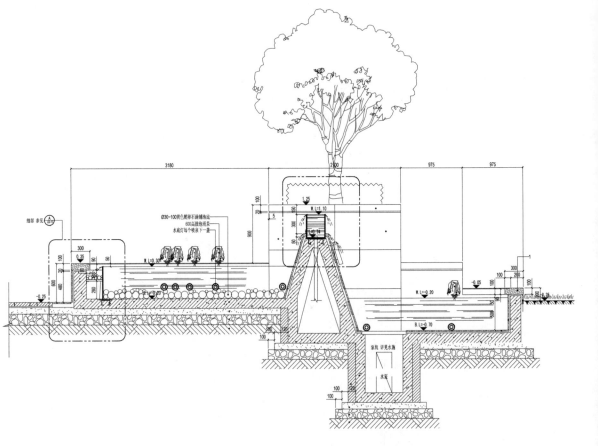

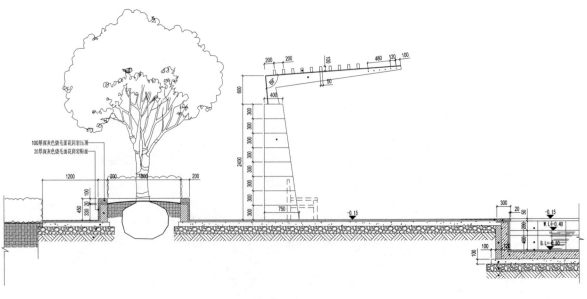

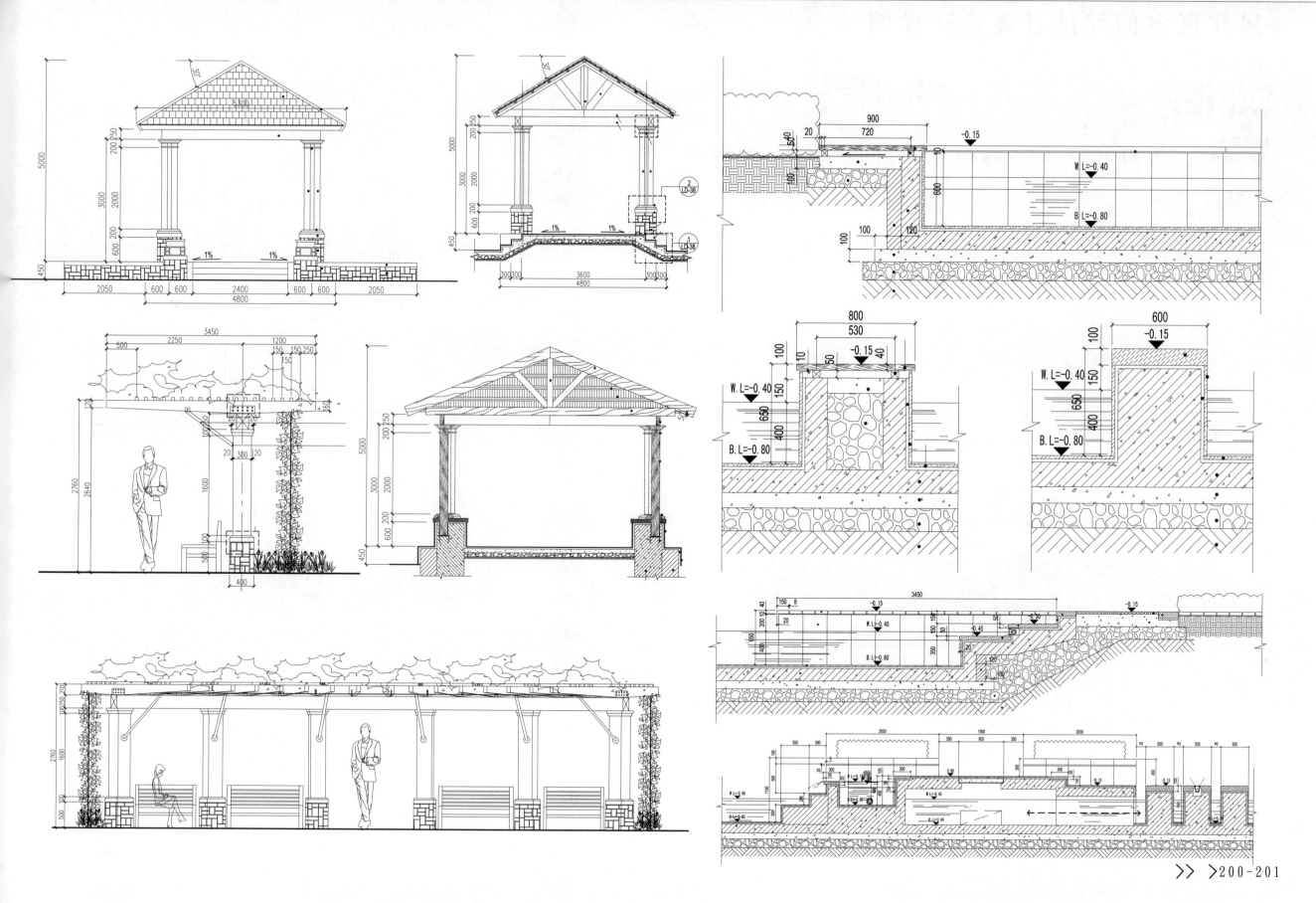

>居住区宅间绿地景观设计详图

设计说明

地形地貌：平地   设计风格：现代风格

档次定位：高档居住区   图纸张数：1张

绿地类型：宅间绿地

内容简介

本套图纸包括：平面图、标高图、跌水剖面图、水景剖面图、挡墙剖面图、吐水景墙剖面图、种植挡墙剖面图

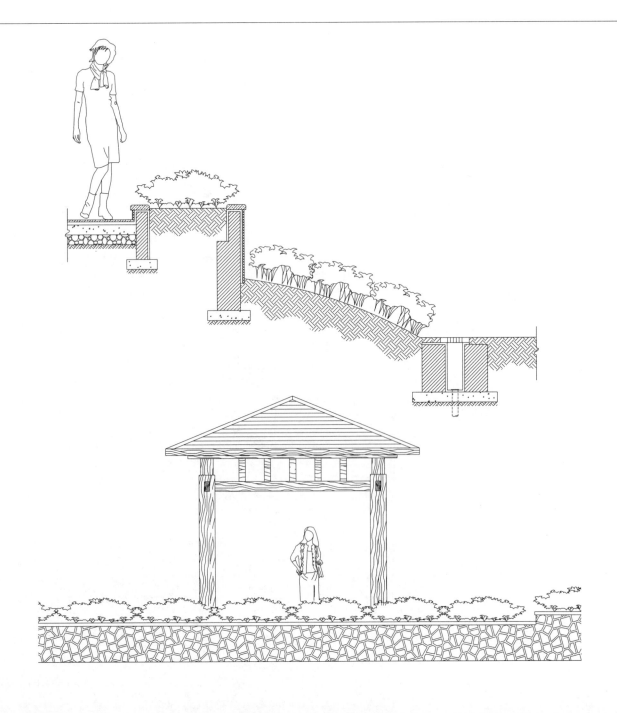

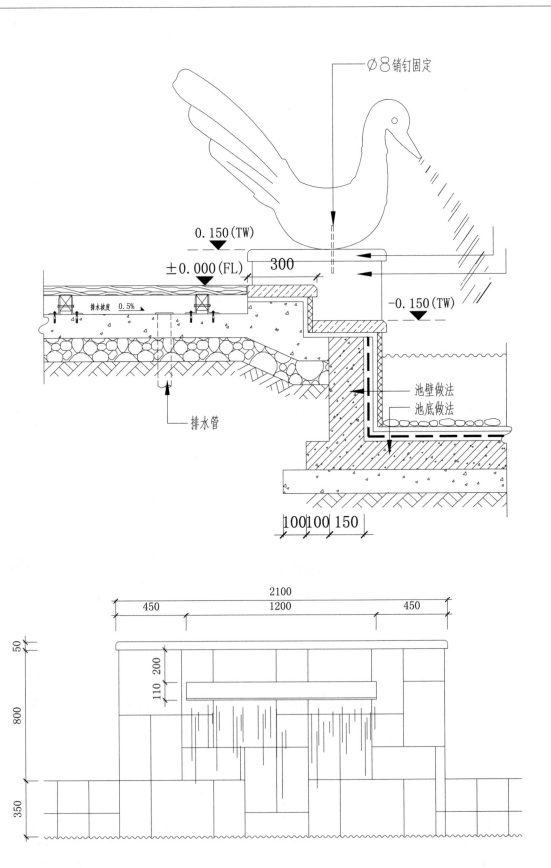

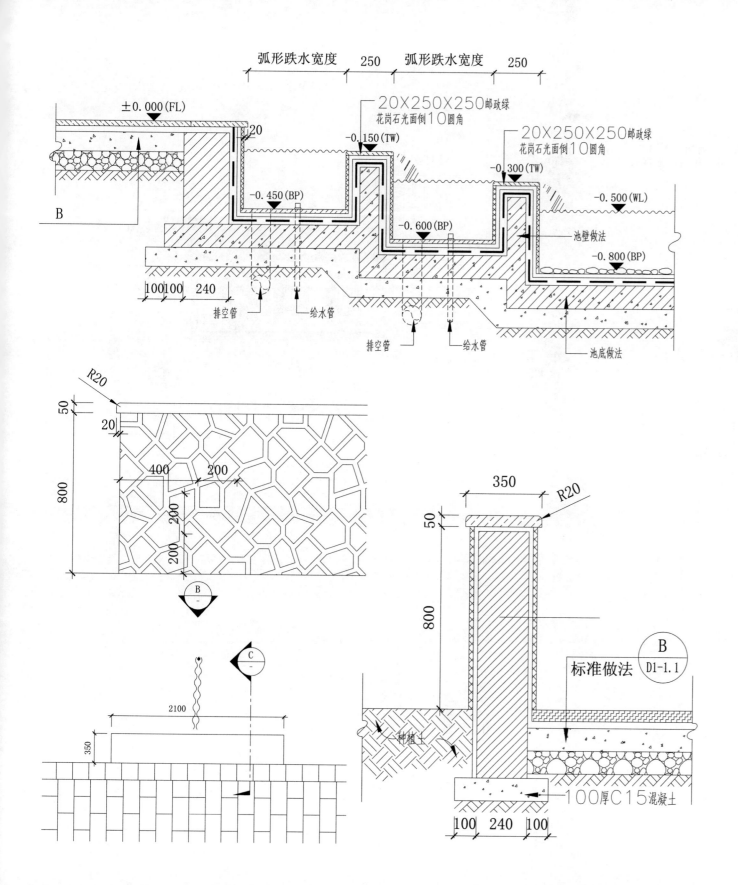

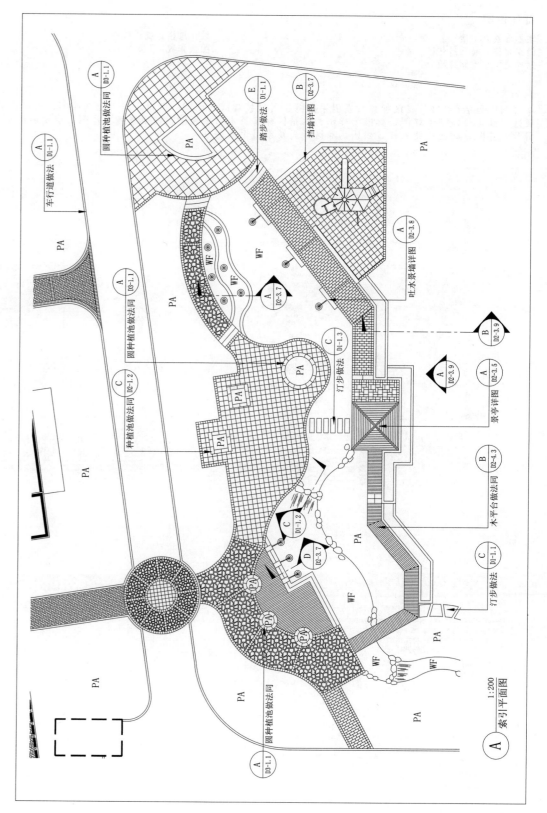

>小区景观设计施工图

设计说明

地形地貌：平地
档次定位：高档居住区
绿地类型：宅间绿地

设计风格：现代风格
图纸张数：7张

内容简介

本套图纸包括：入口景观区标高及索引平面图、入口景观区立面图、入口水景平立剖面图、流水景墙平立面图、入口景观区尺寸定位、亭子详图、标准大样图、水景区标高及索引平面图、镂空景墙大样图、亭及假山平面图、休闲区标高索引及尺寸图、树池座凳大样、娱乐活动区标高及索引平面图等。

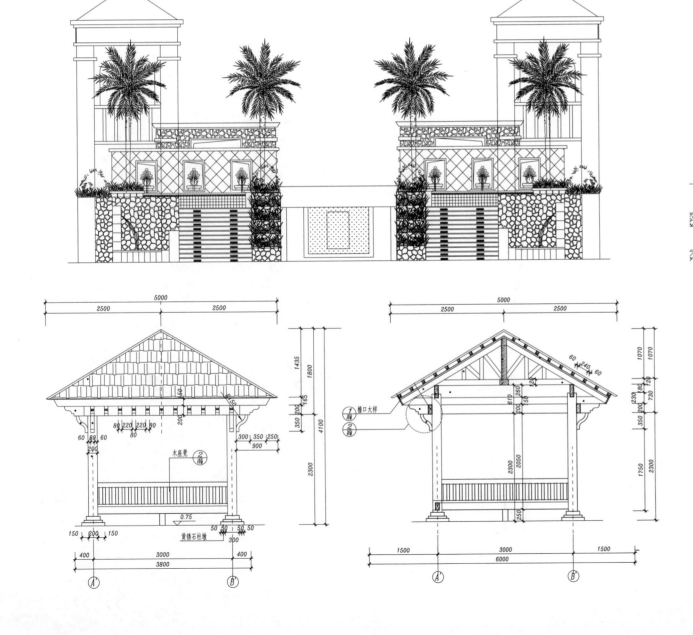

250x80山樟木
200x75山樟木
20厚封檐板
200x75山樟木
80x60山樟木

50x80木枋
100x110木枋
50x80木枋
100x110木枋

> 小区会所景观设计施工图

设计说明

地形地貌：平地
档次定位：高档居住区
绿地类型：宅间绿地

设计风格：现代风格
图纸张数：1张

内容简介

本套图纸包括：目录表、会所景观施工说明、索引图、标高总平面图、微地形造坡平面图、景观物料铺装图、景观尺寸标注图、景观尺寸放线图、水体索引图、木平台平面图、木平台基础做法图、景观坐凳做法图、树之广场做法图、景观台阶做法图、特色树池索引图、特色树池做法图、特色树池B做法图、特色汀步做法图、特色汀步做法图Ba吊木顶平立面图、吊木顶细部大样图、植物配置总平面图、乔木层植物配置、灌木层植物配置、片栽层植物配置、苗木表等

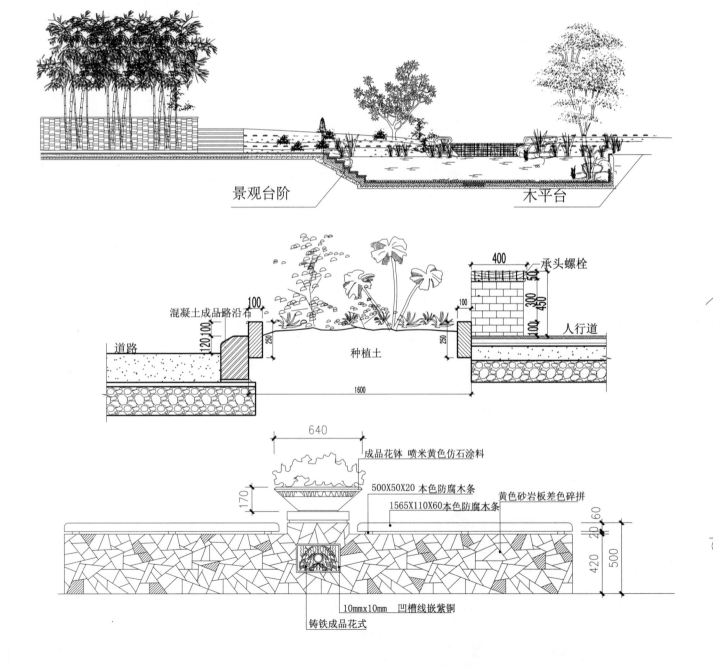

景观台阶　　　　　　　　　　　　　木平台

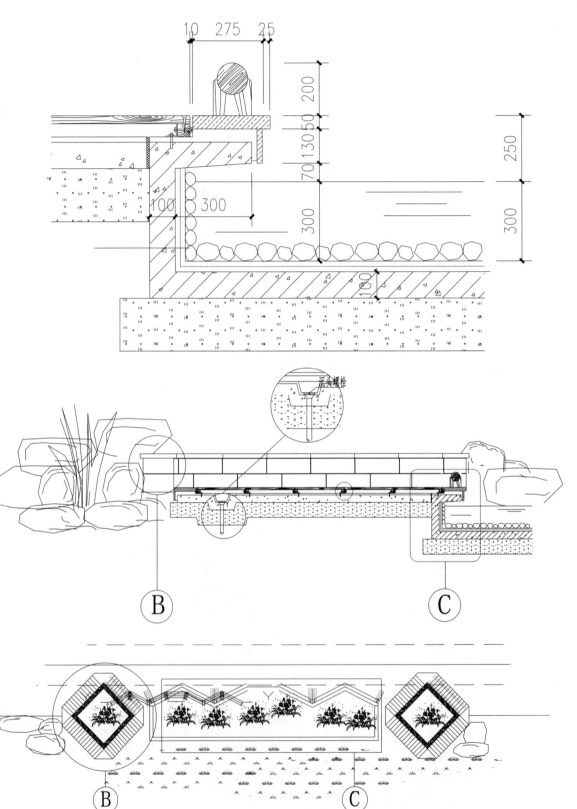

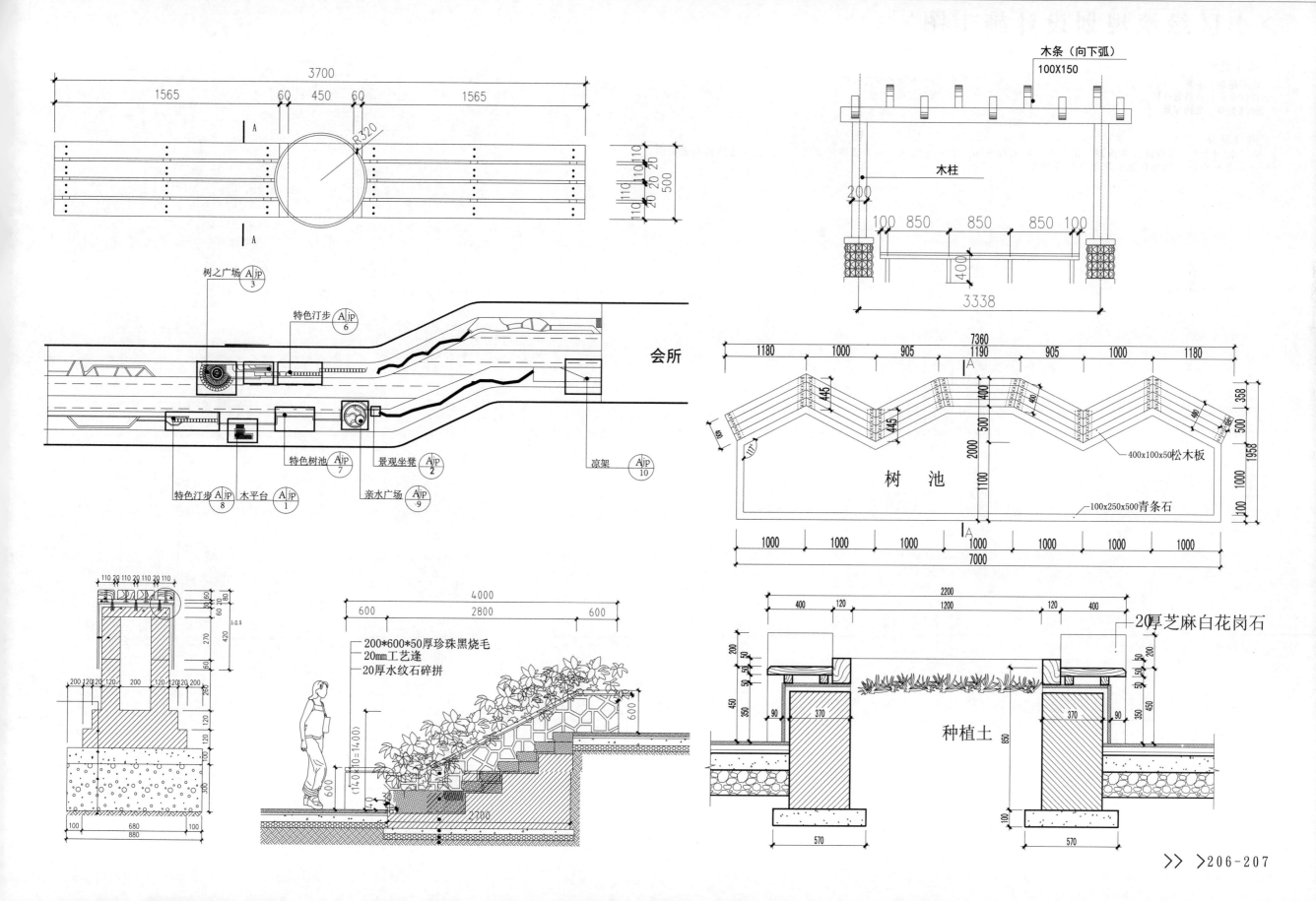

木条（向下弧）
100X150

木柱

特色汀步

树之广场

特色汀步

景观坐凳

特色树池

木平台

亲水广场

凉架

会所

树　池

400x100x50松木板

100x250x500青条石

200*600*50厚珍珠黑烧毛
20mm工艺逢
20厚水纹石碎拼

20厚芝麻白花岗石

种植土

> 小区绿地规划设计施工图

设计说明

地形地貌： 平地
档次定位： 高档居住区
绿地类型： 宅间绿地

设计风格： 现代风格
图纸张数： 7张

内容简介

本套图纸包括：规划设计平面图、苗木表、乔木配置图、灌木配置图、施工放线平面图、管线图、道路铺装索引图、移动式花坛详图、树池详图、鲜花立柱详图等

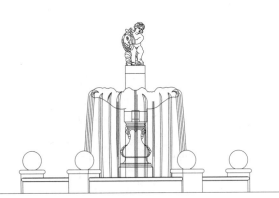

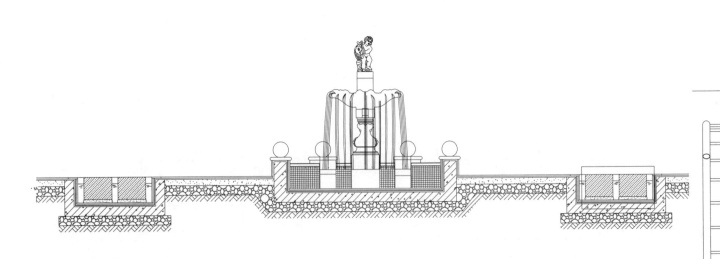

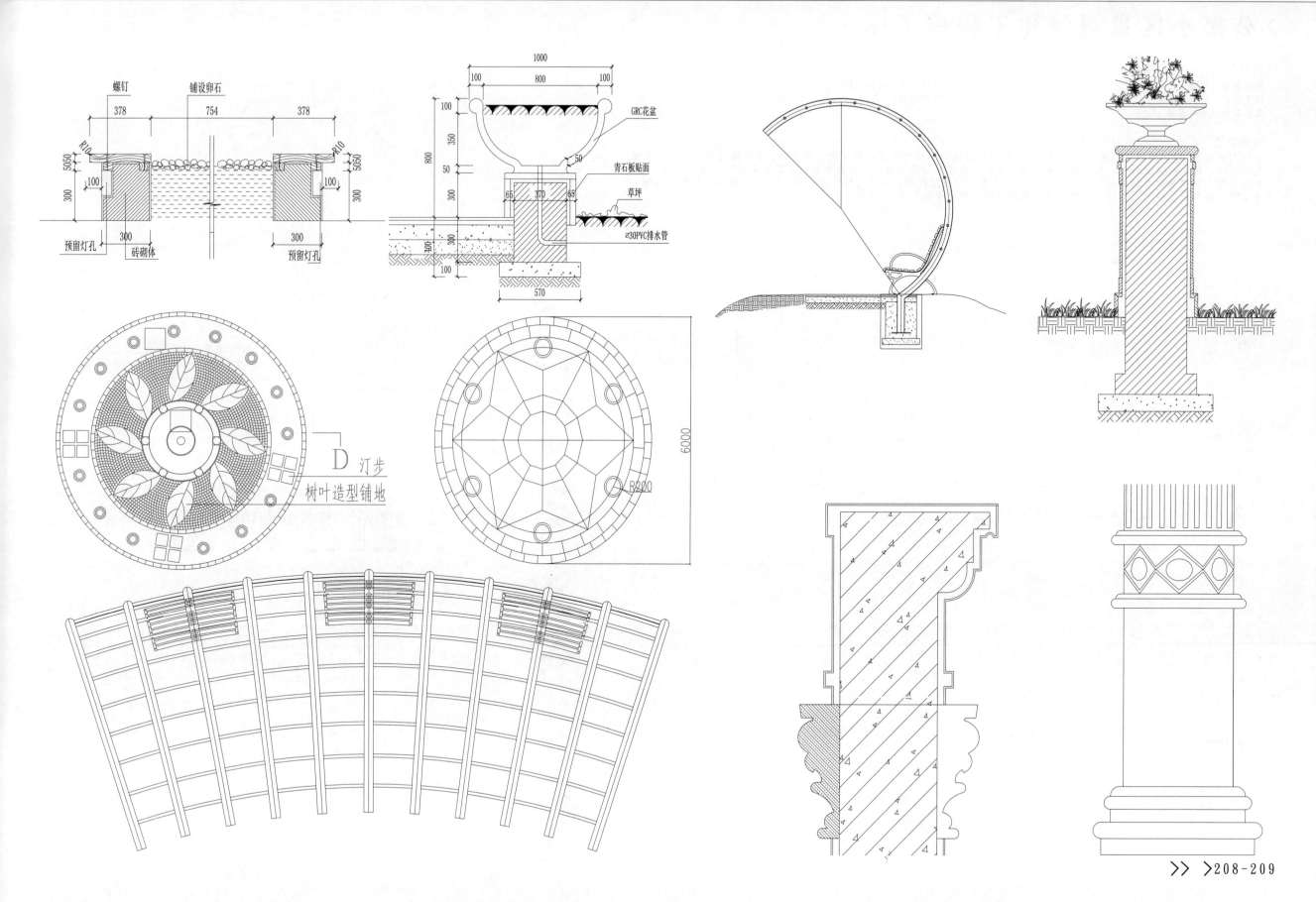

螺钉　铺设卵石
378　754　378
预留灯孔　砖砌体　预留灯孔
300　300

1000
100　800　100
100
350
800
50
300
65　370　65
570

GRC花盆
青石板贴面
草坪
∅30PVC排水管

D 汀步
树叶造型铺地

6000
R200

>公寓小区景观绿化工程施工图

设计说明

地形地貌：平地　　　　　　　　　　设计风格：现代风格
档次定位：高档居住区　　　　　　　图纸张数：2张
绿地类型：宅间绿地

内容简介
本套图纸包括：施工图设计总说明、小区绿化设计总平面图、小区绿化设计尺寸图、小区绿化设计网格放样图、绿化植
物配置图、绿化植物配置表、竖向及铺装布置平面图、给排水布置平面图、灯光布置图、秋实苑网格放样图、秋实苑植
物配置图、休闲坐凳平面图及P6、P7铺装大样、春光苑网格放样图、春光苑植物配置图、P1、P2铺装大样及剖面图、
下沉式广场网格放样图、下沉式广场植物配置放样图、树池平面图等

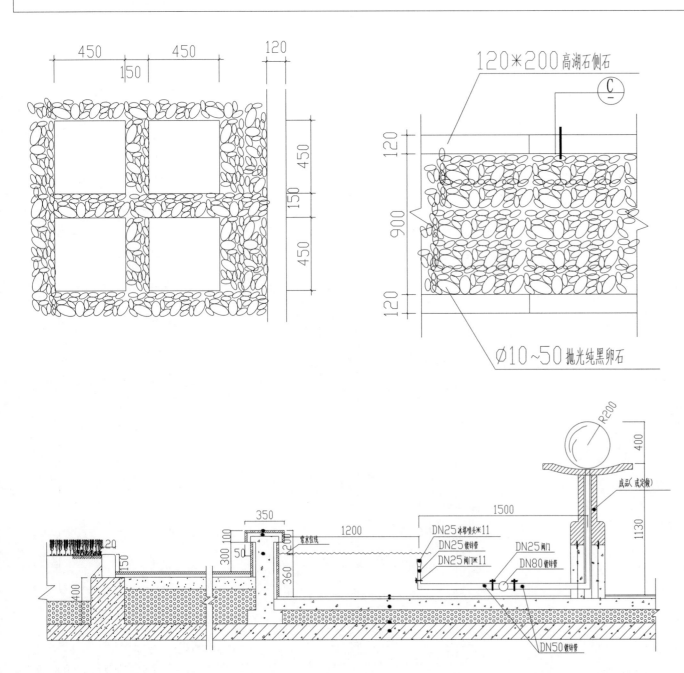

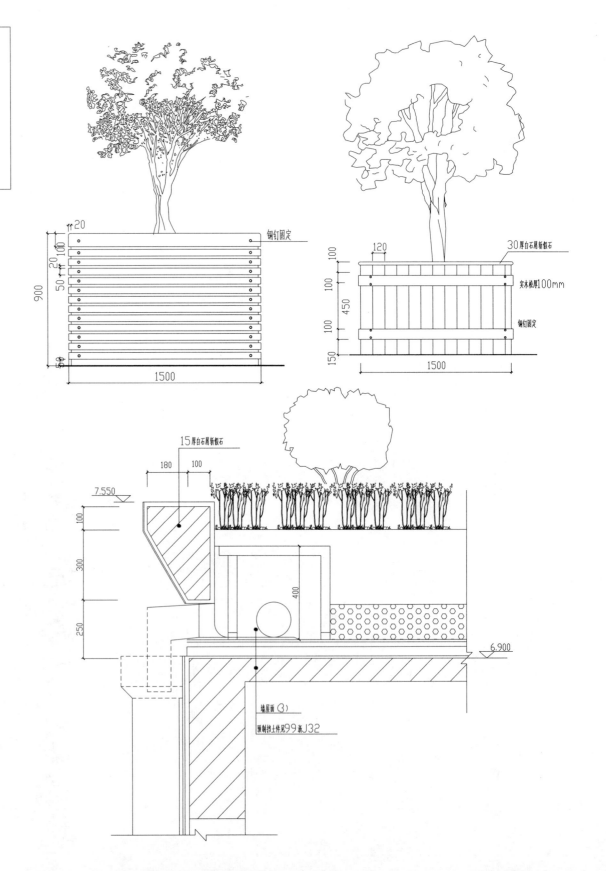

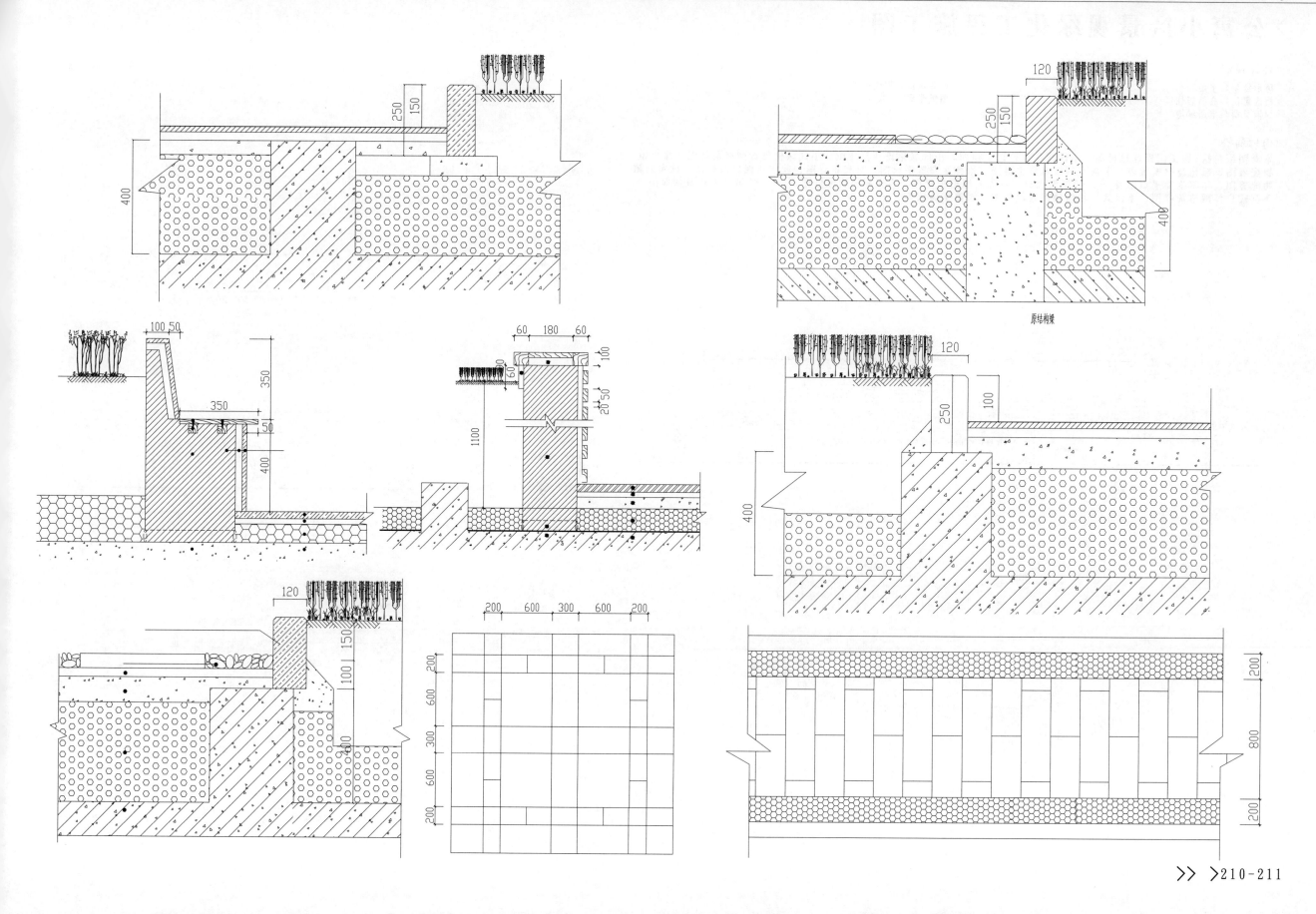

原结构梁

>公寓小区景观绿化工程施工图

设计说明

地形地貌：平地　　　　　　　　　　　　　设计风格：现代风格
档次定位：高档居住区　　　　　　　　　　图纸张数：2张
绿地类型：宅间绿地

内容简介

本套图纸包括：施工图设计总说明、小区绿化设计总平面图、小区绿化设计尺寸图、小区绿化设计网格放样图、绿化植物配置图、绿化植物配置表、竖向及铺装布置平面图、给排水布置平面图、灯光布置图、秋实苑网格放样图、秋实苑植物配置图、休闲坐凳平面图及P6、P7铺装大样、春光苑网格放样图、春光苑植物配置图、P1、P2铺装大样及剖面图、下沉式广场网格放样图、下沉式广场植物配置放样图、树池平面图等

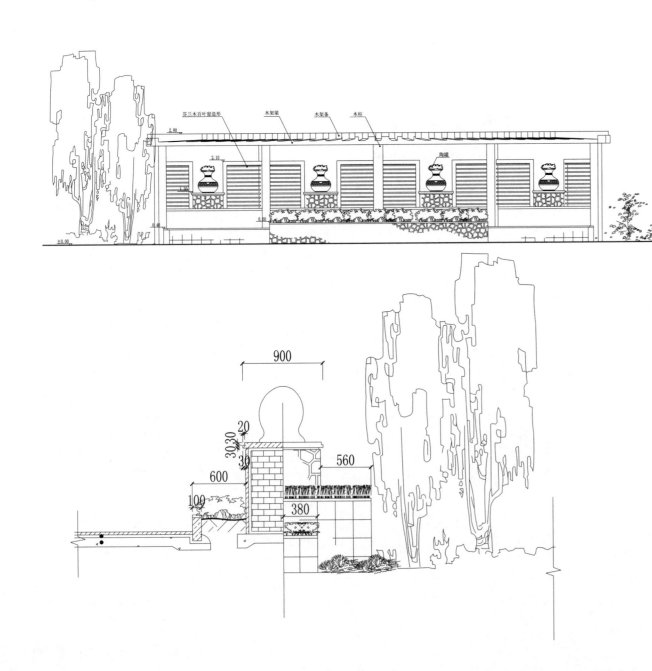

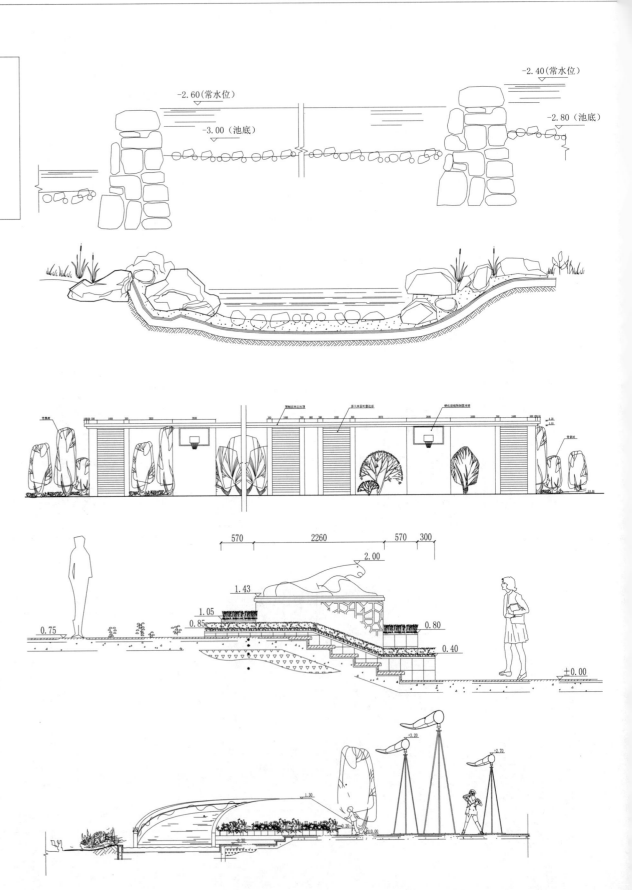

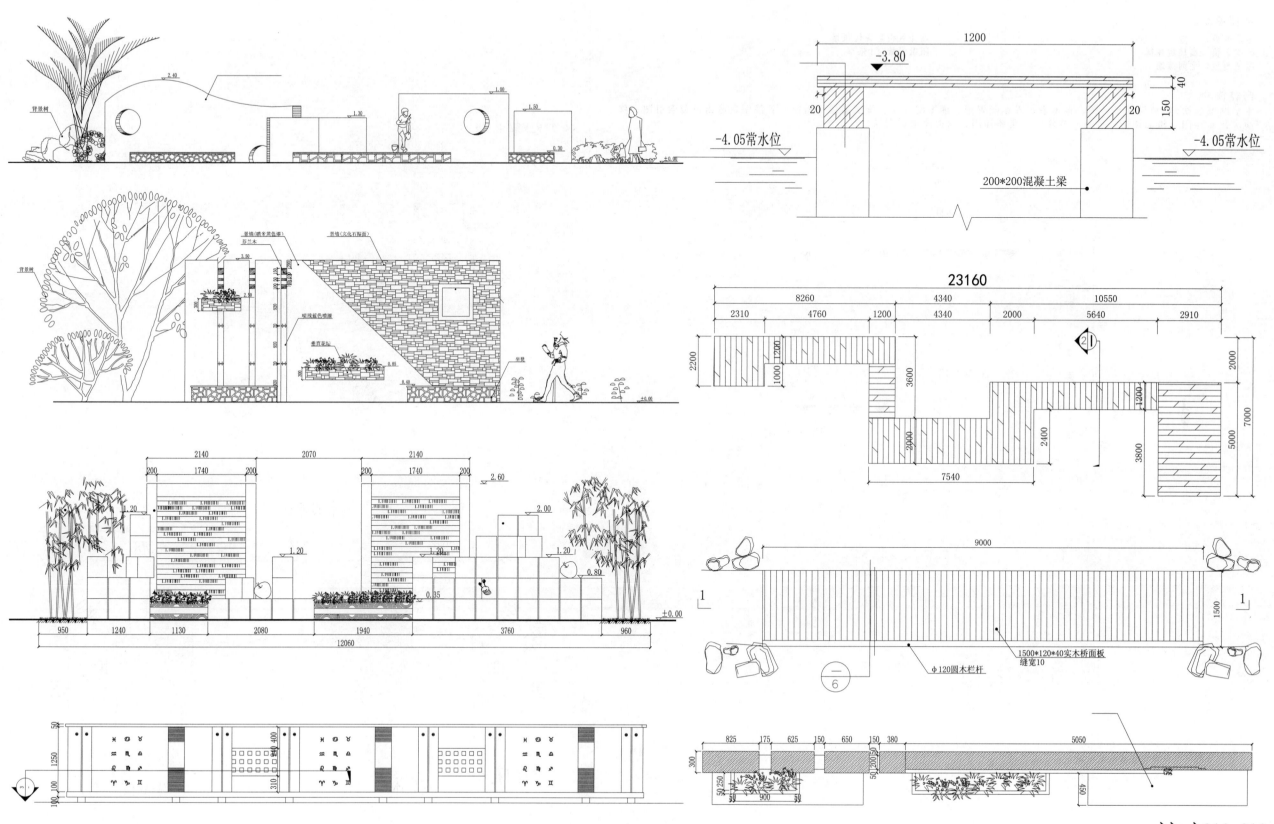

>小区绿地规划设计施工图

设计说明

地形地貌：平地　　　　　　　　　　设计风格：现代风格

档次定位：高档居住区　　　　　　　图纸张数：1张

绿地类型：宅间绿地

内容简介

本套图纸包括：规划设计平面图、苗木表、乔木配置图、灌木配置图、施工放线平面图、管线图、道路铺装索引图、移动式花坛详图、树池详图、鲜花立柱详图、花钵详图、树池座椅详图等.

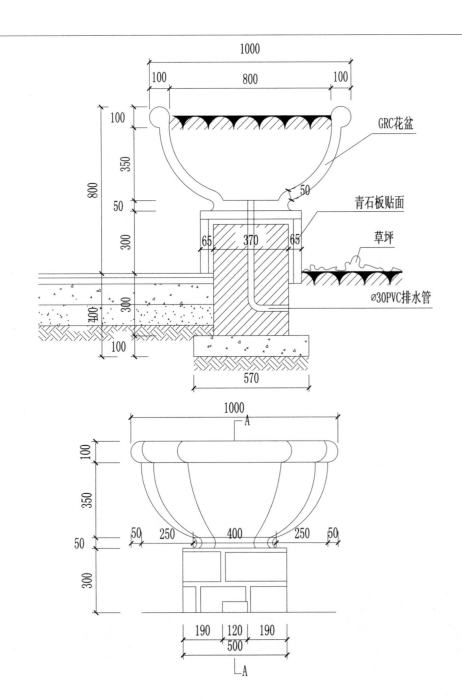

GRC花盆

青石板贴面

草坪

∅30PVC排水管

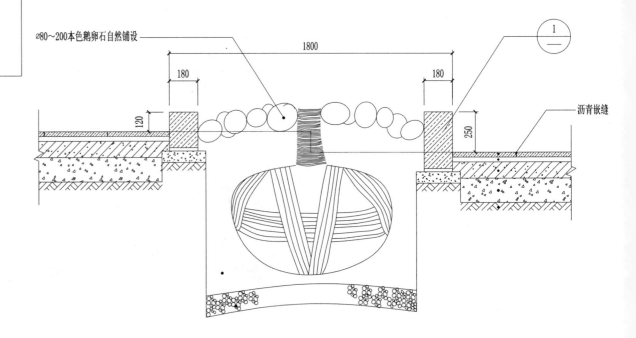

∅80~200本色鹅卵石自然铺设

沥青嵌缝

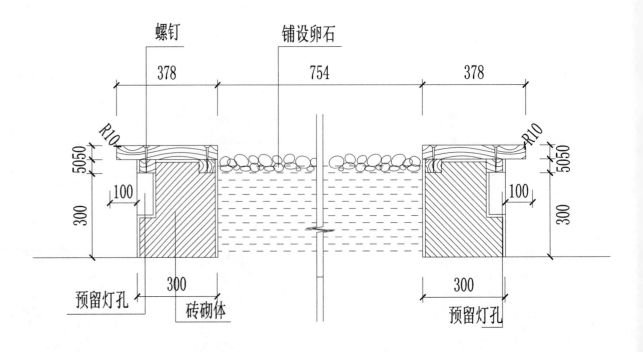

螺钉　　　铺设卵石

预留灯孔　　砖砌体　　　预留灯孔

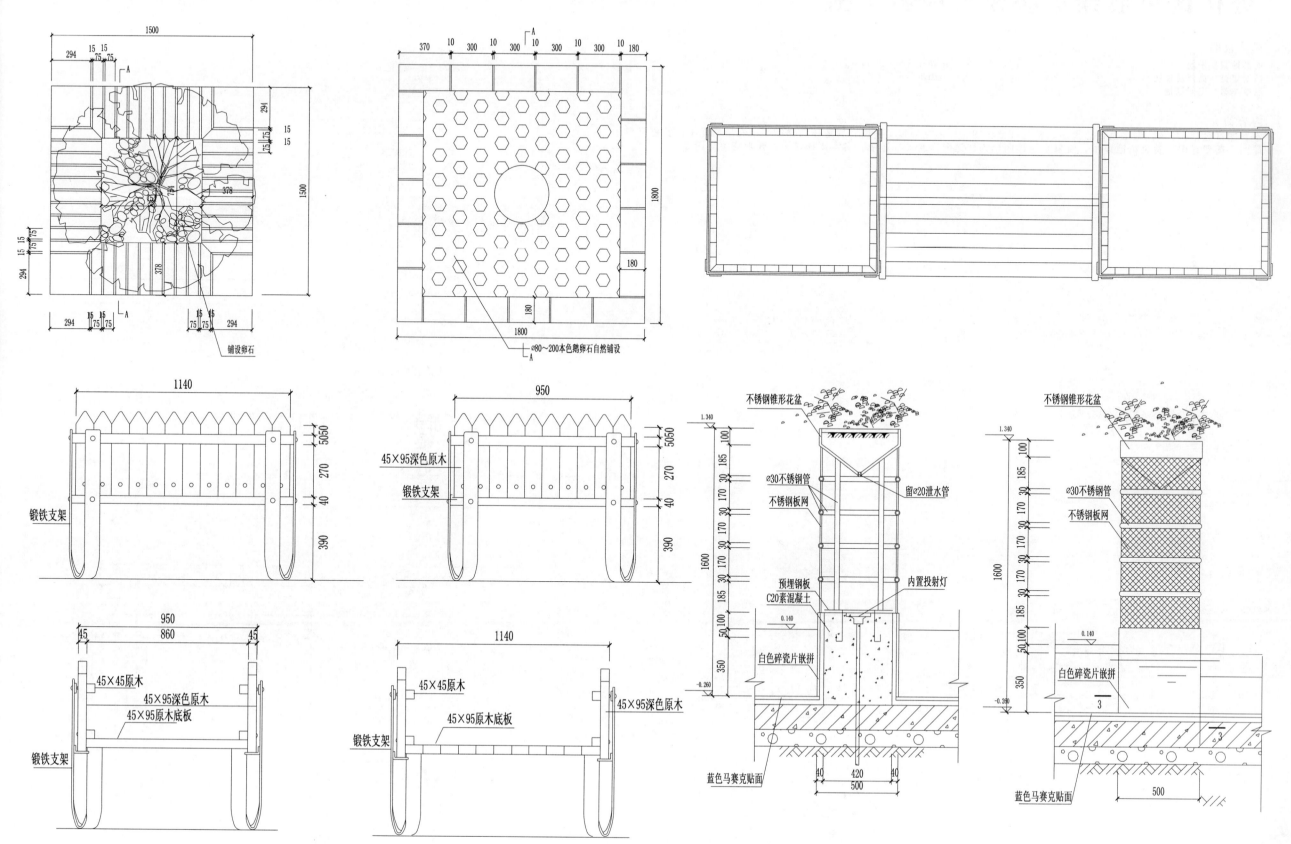

铺设卵石

∅80～200本色鹅卵石自然铺设

1140

5050
270
40
390

锻铁支架

950

45×95深色原木

锻铁支架

5050
270
40
390

950

45
860
45

45×45原木

45×95深色原木
45×95原木底板

锻铁支架

1140

45×45原木

锻铁支架

45×95原木底板

45×95深色原木

不锈钢锥形花盆

∅30不锈钢管
不锈钢板网

留∅20泄水管

预埋钢板
C20素混凝土

内置投射灯

白色碎瓷片嵌拼

蓝色马赛克贴面

40
420
40
500

不锈钢锥形花盆

∅30不锈钢管
不锈钢板网

白色碎瓷片嵌拼

蓝色马赛克贴面

500

>居住区中心绿地园建工程施工图

设计说明

地形地貌： 平地
档次定位： 高档居住区
绿地类型： 宅间绿地

设计风格： 现代风格
图纸张数： 1张

内容简介

本套图纸包括：目录、施工设计总说明、特色铺装详图、休闲花架施工详图、树池座椅详图、景石座椅详图、特色座凳详图、雕塑详图、特色花池详图、喷泉水池详图、栏杆详图、欧式亭详图、实木座椅详图、弧形花架详图等

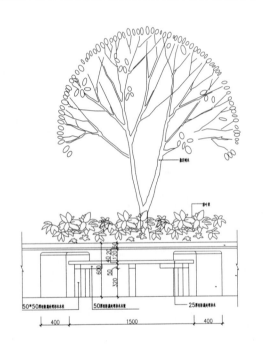

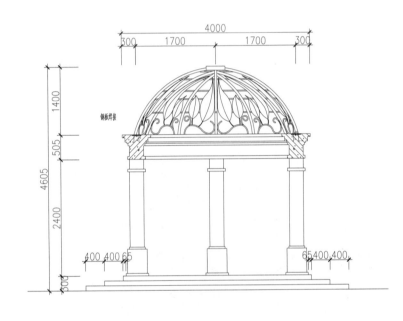

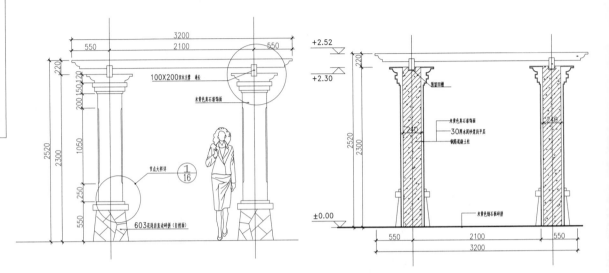

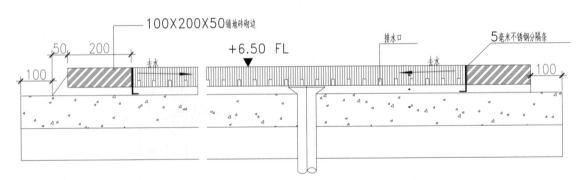

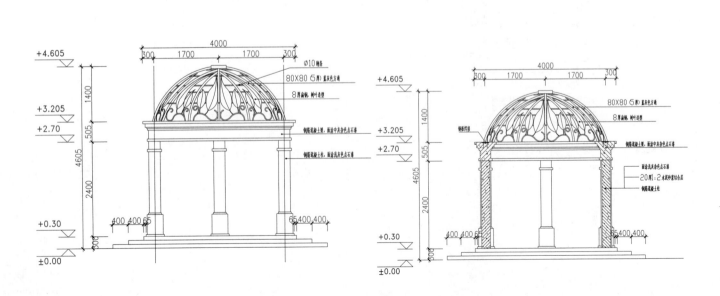

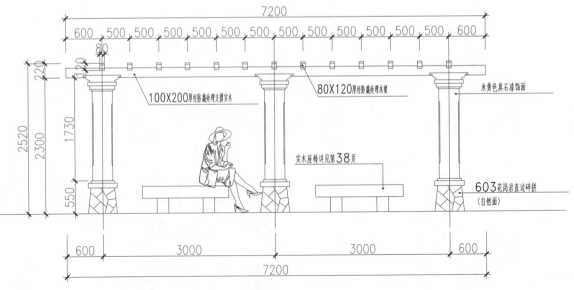

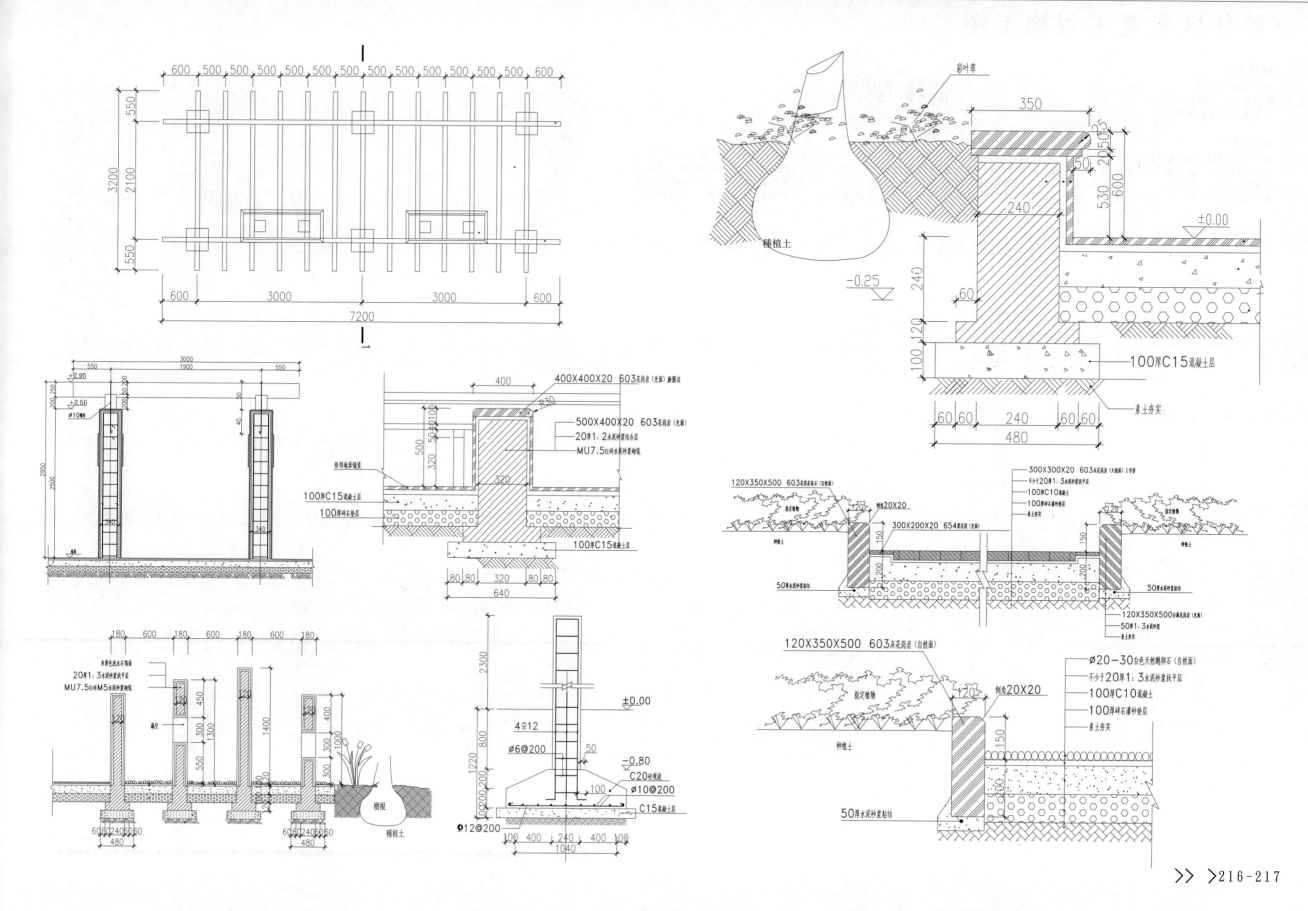

>居住区景观工程施工图

设计说明

地形地貌：平地　　　　　　设计风格：现代风格
档次定位：高档居住区　　　图纸张数：1张
绿地类型：宅间绿地

内容简介

本套图纸包括：图纸目录，总平面图，总平面放线图，总平面竖向设计图，总平面铺装索引图，断面图，绿化总说明及植物明细表，总平面乔木种植图，总平面灌木种植图，步行街景观放线图，宅间景观放线图，中心景观放线图，绿化苗木规格清单，苗木表，休闲凉亭详图，木桥平立剖面图，木平台详图，园路1、2、3平面图及剖面详图，广场砖铺地平面图及剖面详图，休闲座平面图、立面图及节点详图，坐凳平立剖面图，花池坐凳平立剖面图、角柱侧平、立面图等

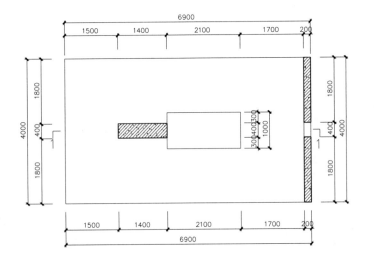

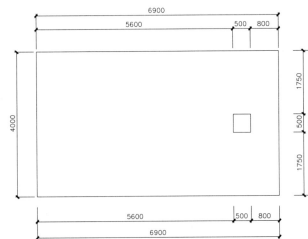

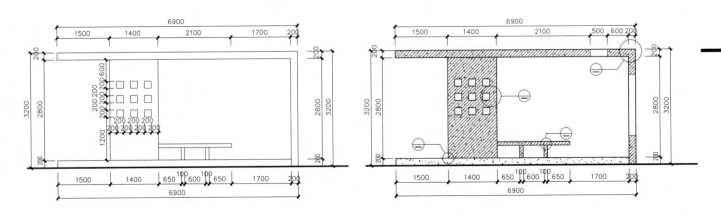

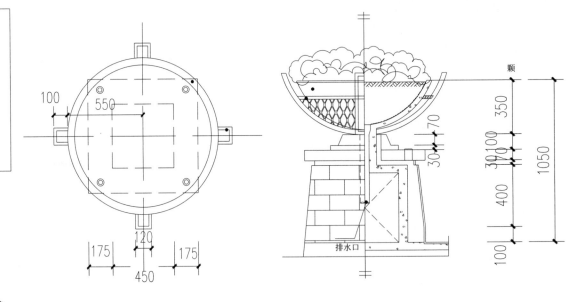

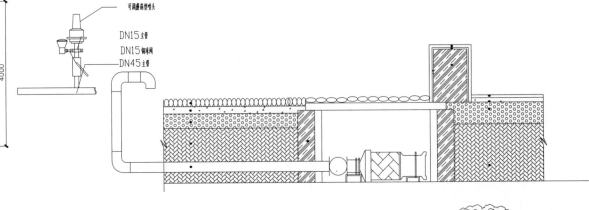

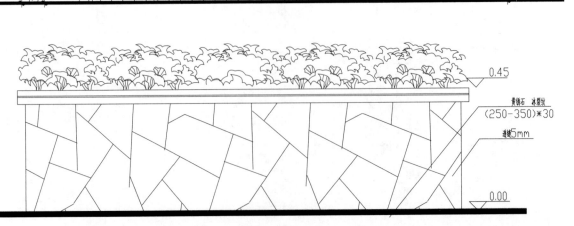

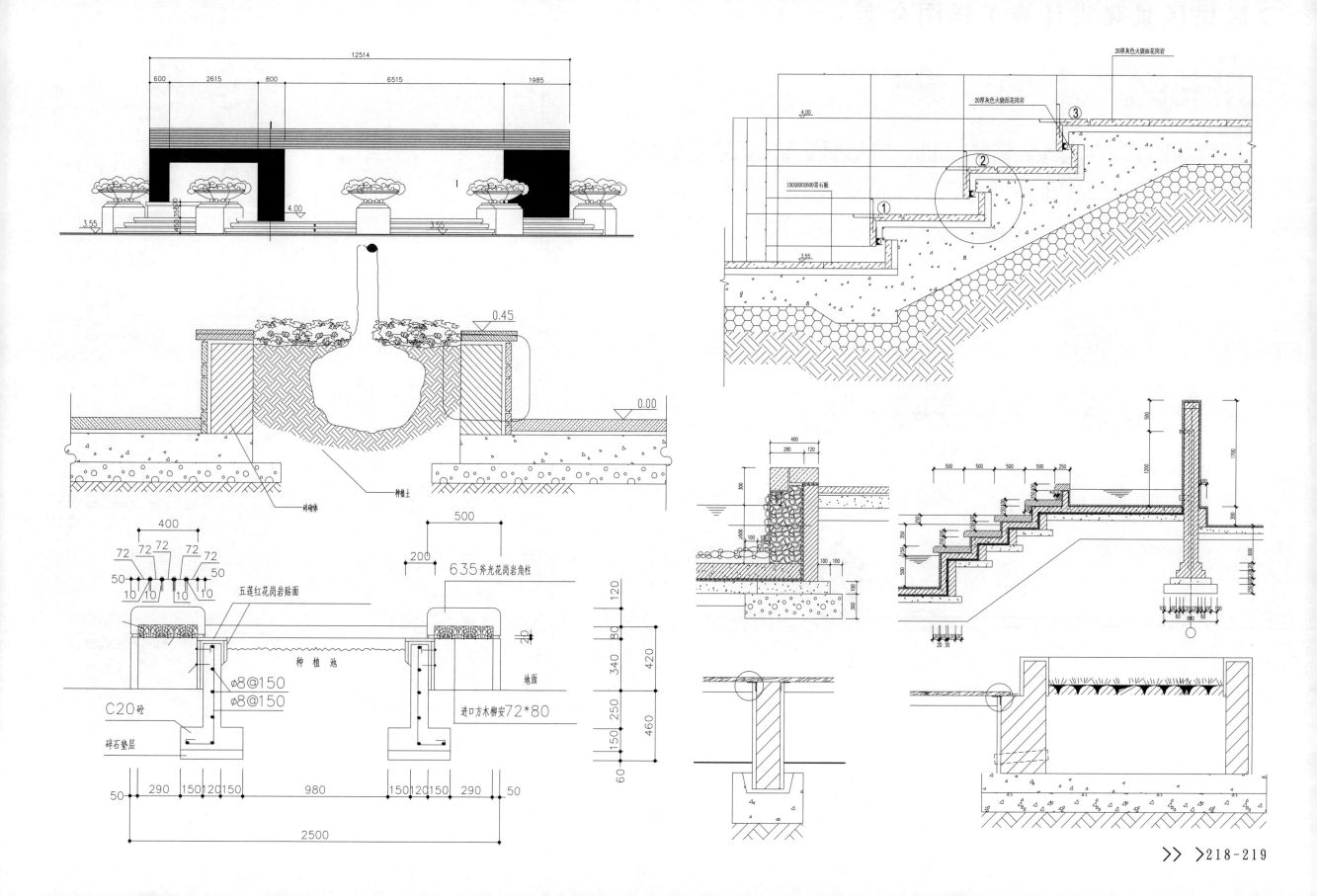

>居民区景观设计施工详图全套

设计说明

地形地貌：平地 　　　　　　　　设计风格：现代风格
档次定位：普通住宅 　　　　　　图纸张数：33张
绿地类型：居住区集中公园

内容简介

本套图纸包括：目录、设计说明、总平面图、总平面竖向布置图、总平面灯位布置图、苗木表、总平面铺装索引图、总平面乔木种植图、总平面灌木种植图、景观总图、总平面放线定位图；详图部分包括：石凳做法详图、花架做法详图、围墙做法图等

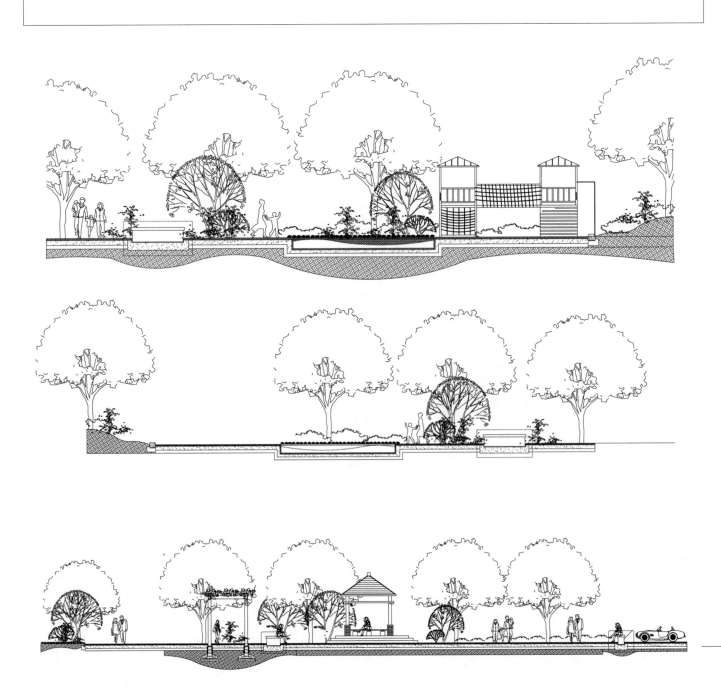

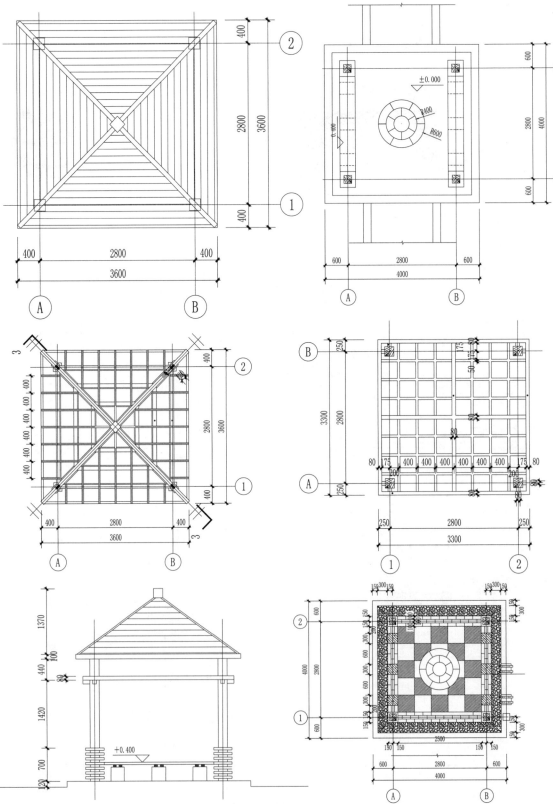

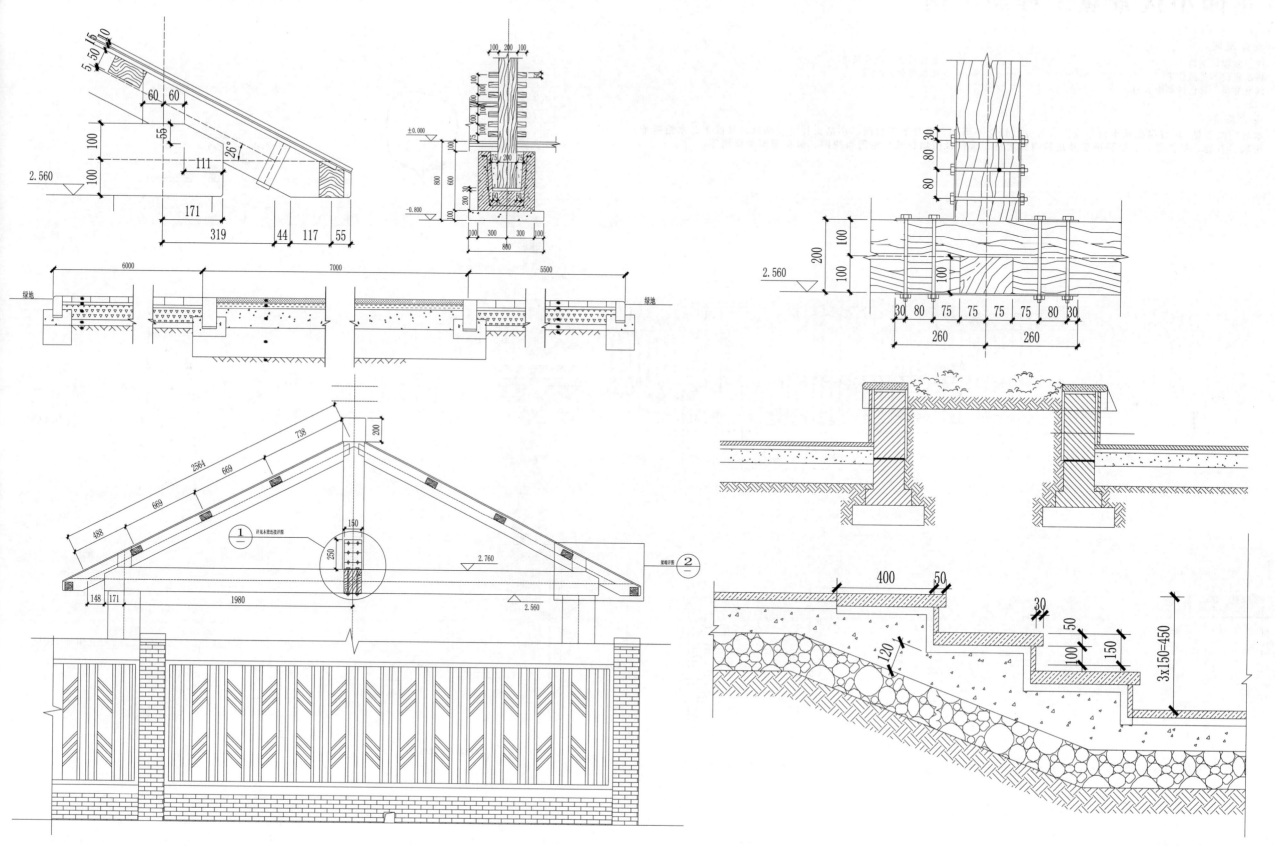

>花园小区景观工程施工图

设计说明

地形地貌：平地
档次定位：普通住宅
绿地类型：居住区集中公园

设计风格：现代风格
图纸张数：33张

内容简介

本套图纸包括：环境绿化总平面布置图、各分区绿化平面图、绿化灌溉总图、小品大样（包括风水球跌水，水池雕塑、花坛、石凳、护栏等）、道路铺装及结构剖面大样、大门及围墙样式、电器系统图、绿化照明平面图等。

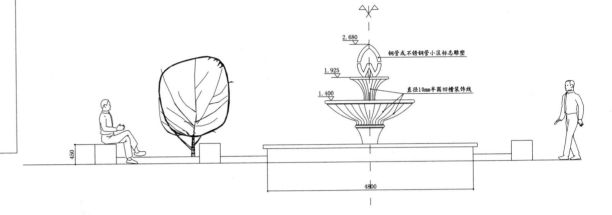

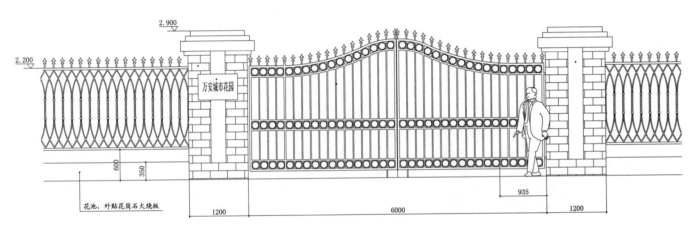

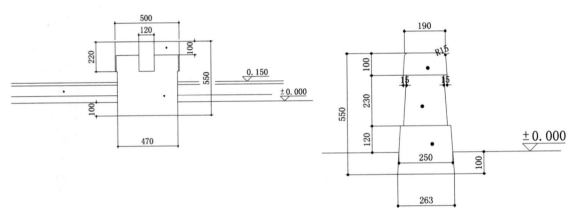

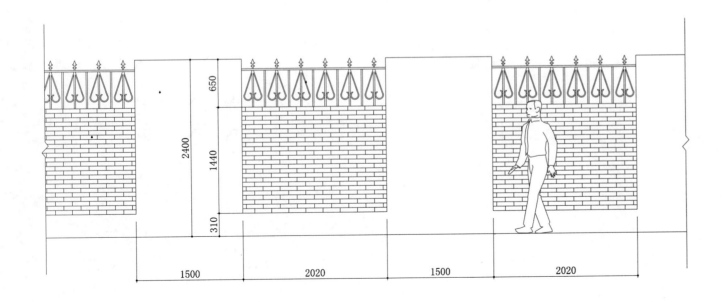

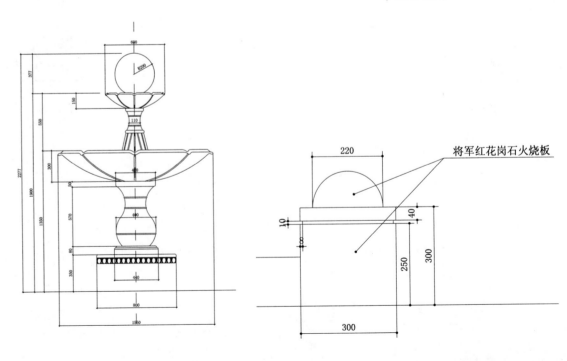

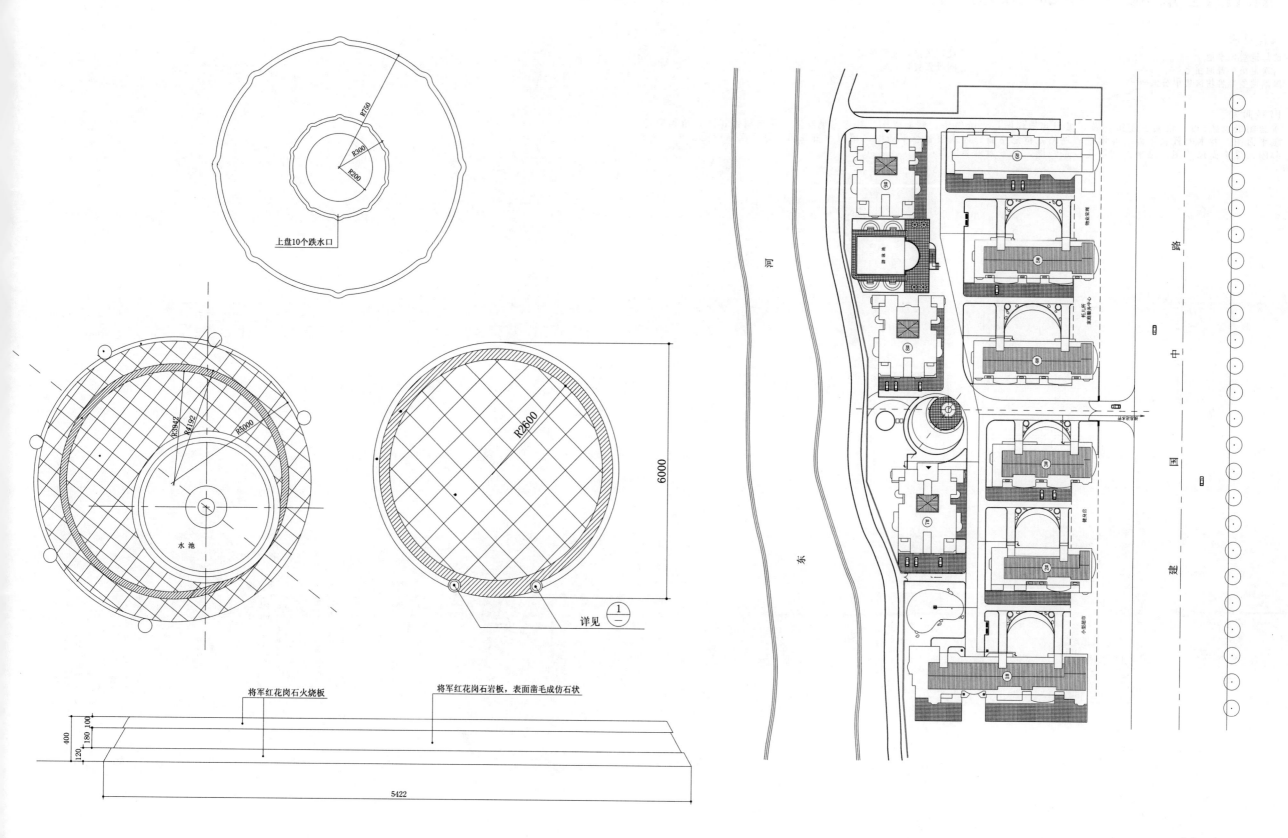

上盘10个跌水口

R750
R300
R200

R3942
R4192
R5000

水池

R2600

6000

详见 ①

将军红花岗石火烧板

将军红花岗石岩板，表面凿毛成仿石状

400
180 100
120

5422

河 东

建 国 中 路

> 居住区景观工程施工图

设计说明

地形地貌：平地
档次定位：普通住宅
绿地类型：居住区集中公园

设计风格：现代风格
图纸张数：5张

内容简介

本套图纸包括：设计说明、图纸目录、弧形廊架详图、台阶做法、树池详图、跌水景墙详图、特色树池详图、植物配置总平面图、乔木配置总平面、乔木配置网格定位总平面、灌木配置总平面图、植物种植说明、总平面索引图、总平面竖向图、总平面尺寸图、总平面网格定位放线图、总平面铺装图等

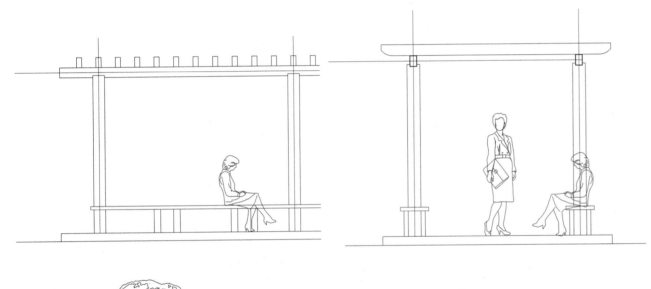

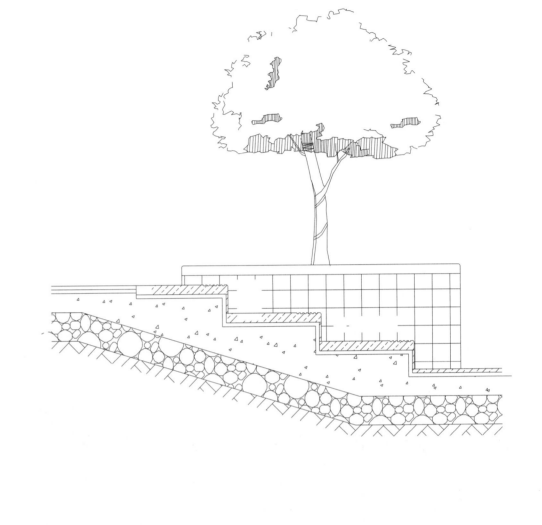

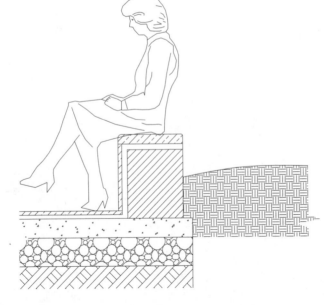

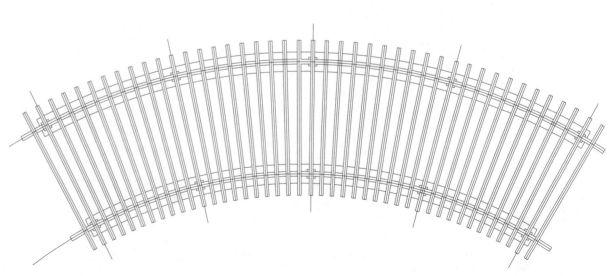

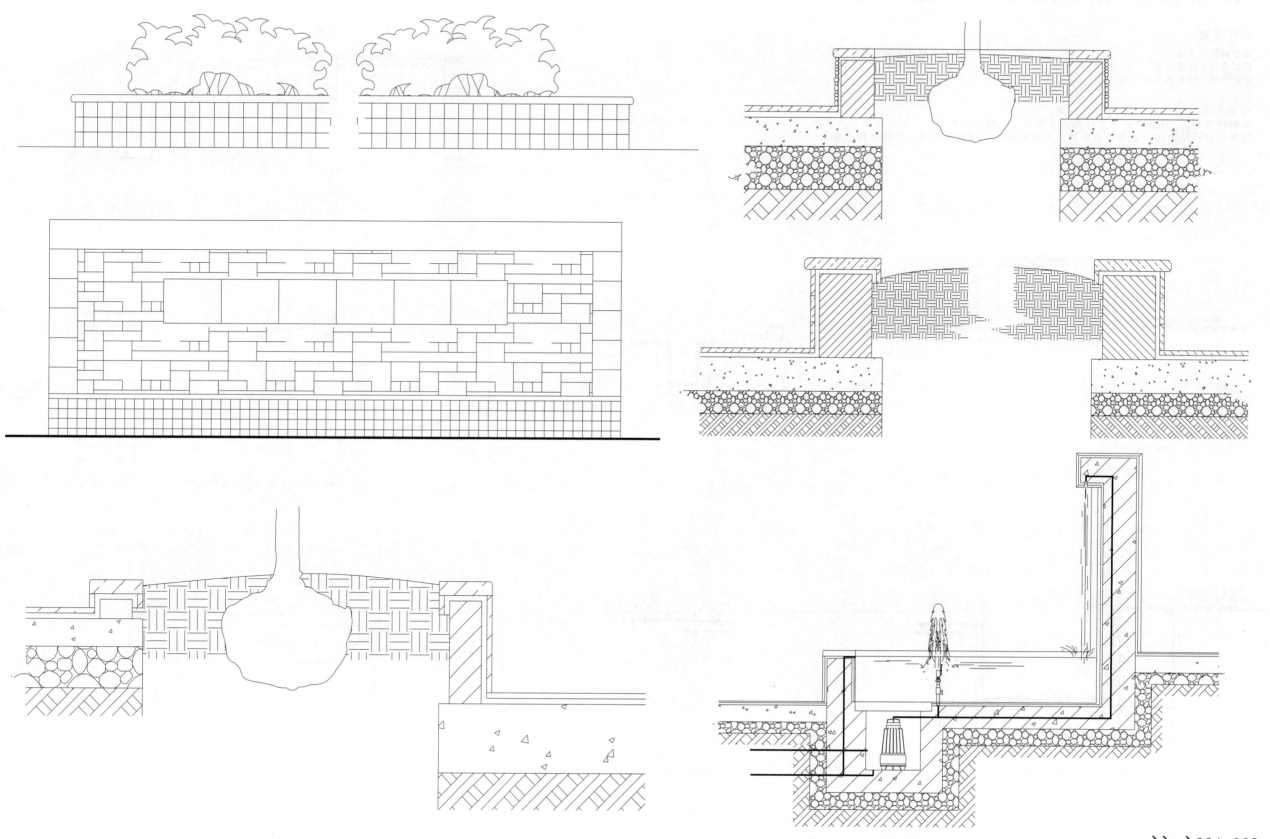

>居住社区景观园建工程施工图

设计说明

地形地貌：平地

档次定位：普通住宅

绿地类型：居住区集中公园

设计风格：现代风格

图纸张数：14张

内容简介

本套图纸包括：特色树池节点详图、工程做法、圆形树池做法、特色廊架节点详图、特色叠水节点、特色喷泉施工图、特色水景广场详图、折桥节点详图、道路断面、工程做法说明、观景平台节点详图等

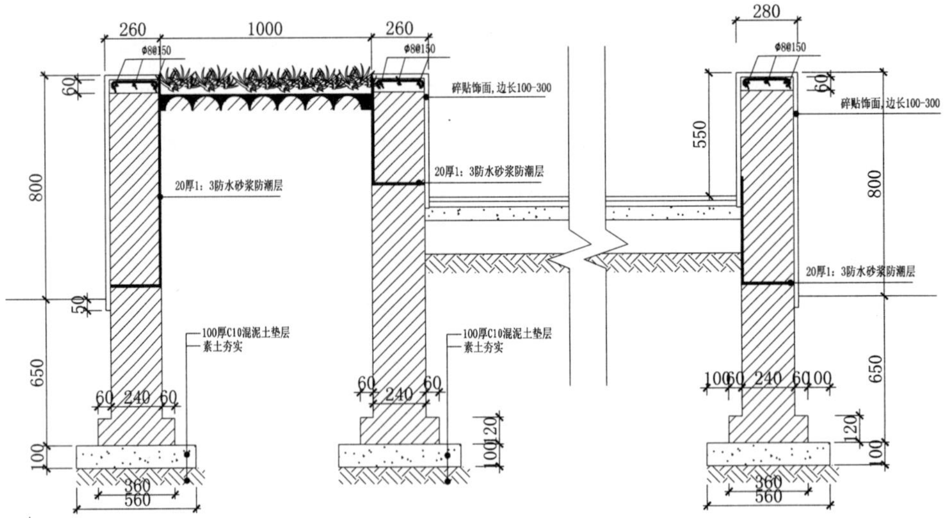

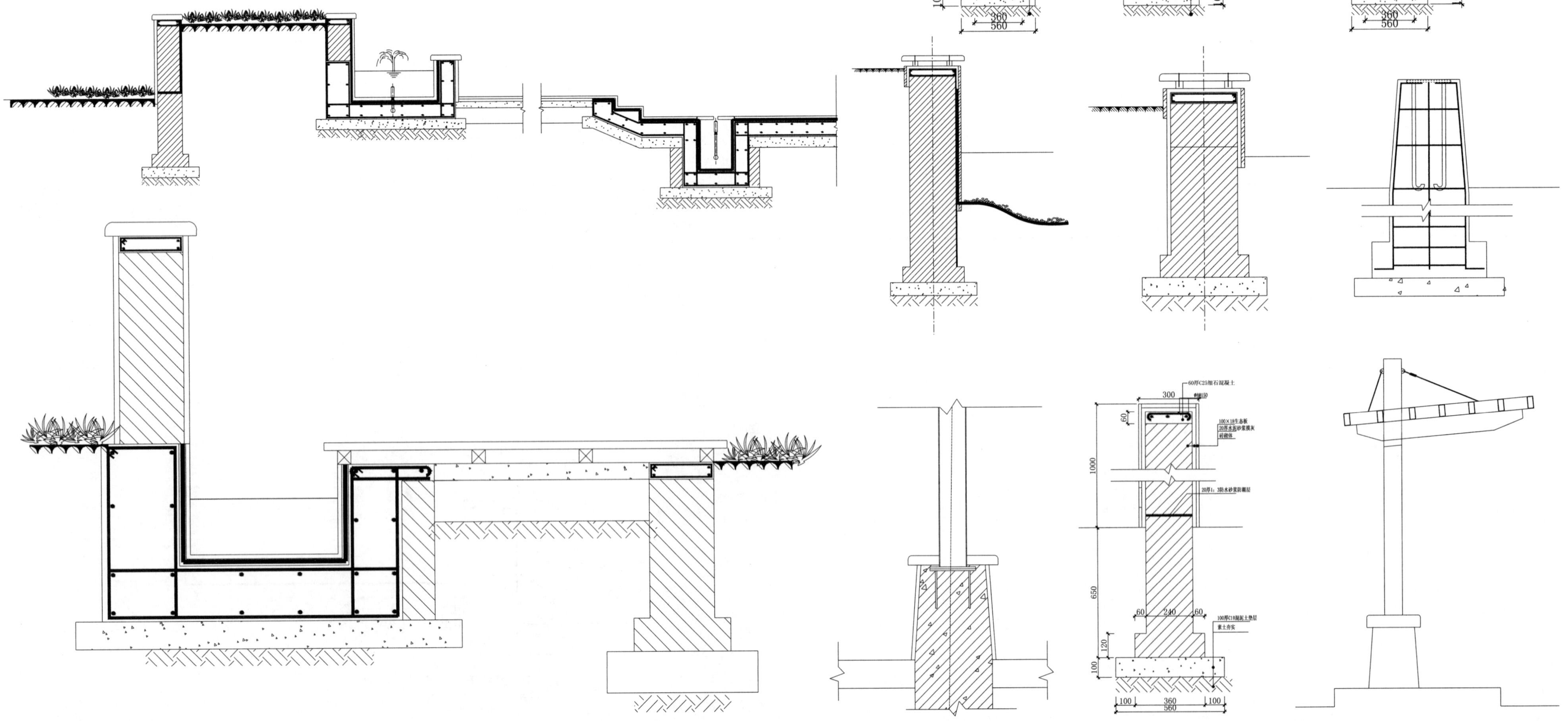

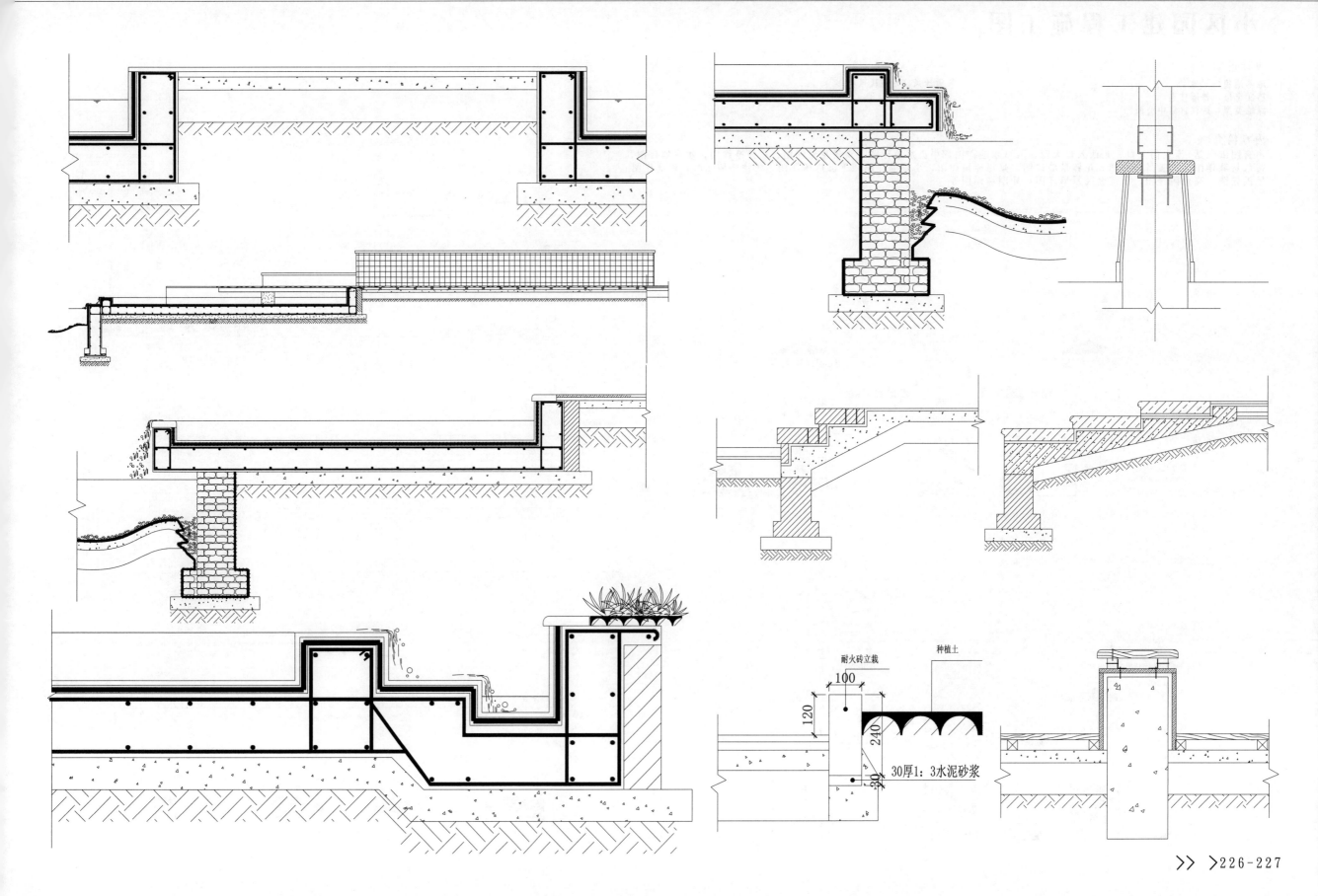

耐火砖立裁
种植土
100
120
240
30
30厚1：3水泥砂浆

>小区园建工程施工图

设计说明

地形地貌：平地

档次定位：普通住宅

绿地类型：居住区集中公园

设计风格：现代风格

图纸张数：27张

内容简介

本套图纸包括：西大门入口、东西入口大门、入口水池详图、中央水池详图、观景花架详图、六角亭详图、水景墙详图、特色景墙详图、半弧景墙详图、花钵景墙详图、景观座椅详图、小景墙详图、下沉广场详图、树池座椅详图、树池详图、旱溪详图、高台阶详图、下沉庭院景墙详图、外围墙详图等

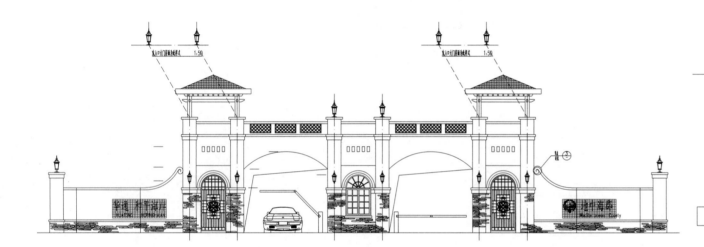

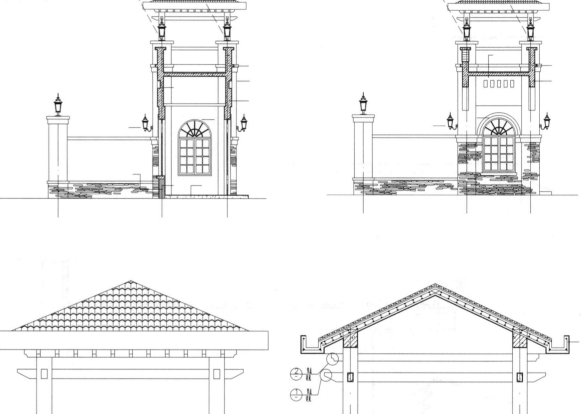

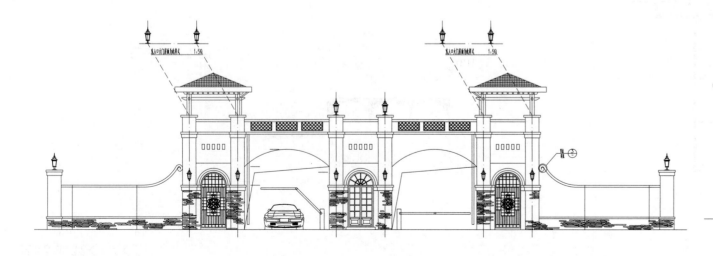

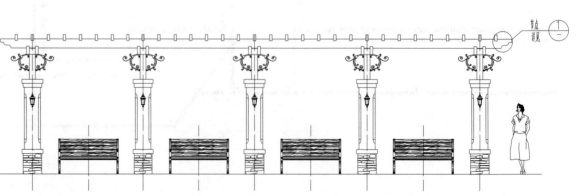

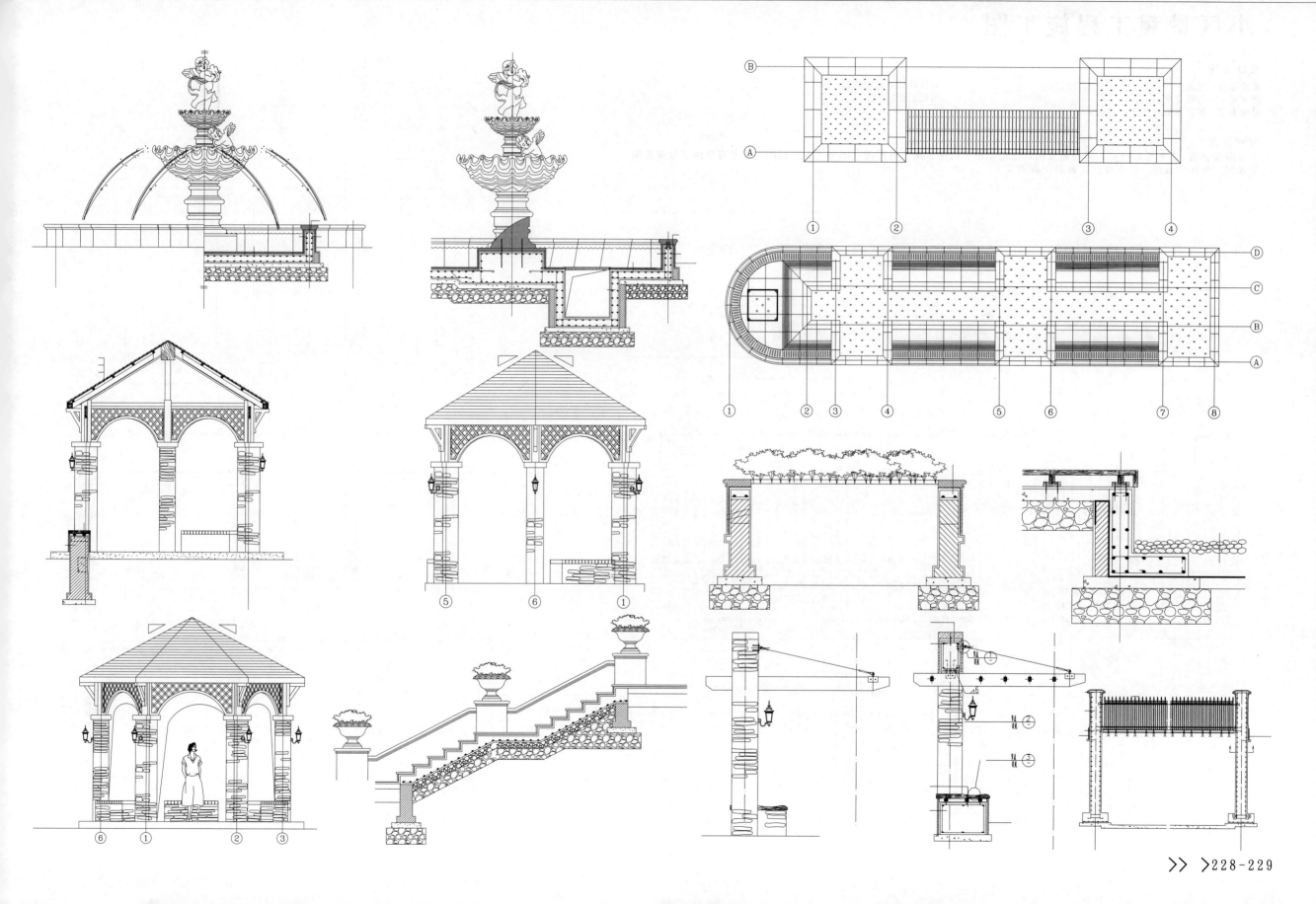

> 小区景观工程施工图

设计说明

地形地貌：平地
档次定位：普通住宅
绿地类型：居住区集中公园

设计风格：现代风格
图纸张数：3张

内容简介

本套图纸包括：总平面索引图、网格定位图、绿化土坡竖向图、施工范围图、围墙平面布置图、排水布置图、景观照明布置图、分区平面图、节点详图、种植平面图等

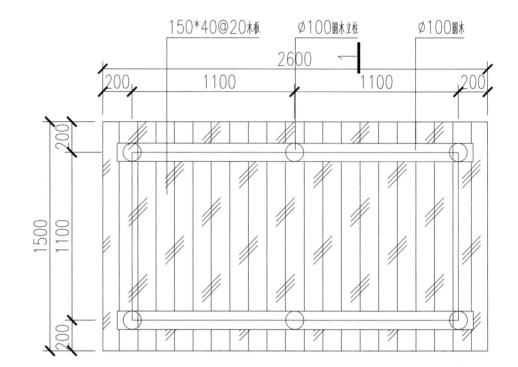

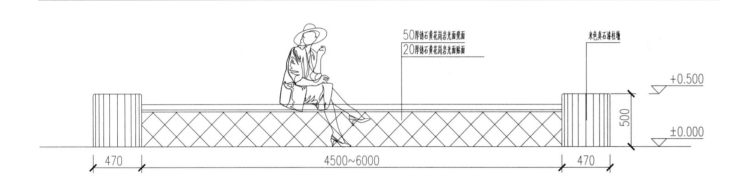

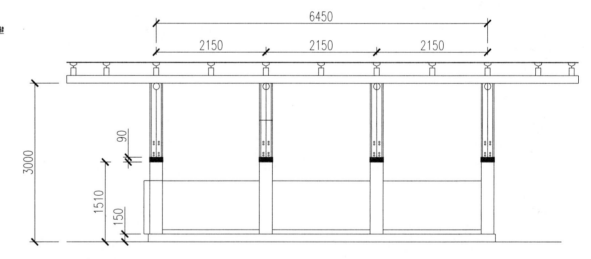

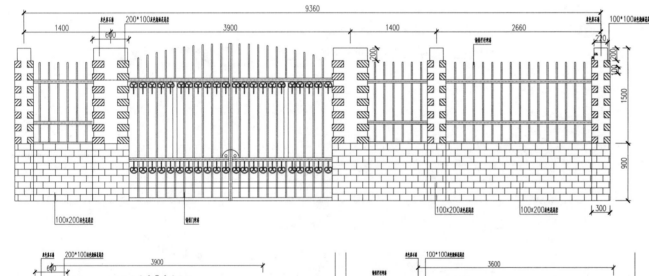

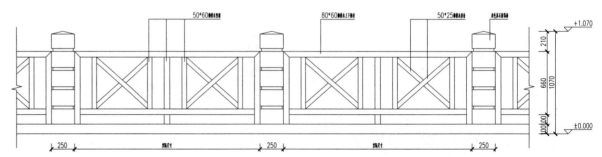

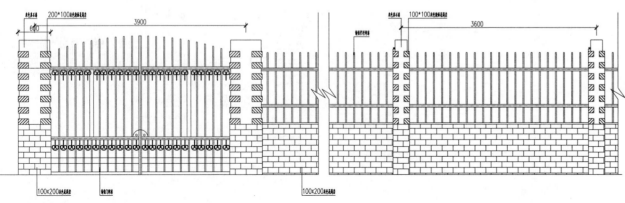

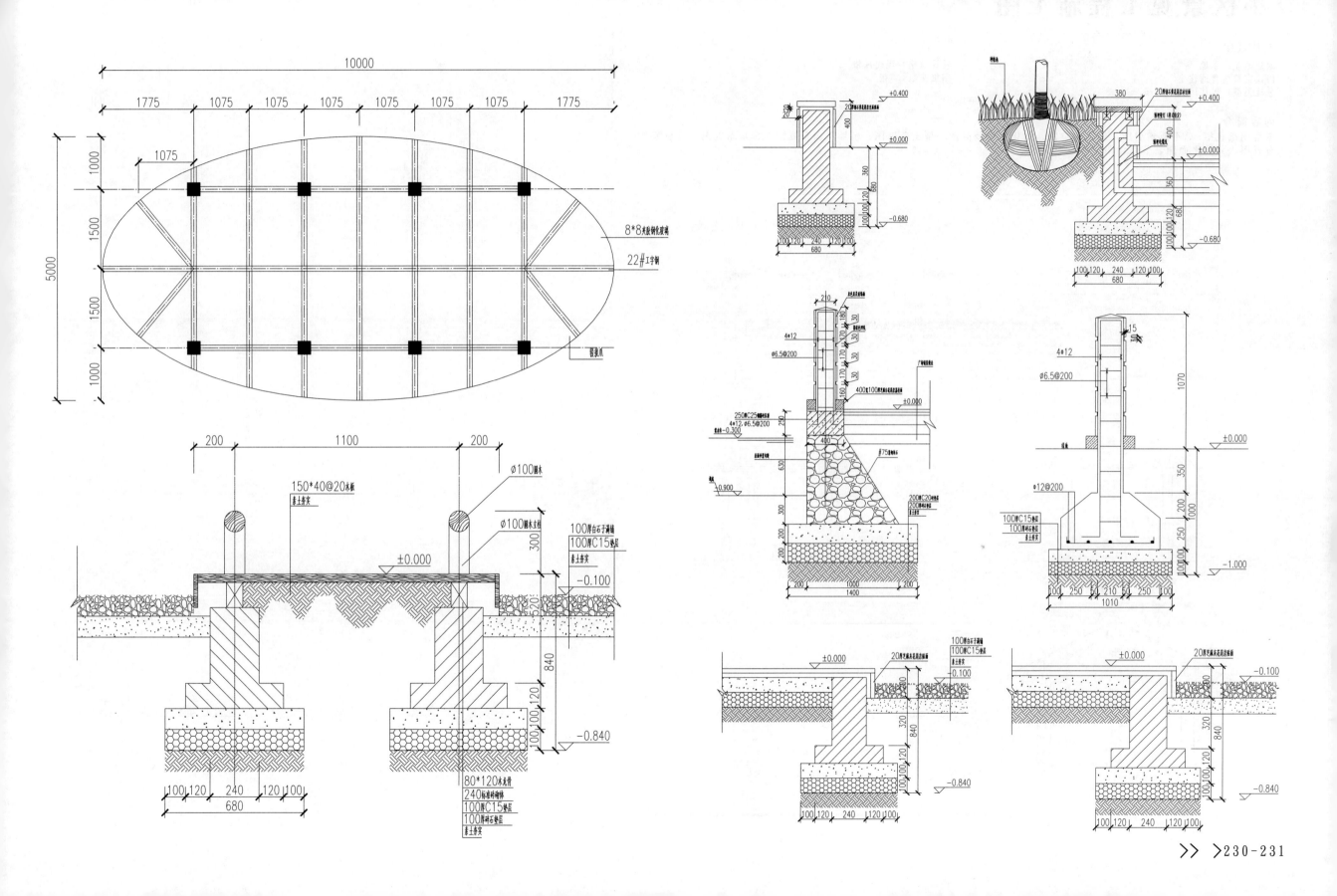

> 小区景观工程施工图

设计说明

地形地貌：平地

档次定位：普通住宅

绿地类型：居住区集中公园

设计风格：现代风格

图纸张数：3张

内容简介

本套图纸包括：总平面索引图、网格定位图、绿化土坡竖向图、施工范围图、围墙平面布置图、排水布置图、景观照明布置图、分区平面图、节点详图、种植平面图等

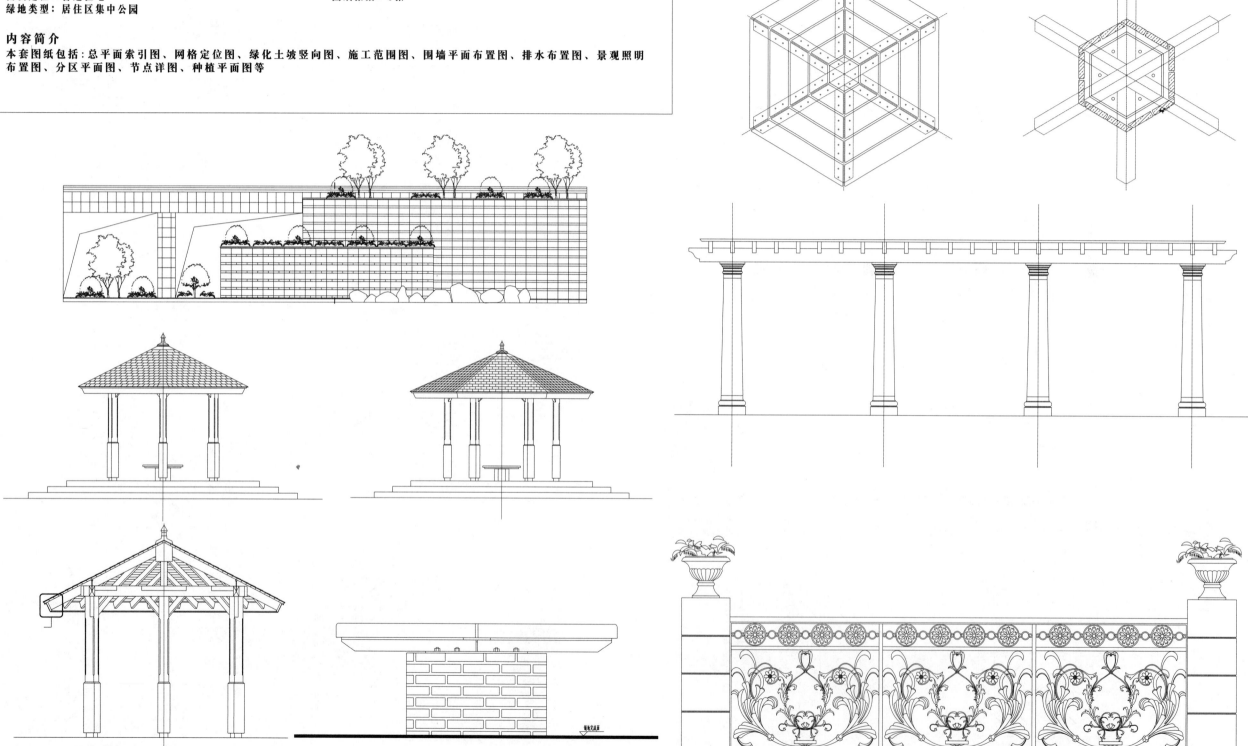